Dirk Schmücker / Eric Horster /
Edgar Kreilkamp

Digitalisierung – Chance oder Risiko für nachhaltigen Tourismus?

Eine Studie im Auftrag des Umweltbundesamtes (UBA) zu den Auswirkungen von Digitalisierung und Big-Data-Analyse auf eine nachhaltige Entwicklung des Tourismus und dessen Umweltwirkung

Bibliografische Information der Deutschen Nationalbibliothek
Die Deutsche Nationalbibliothek verzeichnet diese Publikation
in der Deutschen Nationalbibliografie; detaillierte bibliografische
Daten sind im Internet über http://dnb.d-nb.de abrufbar.

Dieses Vorhaben wurde im Auftrag des Umweltbundesamtes im Rahmen
des Ressortforschungsplanes – Forschungskennzahl 3717161090 –
erstellt und mit Bundesmitteln finanziert.

Gedruckt auf alterungsbeständigem, säurefreiem Papier.
Druck und Bindung: CPI books GmbH, Leck

ISSN 2194-0002
ISBN 978-3-631-81326-3 (Print)
E-ISBN 978-3-631-81574-8 (E-PDF)
E-ISBN 978-3-631-81575-5 (EPUB)
E-ISBN 978-3-631-81576-2 (MOBI)
DOI 10.3726/b16682

© Peter Lang GmbH
Internationaler Verlag der Wissenschaften
Berlin 2020
Alle Rechte vorbehalten.
Peter Lang – Berlin · Bern · Bruxelles · New York ·
Oxford · Warszawa · Wien

Das Werk einschließlich aller seiner Teile ist urheberrechtlich
geschützt. Jede Verwertung außerhalb der engen Grenzen des
Urheberrechtsgesetzes ist ohne Zustimmung des Verlages
unzulässig und strafbar. Das gilt insbesondere für
Vervielfältigungen, Übersetzungen, Mikroverfilmungen und die
Einspeicherung und Verarbeitung in elektronischen Systemen.

Diese Publikation wurde begutachtet.

www.peterlang.com

SCHRIFTENREIHE DES IMT 16

Schriftenreihe des Instituts für
Management und Tourismus

Herausgegeben von Christian Eilzer,
Bernd Eisenstein und Wolfgang Georg Arlt

Kurzbeschreibung: Die Auswirkungen der Digitalisierung und Big Data-Analyse auf eine nachhaltige Entwicklung des Tourismus und dessen Umweltwirkung

Es wird untersucht, welchen Einfluss die Digitalisierung auf die nachhaltige Tourismusentwicklung in der ökologischen und sozialen Dimension haben kann. Dazu werden im ersten Schritt aktuelle Entwicklungen in der Digitalisierung systematisch identifiziert und auf ihren aktuellen und zukünftigen Beitrag zu einer nachhaltigen Tourismusentwicklung hin untersucht. Es wird sowohl die Digitalisierung auf Seiten der Nachfrager (Touristen) als auch der Anbieter berücksichtigt – mit dem Schwerpunkt auf Big Data-Analysen. Im Fokus steht die Nutzung digitaler Anwendungen während der Reise. Die Reisevor- und -nachbereitung steht nicht im Fokus.

Im zweiten Schritt werden die aus der Analyse erwachsenden Chancen und Risiken identifiziert und bewertet. Eine besondere Berücksichtigung finden dabei die Verhaltensweisen unterschiedlicher Nutzergruppen mit den Einflüssen auf Ressourcennutzung, Umwelt und Klima. Es sollen sowohl mögliche Umweltbelastungen durch die Digitalisierung als auch Chancen für Klima-, Ressourcen- und Umweltschutz sowie soziale Nachhaltigkeitsaspekte (z. B. Vermeidung von Overtourism) analysiert werden.

Abstract: Effects of digitalisation and Big Data analysis on sustainable tourism development and the environment

The impact of digitisation on sustainable tourism development in its environmental and social dimensions will be investigated. In a first step, current developments in the digitisation are systematically identified and their current and future contribution to sustainable tourism development is examined. In doing so, both the digitisation on the part of the customers (tourists) and the providers is taken into account, with an emphasis on Big Data-Analyses. The focus is on the use of digital applications during the trip, while the attention will not be on travel preparation or follow-up.

In a second step, the opportunities and risks arising from the analysis are identified and evaluated. Special consideration is given to the behaviour of different user groups with influences on resource use, environment and climate. The aim is to analyse possible environmental damage as well as opportunities for climate, resource and environmental protection and social sustainability aspects (e.g. avoidance of overtourism).

Inhaltsverzeichnis

Abkürzungsverzeichnis 15

Zusammenfassung 17

Summary 25

1 Einführung 33
    1.1 Tourismus 33
    1.2 Nachhaltiger Tourismus 35
    1.3 Stand und Entwicklung des Tourismus in Deutschland 37
        1.3.1 Volumen und Volumenentwicklung 38
        1.3.2 Nachfrage nach nachhaltigem Tourismus 40
    1.4 Tourismus im digitalen Zeitalter 43
    1.5 Wirkung von Digitalisierung und Big Data-Analyse auf nachhaltigen Tourismus 44
    1.6 Untersuchungsziel: Chancen-Risiken-Einschätzung statt Vorhersage 46
    1.7 Gang der Untersuchung 47

2 Systematisierungsstruktur 49
    2.1 Kategorien 50
    2.2 Märkte 51
        2.2.1 Customer Journey 51
        2.2.2 Betroffene Segmente 52
    2.3 Diffusion 52

2.4 Wirkpotenziale 54
   2.4.1 Aktuelle Ansätze 54
      2.4.1.1 VERUM 2.0 54
      2.4.1.2 Konsum 4.0 55
      2.4.1.3 Digitalisierung ökologisch nachhaltig nutzbar machen 56
   2.4.2 Wirkungen und Effekte 57
   2.4.3 Wirkpfade 59

3 Digitalisierungskategorien und -anwendungsbereiche 61
3.1 Quellen und Kategorien 61
   3.1.1 Quellen-Sichtung 62
   3.1.2 Screening und Auswertung der identifizierten Quellen 63
   3.1.3 Ordnen und Verbinden von Themen 63
   3.1.4 Strukturierung der Themen und Kategorienbildung 66
   3.1.5 Entwicklung von Anwendungsbereichen zu den Kategorien 68
3.2 Data Connectivity 69
   3.2.1 Big Data Analytics 70
   3.2.2 Internet der Dinge und Geo-Intelligence 74
   3.2.3 Künstliche Intelligenz 77
3.3 Data Infrastructure 81
   3.3.1 Smart Mobile Devices und Digital Payment 81
   3.3.2 Erweiterte Realität (AR, VR, MR) 84
   3.3.3 Sicherheit, Datenschutz und Blockchain 87
   3.3.4 Digital Accessibilty und Open Data 91
   3.3.5 Cloud Computing 94
3.4 Data Ecosystem 96
   3.4.1 Digitale Plattformen 96
   3.4.2 Soziale Netzwerke und Self Reputation Management 98
   3.4.3 Sharing Economy 99

4 Bewertung: Auswirkungen der Digitalisierung 103

4.1 Wirkpfade und Relevanzbewertung 103
    4.1.1 Wirkpfade 103
    4.1.2 Relevanzbewertung 103

4.2 Kategorienübergreifende Wirkungen 106
    4.2.1 Surrogat: Ersatz von Reisen durch Kommunikation 106
    4.2.2 Effizienzeffekte 108
        4.2.2.1 Nachfragesteigerung 108
        4.2.2.2 Personalproduktivität und Jobs 108
    4.2.3 Energie- und Ressourcenverbrauch 110

4.3 Data Connectivity 111
    4.3.1 Big Data Analytics 111
        4.3.1.1 Besucherlenkung 112
        4.3.1.2 Kommunikation/Verkauf 115
        4.3.1.3 Marktforschung und Produktgestaltung 116
    4.3.2 Internet der Dinge und Geo-Intelligence 117
        4.3.2.1 Smart Tourism Facilities 118
        4.3.2.2 Sensorik von Umweltbelastung 119
        4.3.2.3 Smart Tags 120
    4.3.3 Künstliche Intelligenz 121
        4.3.3.1 Customer Service (Robotik/Automated Services) 121
        4.3.3.2 Autonome Mobilität (Boden und Luft) 124
        4.3.3.3 Autonome Reinigungssysteme 125
        4.3.3.4 Smarte Belohnungssysteme 126
        4.3.3.5 Autonome Recommender 126
        4.3.3.6 Predictive Analytics für Besucherströme (Anreise und Aufenthalt) 127

4.4 Data Infrastructure 128
    4.4.1 Smart Mobile Devices und Digital Payment 128
        4.4.1.1 Local Logistics 129
        4.4.1.2 Location Based Recommender 130
        4.4.1.3 Mobile Übersetzungs-App 131

- 4.4.1.4 Automatisierte Kundenidentifizierung ... 132
- 4.4.1.5 Digital Payment ... 133
- 4.4.1.6 Citizen Science ... 135
- 4.4.1.7 Umweltverbund-Information ... 136
- 4.4.2 Erweiterte Realität (AR, VR, MR) ... 137
  - 4.4.2.1 VR vor/während der Reise ... 137
  - 4.4.2.2 AR während der Reise (Immersion) ... 139
- 4.4.3 Sicherheit, Datenschutz und Blockchain ... 140
  - 4.4.3.1 Smart Contracts ... 141
  - 4.4.3.2 Digital Payment (Kryptowährungen) ... 142
  - 4.4.3.3 Digital Twins (Digitale Identifizierung, Biometrik) ... 142
  - 4.4.3.4 Sicherer Datenspeicher für Herkunftsnachweise/Lieferketten ... 142
- 4.4.4 Digital Accessibility und Open Data ... 143
  - 4.4.4.1 Offene Daten für die Reiseplanung ... 144
  - 4.4.4.2 Sensorik von Umweltbelastungen ... 146
  - 4.4.4.3 Sensorik von Besucherströmen ... 146
  - 4.4.4.4 Open Travel Graph ... 147
- 4.4.5 Cloud Computing ... 148
- 4.5 Data Ecosystem ... 148
  - 4.5.1 Green Travel Platforms ... 149
  - 4.5.2 Soziale Netzwerke und Self Reputation Management ... 150
  - 4.5.3 Sharing Economy (Unterkunft, Mobilität, Essen, Aktivitäten) ... 152

5 Fazit und Handlungsoptionen ... 157
- 5.1 Analyse der Wirkpfade und Relevanzbewertungen ... 157
- 5.2 Zusammenfassende Beurteilung der Wirkpfade und Relevanzbewertungen ... 164
- 5.3 Handlungsoptionen ... 167

A Anhang: Teilnehmende des Fachgesprächs im Januar 2019 ... 171

B Anhang: Beispielanwendungen und Anwendungsbeispiele ... 173

    B.1 Big Data Analytics ... 173

    B.2 Internet der Dinge und Geo-Intelligence ... 188

    B.3 Künstliche Intelligenz ... 200

    B.4 Smart Mobile Devices und Digital Payment ... 215

    B.5 Erweiterte Realität (AR, VR, MR) ... 226

    B.6 Sicherheit, Datenschutz und Blockchain ... 237

    B.7 DigitalAccessibility und Open Data ... 249

    B.8 Cloud Computing ... 251

    B.9 Digitale Plattformen, Sharing Economy und soziale Netzwerke ... 255

Quellenverzeichnis ... 269

Abbildungsverzeichnis ... 283

Tabellenverzeichnis ... 285

Abkürzungsverzeichnis

AR	Augmented Reality
BfN	Bundesamt für Naturschutz, Bonn-Bad Godesberg
BMU	Bundesministerium für Umwelt, Naturschutz und nukleare Sicherheit, Berlin
Destatis	Statistisches Bundesamt, Wiesbaden
Eurostat	Statistisches Amt der Europäischen Union, Luxemburg
FUR	Forschungsgemeinschaft Urlaub und Reisen e.V.; Kiel
GfK	GfK SE, Marktforschungsinstitut, Nürnberg
IKT	Informations- und Kommunikationstechnologie
IMT	Institut für Management und Tourismus der FH Westküste, Heide
MR	Mixed Reality
NIT	Institut für Tourismus- und Bäderforschung in Nordeuropa GmbH, Kiel
UBA	Umweltbundesamt, Dessau-Roßlau
UNWTO	Welttourismusorganisation, Madrid
VR	Virtual Reality

Zusammenfassung

Die Studie „Die Auswirkungen der Digitalisierung und Big Data-Analyse auf eine nachhaltige Entwicklung des Tourismus und dessen Umweltwirkung" untersucht, welchen Einfluss die Digitalisierung auf die nachhaltige Tourismusentwicklung in der ökologischen und sozialen Dimension haben kann und welche Chancen und Risiken sich daraus ergeben.

Die Studie verfolgt zwei wesentliche Ziele.

Das erste Ziel ist die *Strukturierung des Themenfeldes*. Sowohl „Digitalisierung" als auch „nachhaltige Entwicklung des Tourismus" werden in vielfältiger Weise verwendet und je nach Zusammenhang unterschiedlich scharf abgegrenzt.

Auf der Nachhaltigkeitsseite interessieren wir uns besonders für die Effekte des Reisens auf *Natur und Umwelt* (also auf Luft, Wasser und Boden, auf Landschaft und Flächenverbrauch, auf Biodiversität und Ökosysteme, auf Klimawirkung und CO_2-Emissonen, den Wasser-, Energie- und Rohstoffverbrauch, auf Abwasser und Abfall und die Öko-Systemleistungen) und auf *Soziales* (also auf Partizipation und Inklusion, Begegnungen, kulturelle Werte sowie Jobs und Einkommensverteilung). Diese Effektkategorien sind der Literatur entnommen.

Auf der Seite der Digitalisierung wurden im ersten Schritt aktuelle Entwicklungen in der Digitalisierung systematisch identifiziert und auf ihren möglichen aktuellen und zukünftigen Beitrag zu einer nachhaltigen Tourismusentwicklung hin untersucht. Dabei wurde sowohl die Digitalisierung auf Seiten der Nachfragenden (Touristinnen und Touristen) als auch der Anbietenden berücksichtigt. Im Fokus stand dabei die Nutzung digitaler Anwendungen *während* der Reise. Im Ergebnis konnten wir elf relevante Kategorien der Digitalisierung identifizieren und anhand von vier Aspekten systematisieren. Zum leichteren Verständnis wurden alle Kategorien durch Beispiele in Form konkreter Anwendungen oder Planungen illustriert. Alle Beispiele sind im Anhang dokumentiert. Die elf so beschriebenen Kategorien lassen sich in drei Sphären verorten. In der **Data Connectivity** geht es um die Erhebung und Verknüpfung von Daten sowie deren Verarbeitung. Die **Data Infrastructure** ermöglicht die Datenkonnektivität und die Ausgabe der weiterverarbeiteten Daten in Form von digitalen Service-Anwendungen. Das **Data Ecosystem** schließlich **ist** die Geschäftsgrundlage für derartige Anwendungen. In diese Sphären werden die Kategorien in der folgenden Struktur eingeordnet:

▶ Data Connectivity
- Big Data Analytics: Beschreibt die Untersuchung von komplexen Datensätzen mithilfe von (automatisierten) Analyseverfahren, um Zusammenhänge, Bedeutungen und Muster in diesen zu erkennen.
- Internet der Dinge und Geo-Intellligence: Beschreibt die Verknüpfung sowie den Datenaustausch zwischen Gegenständen, Geräten und Systemen, die oftmals Geodaten nutzen, um sogenannte Location Based Services (LBS) zu realisieren.
- Künstliche Intelligenz: Beschreibt Systeme, die die Datenauswertung kontinuierlich und eigenständig weiterentwickeln. Künstliche Intelligenz ist ein Zusammenspiel von Massendaten (Big Data), ausreichenden Rechenressourcen und maschinellem Lernen.

▶ Data Infrastructure
- Smart Mobile Devices und Digital Payment: Beschreibt das Aufkommen neuer und hochtechnologischer Mobiltelefone mit denen Reisende auf das Internet zugreifen und Dienste nutzen können. Die Besonderheit ist dabei, dass Gäste diese Geräte mit ihren vielfältigen Einsatzmöglichkeiten selbst mitführen und diese zudem personalisiert sind, sodass eine Identifikation sowie Bezahlvorgänge hierüber realisiert werden können.
- Erweiterte Realität (AR, VR, MR): Beschreibt die Überlagerung der Wirklichkeit mit computergenerierten Daten mittels eines Displays (bspw. dem eines Smartphones). Es kann zwischen (vollständig) virtueller, augmentierter (überlagerter) und gemischter (virtueller und gleichzeitig überlagerter) Realität unterschieden werden.
- Sicherheit, Datenschutz und Blockchain: Beschreibt die zunehmende Relevanz des Datenschutzes aufgrund der Tatsache, dass zunehmend mehr Daten mit und ohne Personenbezug erzeugt und verarbeitet werden. Der Fokus liegt auf der Blockchain-Technologie, bei der verschlüsselte Daten (Blöcke) sowie deren Veränderungen dokumentiert (verkettet) werden und dabei nicht gefälscht werden können.
- Digital Accessibility und Open Data: Beschreibt die Notwendigkeit des Zugangs zu Daten. Die Kategorie bezieht sich dabei auf die Möglichkeit, Daten zu senden und zu empfangen. Auf einer weiteren Ebene bezieht sie sich darauf, in welcher Struktur die Daten vorliegen und wie diese (weiter-) verwendet werden dürfen.
- Cloud Computing: Beschreibt die Möglichkeit, dass Daten und Software nicht mehr auf lokalen Rechnern installiert und gelagert werden müssen, sondern in einem Cloud-System vorliegen. Diese Art der Datenhaltung

führt dazu, dass Software kontinuierlich aktualisiert werden können und Daten kollaborativ bearbeitet und/oder geteilt werden können.

▶ Data Ecosystem
- Digitale Plattformen: Geschäftsmodelle, die als Intermediär Angebot und Nachfrage miteinander verbinden. Digitale Plattformen setzen Daten auf der Plattform in Wert, indem sie diese zu Services verarbeiten (Datenökonomie).
- Soziale Netzwerke und Self Reputation Management: Soziale Netzwerke (Facebook, Instagram, Twitter etc.) ermöglichen die Kommunikation zwischen ihren Nutzern. Nutzer können Personen, aber auch Unternehmen oder Organisationen sein. Welche Informationen mit welcher Priorität im Datenstrom erscheinen, hängt auch von der digitalen Reputation ab.
- Sharing Economy: Plattformgeschäftsmodelle auf Basis von Austausch (Sharing), der meist zwischen Privatpersonen stattfindet, aber mittlerweile auch kommerzielle Strukturen angenommen hat.

Das zweite Ziel ist die *Identifizierung und Bewertung von Chancen und Risiken*. Besondere Berücksichtigung finden dabei die Verhaltensweisen unterschiedlicher Nutzergruppen mit den Einflüssen auf eine Veränderung des Reisevolumens und eine geänderte Reisegestaltung. Entsprechend liegt der Fokus darauf, einen Überblick über mögliche unmittelbare Auswirkungen der Digitalisierung im Vordergrund. Eine Quantifizierung dieser Auswirkungen auf beispielsweise Luft, Wasser und Boden, Biodiversität, Klimawirkung oder CO_2-Emissonen usw. ist nicht Inhalt dieser Studie.

Zum einen können digitale Anwendungen auf eine *Veränderung des Reisevolumens* einwirken. Damit werden Veränderungen der Reiseanzahl, aber auch der zurückgelegten Distanz und der während der Reise verbrachten Aufenthaltstage beschrieben. Eine Vergrößerung des Reisevolumens stellt im Allgemeinen eher ein Risiko als eine Chance für die nachhaltige Tourismusentwicklung dar.

Zum anderen können digitale Anwendungen die *Veränderung der Reisegestaltung* beeinflussen. Damit wird beschrieben, wie Reisende ihre Reise im Hinblick auf Mobilität (z. B. Verkehrsmittelwahl zur An- und Abreise und im Zielgebiet), Unterkunft (Art und Kategorie der Unterkunft) und Aufenthaltsgestaltung (z. B. Art und Zahl der besuchten PoI) ausgestalten. Aber auch die Destinationswahl selbst ist Teil der Reisegestaltung, etwa im Hinblick auf besonders ausgezeichnete nachhaltige Destinationen.

In diesem Zusammenhang ist zu betonen, dass die in dieser Studie aufgezeigten **Nachhaltigkeitschancen und -risiken keine Automatismen** sind. Bei vielen, wenn nicht allen angeführten Anwendungen gibt es Gestaltungsmöglichkeiten.

Hier kommt es darauf an, ob die Möglichkeiten der Digitalisierung vor allem auf der Anbieterseite positiv im Sinne der Nachhaltigkeit genutzt werden, oder ob Aspekte der Nachhaltigkeit dort keine Berücksichtigung finden. **Die Digitalisierung als solche ist a priori weder positiv oder negativ.** Grundsätzlich eröffnen sich durch den technologischen Fortschritt neue Möglichkeiten zur Gestaltung der Reisen und des Managements der Reiseprozesse. Im Grundsatz wird es jedoch immer darauf ankommen, inwieweit bei den einzelnen Prozessen Nachhaltigkeitsaspekte bewusst Berücksichtigung finden. Grundvoraussetzung ist entsprechend, dass das Thema Nachhaltigkeit eine gesellschaftlich relevantere Stellung erhält, denn nur dann werden sowohl Politik, Verwaltung, Forschung als auch Unternehmen bei der Entwicklung und Nutzung digitaler Techniken ökologische und soziale Aspekte der Nachhaltigkeit hinreichend berücksichtigen.

In dieser Studie (Veränderung des Reisevolumens und Veränderung der Reisegestaltung) wurden für jede der elf identifizierten Digitalisierungskategorien *Wirkpfade* identifiziert, beschrieben und bewertet. Ein Wirkpfad ist dabei, in Analogie zu der bereits in der Studie „Konsum 4.0" (Keppner u. a. 2018) angewendeten Methode, eine verbale Beschreibung der möglichen zukünftigen Wirkung einer digitalen Anwendung. Diese Wirkpfade wurden differenziert nach:

▶ Inhalt
- Zuordnung zu einer der elf Kategorien oder als „kategorienübergreifend"
- Kurze Beschreibung und ggf. Illustration durch Beispiele

▶ Wirkrichtung
- Positive Wirkpfade beschreiben eine Nachhaltigkeitschance
- Negative Wirkpfade beschreiben ein Nachhaltigkeitsrisiko

▶ Wirkkategorie
- Wirkung auf das Reisevolumen
- Wirkung auf die Reisegestaltung

▶ Bewertung im Scoring-Modell
- Potenzielle Wirkstärke, auf einer Skala von 0 = keine Wirkung bis 10 = sehr große Wirkung
- Realisierungswahrscheinlichkeit, auf einer Skala von 0 = ausgeschlossen über 1 = sehr unwahrscheinlich bis 10 = schon da
- Realisierungszeit, auf einer Skala von 0 = nie über 1 = in ferner Zukunft bis 10 = schon da
- Sicherheit der Bewertung, auf einer Skala von 0 = wir fühlen uns in unserer Bewertung sehr unsicher bis 10 = wir fühlen uns in unserer Bewertung sehr sicher

Zusammenfassung

Die Bewertungen im Rahmen des Scoring-Modells erfolgten durch die Autoren auf Basis umfangreicher Literatur- und Beispielrecherchen. Zur Erhöhung der Bewertungssicherheit fand eine Rückkopplung mit 18 Teilnehmenden im Rahmen eines Fachgespräches im Januar 2019 und mit den Fachreferaten des UBA und des BMU statt. Gleichwohl bleibt die Bewertung eine Einschätzung der Autoren. Diese Bewertung wird durch zwei Aspekte erschwert: Erstens ist die Datenlage für die Bewertung konkreter Wirkpfade äußerst dünn. Selbst Wirkpfade, die seit langem bekannt sind und diskutiert werden, sind nur schwer oder gar nicht mit konkreten Daten zu hinterlegen, wie zum Beispiel der tourismusbezogene Ressourcenverbrauch von Rechenzentren und IT-Infrastruktur. Und zweitens gilt dies in besonderem Maße dann, wenn Wirkungen auf Anwendungen bewertet werden, deren Entwicklung noch sehr jung ist und der Blick damit zwingend auf die Zukunft gerichtet werden muss.

Gleichwohl konnten insgesamt 52 Wirkpfade identifiziert werden. Lediglich zwei davon entzogen sich einer Bewertung im Rahmen des Scoringmodells vollständig: Zum einen der tourismusbezogene Energie- und Ressourcenverbrauch durch die Netzwerk- und IT-Infrastruktur, zum anderen der tourismus-nachfragesteigernde Effizienzeffekt der Digitalisierung, also die Fähigkeit der Anbieter, digitalisierte Prozesse im Allgemeinen so anzuwenden, dass Effizienzsteigerungen und damit Preis- und Wettbewerbsvorteile innerhalb der Branche und im Vergleich zu anderen Branchen möglich sind.

Aus der Bewertung der verbliebenen 50 Wirkpfade lassen sich im Hinblick auf Struktur und Inhalt die folgenden zentralen Ergebnisse ableiten:

▶ Insgesamt konnten deutlich mehr positive (34) als negative (15) Wirkpfade identifiziert werden. Es konnten im Rahmen dieser Studie also **mehr Chancen als Risiken** durch die Digitalisierung identifiziert werden.
▶ Bezieht man die Bewertung mit ein, so sind die positiven Wirkpfade sowohl durchschnittlich (6,4) als auch insgesamt (219 Scoringpunkte) höher bewertet als die negativen Wirkpfade (6,2 bzw. 93 Scoringpunkte). Also werden die identifizierten **Chancen wirkmächtiger** eingeschätzt als die Risiken.
▶ Im Hinblick auf die Reisegestaltung finden wir deutlich mehr und wirkmächtigere Chancen als Risiken. Im Hinblick auf das Reisevolumen ist es umgekehrt: Hier überwiegen Zahl und Wirkmächtigkeit der Risiken gegenüber den Chancen. Oder in umgekehrter Perspektive: Betrachten wir die Chancen, so beziehen diese sich ganz überwiegend auf die Reisegestaltung und nur sehr selten auf das Reisevolumen. Betrachten wir die Risiken, so beziehen sie sich stärker auf das Reisevolumen und weniger stark auf die Reisegestaltung.

▶ In vielen Anwendungsbereichen konnten wir für die gleiche Anwendung sowohl einen positiven als auch einen negativen Wirkpfad identifizieren. Viele Wirkungen sind somit ambivalent und können sowohl positiv als auch negativ genutzt werden – je nachdem, welche Prioritäten auf Angebotsseite gesetzt werden oder ob die Berücksichtigung von Nachhaltigkeitsaspekten auf Nachfrageseite zu einer höheren Akzeptanz und damit Marktfähigkeit führt. Ein Beispiel ist die Anwendung von Virtueller Realität vor der Reise: Sie kann dazu führen, dass Reisen gar nicht erst angetreten werden, weil die virtuelle Welt als Ersatz dient. Diese Surrogatfunktion kommt bereits bei Geschäftsreisen recht häufig vor (Ersatz der Reise durch Videokonferenzen etc.) und könnte sich mit fortschreitender Technik auf die Privatreisen ausweiten. Ebenso gut ist es aber denkbar, dass die Auseinandersetzung mit der virtuellen Destination erst recht Lust aufs Reisen macht, um nicht nur das Surrogat, sondern auch das Original zu erleben.
▶ Die größten Nachhaltigkeitschancen liegen in der Kategorie „Künstliche Intelligenz": Sie weist die meisten positiven Wirkpfade auf (8), die zudem mit einer hohen durchschnittlichen Relevanz versehen wurden (7,0).
▶ Die größten Nachhaltigkeitsrisiken liegen in der Kategorie „Big Data Analytics" mit drei Wirkpfaden und einer durchschnittlichen Relevanz von 7,7. Es muss bei dieser Betrachtung aber betont werden, dass die Zuordnung einzelner Anwendungen zu den Kategorien nicht immer trennscharf ist. Die Kategorien sind so stark verschränkt, dass kaum eine Anwendung nur einer Kategorie zuzuordnen wäre.
▶ Wesentliche Nachhaltigkeitsrisiken resultieren daraus, dass nicht besonders auf Nachhaltigkeit ausgerichtete große Unternehmen der Tourismusbranche die Potenziale der Digitalisierung für eine Volumenzunahme (mehr und weitere Reisen) schneller nutzen als die Branche insgesamt die Nachhaltigkeitschancen der Digitalisierung bei der Reisegestaltung realisieren kann. Diese Potenziale liegen vor allem in der effizienteren Produktion und Vermarktung von Reisen durch die Anwendung vernetzter, Big Data-getriebener Digitalisierungstechniken (Wirkpfade über Marktforschung und Produktgestaltung sowie effizientere zielgruppenorientierte Kundeninformation). Unternehmen, die vor allem aufgrund ihrer Größe solche Techniken effizient und effektiv nutzen können, sind in der Lage, die Bedürfnisse ihrer Kunden besser und schneller zu erkennen und zu monetarisieren. Zudem sind gerade diese Unternehmen besonders gut in der Lage, Mechanismen der Plattformökonomie einzusetzen. Hinzu tritt ein Risiko für die (heute noch) Beschäftigten der Tourismusbranche durch Arbeitsplatzverlust aufgrund von digital gesteuerter Automatisierung von Kundenberatung und -service.

Zusammenfassung

▶ Durch die Digitalisierung wird das Reisen übergangslos (*Seamless Travel*), denn Abfertigungen am Flughafen sind durch digitale Eincheck-Technologien angenehm durchführbar, digitale Bezahlsysteme lassen umständliche Geldwechsel entfallen und mittels Translation on Demand-Services können Sprachbarrieren überwunden werden. Zum anderen können über digitale Plattformen Angebot und Nachfrage sehr leicht verbunden, Nischenangebote einfach wahrgenommen und durch Angebote der Sharing Economy Dienste von Privatpersonen in Anspruch genommen werden. All diese Entwicklungen führen in ihrer Tendenz eher zu mehr denn weniger Reisen und damit per Saldo zu einer höheren Belastung für die Umwelt, was wir auch mit dem übergreifenden Effizienzeffekt betont haben.

▶ Den Risiken stehen zahlreiche Chancen gegenüber. Zu den Chancen gehören unter anderem Möglichkeiten, die sich in der digitalisierten Mobilität finden lassen, etwa selbst-regulierende, entzerrte Verkehrssysteme. In diesem Zusammenhang sind auch mögliche Einsparungen durch die optimierte Nutzung von Mobilitäts-, Unterkunfts- und Freizeitressourcen (Sharing) zu nennen. Eine weitere Chance der Digitalisierung sehen wir in der Verbreitung von ressourcenschonenden Smart Facilities (Hotels und andere Unterkunftsbetriebe, Freizeitbetriebe) wie etwa selbstregulierende Heizsysteme oder „smarte" Duschen, die den Verbrauch durch Vorheizen des Wassers reduzieren helfen.

▶ Die nach unserer Einschätzung wirkkräftigsten Chancen resultieren aus den Möglichkeiten, welche die Digitalisierung für eine Verhaltensänderung der Nachfragenden enthält. Transparentere Echtzeit-Informationen (etwa über die Auslastung von Attraktionen oder die aktuelle Wetter- und Umweltsituation) in Verbindung mit intelligenten Empfehlungen (*Recommender*) für die nachhaltigere Alternative haben das Potenzial, Verhaltensänderungen zu stimulieren. Digitalisierung bietet zahlreiche Chancen, Anreize für die Wahl der nachhaltigeren Alternative zu setzen – durch Belohnungssysteme, Echtzeit-Nutzenversprechen, transparente Information, Bewusstseinsbildung oder Veränderung des Informationsumfeldes (Nudging). Mit dem Internet der Dinge wird zum einen die Erhebung von Daten mittels Sensoren sowie deren Vernetzung betont. Wir erwarten, dass sich diese Chancen weniger als „harte" Besucherinnenlenkung, sondern eher Besucherbeeinflussung erfolgreich realisieren lassen.

▶ Im Umkehrschluss bedeutet dies zum anderen, dass in der Messung unterschiedlichster Variablen sowie deren Auswertung ein enormes Potenzial auch für die nachhaltige Entwicklung im Tourismus liegt. Bei den identifizierten Beispielen, die diesem Bereich zuzuordnen sind, wird insbesondere die Auswertung des aktionsräumlichen Verhaltens deutlich. Besuchendenströme sowie der mit diesen Bewegungen und den Aktivitäten der Gäste verbundene Ressourcenverbrauch können künftig einfacher gemessen werden und es lassen sich daraus Maßnahmen zur Einsparung von Ressourcen ableiten. Innerhalb der Beispiele wurde dabei deutlich, dass zum einen über die Transparenz des Verbrauchs eine Sensibilisierung der Gäste stattfinden kann. Zum anderen können Touristinnen und Touristen dann aber auch zu einem alternativen Verhalten animiert werden. Dies ist aus unserer Sicht der größte Chancenkomplex für die nachhaltige Tourismusentwicklung durch Digitalisierung.

Insgesamt stehen wir erst am Anfang einer Entwicklung. Bezogen sich Überlegungen, welche die Digitalisierung betreffen, bisher überwiegend auf den Bereich vor und nach der Reise, so ist hier eine klare Veränderung zu erkennen: Fragestellungen, welche die Digitalisierung betreffen, sind jetzt verstärkt auch während der Reise sichtbar. Dementsprechend kommt es aktuell zu vielen Umwälzungen in den Destinationen und Tourismusbetrieben selbst. Nun kommt es also darauf an, wie diese Fragestellungen beantwortet und damit die Destinationen und Betriebe selbst ausgestaltet werden. Diese Studie hält dafür Grundlage bereit, auf die es aufzubauen gilt. Aus den Erkenntnissen, die diese Studie aufzeigt, sollte die Einsicht entstehen, alle Digitalisierungsschritte auch im Sinne der Nachhaltigkeit zu überdenken, bevor es in die Umsetzung geht.

Summary

> **English report available**
>
> Please note that the following summary is taken from the English version of this report "The impact of digitisation and big data analysis on the sustainable development of tourism and its environmental impact". The full English report is available from the UBA website.

The study "The impact of digitisation and big data analysis on the sustainable development of tourism and its environmental impact" examines the influence digitisation can have on sustainable tourism development in the ecological and social sphere as well as the resulting opportunities and risks.

The study has two primary objectives.

The first objective is the *structuring of the subject area*. Both "digitisation" and "sustainable development of tourism" are used in a variety of ways and, depending on the context, defined more or less strictly.

With regard to sustainability, we are particularly interested in the effects of travel on *nature and the environment* (i.e. air, water and ground; landscape and land use; biodiversity and ecosystems; climate impact and CO_2 emissions; water, energy and raw material consumption; waste water and waste and ecosystem services) and on *social issues* (i.e. participation and inclusion; encounters; cultural values as well as jobs and income distribution). These effect categories are taken from the literature.

With regard to digitisation, the first step was to systematically identify current developments in digitisation and to examine their possible current and future contribution to sustainable tourism development. Digitisation on the part of both consumers (tourists) and providers was taken into account. The focus was on the use of digital applications *while* travelling. We managed to identify eleven relevant categories and systematise them on the basis of four aspects. The four aspects are the categories themselves (main themes and areas of application), markets (phases of the customer journey and significantly affected segments), diffusion (status and perspective of technical development) and impact potentials (directions and paths of impact). To aid understanding, all categories were illustrated using examples in the form of concrete applications or plans. All examples are documented in the appendix. The eleven categories thus described can be found in three spheres. **Data connectivity** refers to the collection and linking of data as well as its processing. **Data infrastructure** enables data connectivity and the output of the processed data in the form of digital service applications. Finally, the **data ecosystem is** the business basis for such applications. The categories are classified in these spheres using the following structure:

▶ Data connectivity
- Big data analytics: Refers to the analysis of complex data sets using (automated) methods to identify correlations, meanings and patterns.
- Internet of Things and geo-intelligence: Describes the linking of and data exchange between objects, devices and systems that often use geodata to provide location-based services (LBS).
- Artificial intelligence: Describes systems that continuously and independently develop data analysis. Artificial intelligence brings together mass data (big data), sufficient computing resources and machine learning.

▶ Data infrastructure
- Smart mobile devices and digital payment: Describes the emergence of new and high-tech mobile phones that allow travellers to access the internet and use services. The key here is that visitors carry these devices and their various applications around with them and the fact that they are personalised, which means they can be used as ID and to make payments.
- Extended reality (AR, VR, MR): Describes the superimposition of reality with computer-generated data using a display (for example, of a smartphone). A distinction is made between (fully) virtual, augmented (superimposed) and mixed (both virtual and superimposed) reality.
- Security, data protection and blockchain: Describes the increasing relevance of data protection due to the fact that increasingly more data is generated and processed with and without reference to individuals. The focus here is on blockchain technology, whereby encrypted data (blocks) and their changes are documented (chained) and cannot be falsified.
- Digital accessibility and open data: Describes the need for access to data. The category refers to the possibility of sending and receiving data. On another level it refers to the structure in which the data is available and how it may be used.
- Cloud computing: Describes the possibility for data and software to no longer requiring installation and storage on local computers, but being available in a cloud system. This type of data management means that software can be continuously updated and data can be collaboratively processed and/or shared.

▶ Data ecosystem
- Digital platforms: Business models that serve as intermediaries to link supply and demand. Digital platforms make use of data on the platform by processing it to create services (data economy).
- Social networks and reputation management: Social networks (Facebook, Instagram, Twitter, etc.) enable communication between their users. Users can be individuals as well as companies or organisations. Which information appears in the flow of data with which priority depends on one's digital reputation.
- Sharing economy: Platform business models based on sharing; it usually takes place between private individuals, but is increasingly also used commercially.

The second objective is the *identification and assessment of opportunities and risks*. Special consideration is given to the behaviours of different user groups and how they influence a change in travel volume and travel arrangements. The focus is thus on gaining an overview of any possible direct effects of digitisation. This study does not aim to quantify these effects, such as on air, water and ground, biodiversity, climate impact and CO_2 emissions.

On the one hand, digital applications can influence a *change in travel volume*. This refers to changes in the number of trips as well as distance covered and number of days away. An increase in travel volume generally constitutes more of a risk than an opportunity for sustainable tourism development.

On the other hand, digital applications can influence *changes to travel arrangements*. This refers to how travellers organise their trip, such as with regard to mobility (e.g. choice of transport to and from the destination and at the destination), accommodation (type and category) and organisation of stay (e.g. type and number of POIs visited). The choice of destination itself, however, is also part of the travel arrangements, for example with regard to particularly sustainable destinations.

It should be emphasised that the **sustainability opportunities and risks** identified in this study are not necessarily opportunities and risks. Many if not all applications cited here are about organisational possibilities. Here it depends on whether the possibilities of digitisation are taken advantage of to facilitate sustainability, especially on the provider side, or whether sustainability is not taken into account. **A priori, digitisation is neither positive nor negative.** In principle, technological progress opens up new possibilities for travel arrangement and the management of travel processes. This will always depend, however, on the extent to which aspects of sustainability are consciously taken into account in the individual processes. The basic requirement is that the issue of sustainability gains more relevance in society, because only then will policy-makers, administrations, researchers and companies take sufficient account of ecological and social aspects of sustainability in the development and use of digital technologies.

This study (change in travel volume and change in travel arrangements) identified, described and assessed *paths of impact* for each of the eleven digitisation categories. A path of impact, in analogy to the method already applied in the "Consumption 4.0" study (Keppner u. a. 2018), is a verbal description of the possible future effect of a digital application. These paths of impact are differentiated according to:

▶ Content
  - Classification to one of the eleven categories or as a "cross-category"
  - Short description and, if necessary, illustration using examples

▶ Impact direction
  - Positive paths of impact describe a sustainability opportunity
  - Negative paths of impact describe a sustainability risk

▶ Impact category
  - Effect on travel volume
  - Effect on travel arrangements

▶ Assessment using a scoring model
  - Potential level of impact, on a scale from 0 (= no impact) to 10 (= very high impact)
  - Probability of realisation, on a scale from 0 (= impossible) via 1 (= extremely unlikely) to 10 (= already realised)
  - Time-scale of realisation, on a scale from 0 (= never) via 1 (= in the distant future) to 10 (= already realised)
  - Reliability of assessment, on a scale from 0 (= we are not at all sure about our assessment) to 10 (= we are very certain about our assessment)

The authors carried out the assessments using the scoring models on the basis of comprehensive literature and example research. In order to increase assessment reliability, feedback was collected during a meeting of experts with 18 participants in January 2019 and from the specialist departments of the UBA and the BMU. Nevertheless, the assessment was carried out by the authors. Two aspects complicated the assessment: Firstly, very little data is available to evaluate specific paths of impact. Even the paths of impact that have been known and discussed for a long time are difficult or impossible to back up with concrete data; this includes tourism-related resource consumption of data centres and IT infrastructure. And secondly, this is particularly true when the effects of very new applications are assessed, which means you have to look to the future and speculate.

Nevertheless, a total of 52 paths of impact were identified. Only two of them entirely eluded assessment using the scoring model: There is firstly the tourism-related consumption of energy and resources by the network and IT infrastructure, and secondly, the tourism-enhancing efficiency effect of digitisation, i.e., the ability of providers to generally apply digitised processes in such a way that efficiency increases, which in turn enables price and competitive advantages within the sector and in comparison with other sectors.

The following key results can be derived from the assessment of the remaining 50 paths of impact in terms of structure and content:

▶ Overall, significantly more positive (34) than negative (15) paths of impact were identified. This study thus identified **more opportunities than risks** from digitisation.
▶ If you include the assessment, the positive paths of impact are rated higher on average (6.4) as well as overall (219 scoring points) than the negative paths of impact (6.2 and 93 scoring points). The identified **opportunities** are thereby seen as having a greater impact than risk.
▶ In terms of travel arrangements, we identify significantly increased and more effective opportunities than risks. The opposite is the case for travel volume: Here, the number and the impact of the risks outweigh the opportunities. Or, if you reverse the perspective: If we look at the opportunities, they predominantly relate to travel arrangements and only very rarely to travel volume. If we look at the risks, they relate more to travel volume and less to travel arrangements.
▶ In many areas of application, we identified both a positive and a negative path of impact for the same application. Many impacts are thus ambivalent and can be deployed in a positive or negative way – this depends on which priorities are set on the part of the supplier or whether taking sustainability aspects on the part of the consumer into account leads to higher acceptance and thus marketability. One example is the use of virtual reality before travelling: This can lead to the trip not being taken in the first place because the virtual world serves as a substitute. This surrogate function already occurs quite frequently when it comes to business trips (video conferencing, etc., instead of the trip) and may be expanded to include private trips as technology advances. It is just as conceivable, however, that engaging with and exploring the destination

virtually makes someone want to travel in order to not only experience the virtual substitute, but also the destination itself.
▶ The greatest opportunities for sustainability lie in the "artificial intelligence" category: It has the most positive paths of impact (8), which in addition have a high average relevance (7.0).
▶ The greatest sustainability risks lie in the "big data analytics" category with three paths of impact and an average relevance of 7.7. It must be emphasised, however, that assigning individual applications to categories is not an exact science. The categories are intertwined to such an extent that there are few applications that can only be assigned to a single category.
▶ Significant sustainability risks result from the fact that large companies in the tourism industry that are not particularly geared to sustainability use the potential of digitisation to increase volume (more and more trips) faster than the industry as a whole can realise the sustainability opportunities of digitisation with regard to travel arrangements. This potential primarily lies in the more efficient production and marketing of travel using networked, big data-driven digitisation techniques (paths of impact via market research and product design as well as more efficient target-group-oriented customer information). Companies that are able to use such techniques efficiently and effectively, especially due to their size, are better able to identify and monetise the needs of their customers and can do so faster. What is more, it is precisely these companies that are well placed to utilise the mechanisms of the platform economy. Furthermore, there is a risk for employees in the tourism industry, whose jobs are in jeopardy due to digitally automated customer support and service.
▶ Digitisation makes *travelling seamless*, because airport check-ins are straightforward with digital technologies, digital payment systems make foreign currency exchange obsolete and translation-on-demand services overcome language barriers. Furthermore, digital platforms can easily bring together supply and demand, niche offers become more visible and even private individuals can offer their services as part of the sharing economy. All these developments tend to lead to more rather than less travel and therefore, on balance, to more environmental impact, which we identified as the general efficiency effect.
▶ However, the risks are offset by numerous opportunities. The opportunities here can be found in the sphere of digital mobility, such as self-regulating, corrected traffic systems. In this context, possible savings through the optimised utilisation of mobility, accommodation and leisure resources (sharing) also deserve a mention. We see a further opportunity of digitisation in

resource-saving smart facilities (hotels and other accommodation facilities, leisure facilities) such as self-regulating heating systems or "smart" showers, which help to reduce consumption by preheating the water.
▶ We believe that the most high-impact opportunities result from digitisation's potential to change the behaviour of consumers. More transparent real time information (such as about the capacity utilisation of attractions or the current weather and environmental situation) combined with intelligent recommendations (*recommender agents*) of the more sustainable alternative have the potential to encourage behavioural changes. Digitisation offers numerous opportunities to provide incentives for choosing the more sustainable alternative – through reward systems, real-time benefit promises, transparent information, awareness-raising or nudging. The Internet of Things is about the collection of data using sensors and their interconnections. We expect these opportunities to be successfully realised in the form of visitor guidance rather than "hard" visitor influence.
▶ Conversely, this also means that the measuring and analysing of a wide variety of variables has enormous potential for sustainable development in tourism. In the case of the identified examples that are assigned to this area, the analysis of the behaviour within the action space is particularly significant. Visitor flow and the consumption of resources associated with these movements and the activities of visitors can be measured more easily in the future, and resource-saving measures can be derived from this. These examples illustrate that awareness can be raised among visitors by making consumption transparent. This also means that tourists can be encouraged to choose an alternative behaviour. In our view, this is the biggest set of opportunities for sustainable tourism development through digitisation.

So far, we are only at the beginning of a development. While until now, considerations regarding digitisation mainly related to the periods before and after the trip, a clear change is emerging: Questions concerning digitisation are now increasingly about the trip itself. This is why many upheavals can currently be observed at the destinations and in the tourism companies. What matters now is how these questions are answered and how the destinations and businesses themselves are organised. This study provides a basis on which to build. The findings of this study are to provide the necessary understanding that aspects of sustainability should be taken into account before implementing digitisation.

1 Einführung

Diese Studie untersucht die Auswirkungen der Digitalisierung auf eine nachhaltige Entwicklung des Tourismus und dessen Umweltwirkung.

Im Folgenden beschreiben wir zunächst, was Tourismus ist, wie wir nachhaltigen Tourismus definieren und was für uns Tourismus im digitalen Zeitalter bedeutet. Danach gehen wir auf die Untersuchungsziele und den Gang der Untersuchung ein. In dem Zusammenhang beschreiben wir insbesondere, welche Wirkungen wir im Rahmen dieser Studie untersuchen können (Chancen und Risiken von Digitalisierung im Tourismus) und welche nicht (quantifizierte Umweltauswirkungen durch Tourismus). Ziel dieser Arbeit ist, die komplexen Zusammenhänge von Nachhaltigkeit und Digitalisierung im Tourismus zu strukturieren und einer priorisierenden Abwägung zugänglich zu machen. Quantifizierte Auswirkungsanalysen bleiben späteren Schritten vorbehalten.

1.1 Tourismus

Tourismus ist definiert als Aktivität von Touristen. Diese Definition ist weltweit und europaweit harmonisiert (Eurostat 2013; United Nations 2010; United Nations u. a. 2010). Sie ist sehr umfassend, denn zum Tourismus zählen damit alle Fortbewegungs-, Unterkunfts- und Aufenthaltsaktivitäten, sofern die Reise („trip") an den üblichen Wohnort zurückkehrt, über das gewöhnliche Umfeld der Person hinausgeht, nicht der Beschäftigung durch eine Organisation des Zielorts dient und nicht länger als ein Jahr dauert.

> *Tourismus ist, was Touristen machen*
>
> „A trip refers to the travel by a person from the time of departure from his usual residence until he/she returns: it thus refers to a round trip. A trip is made up of visits to different places. (…)
> A visitor is a traveller taking a trip to a main destination outside his/her usual environment, for less than a year, for any main purpose (business, leisure or other personal purpose) other than to be employed by a resident entity in the country or place visited. These trips taken by visitors qualify as tourism trips. Tourism refers to the activity of visitors." (United Nations 2010)

Hinzu kommt, dass „häufige" oder „regelmäßige" Besuche von der touristischen Definition ausgenommen sind (was allerdings nicht für Freizeitwohnsitze gilt, deren Aufsuchen wiederum sehr wohl als Tourismus betrachtet wird). Die Problematik dieser insgesamt sehr umfassenden Abgrenzung wird vielleicht am besten deutlich, wenn man ihre Definition umkehrt: Nicht zum Tourismus gehören Migration (länger als ein Jahr), Arbeitspendeln (Beschäftigung durch Organisation des Zielorts) und Aufenthalte im eigenen Umfeld (z. B. die Naherholung im Wohnquartier) bzw. Reisen, die man häufig oder regelmäßig unternimmt.

Dabei ergeben sich einige offensichtliche Definitionsprobleme. So kann strenggenommen etwa die Tätigkeit in typischen Tourismusberufen (z. B. als Reiseführer) in die Definition des Tourismus fallen. Der Einkaufsausflug ins IKEA-Warenhaus kann ebenso Tourismus sein, wie der nur selten vorkommende Kinobesuch im Nachbarort. Handelt es sich also bei einem Lkw-Fahrer, der eine Nacht im Hotel der Raststätte abseits seiner üblichen Route verbringt, tatsächlich um Tourismus? In die Beherbergungsstatistik geht er ein, aber meinen wir das, wenn wir in dieser Studie die Auswirkungen der Digitalisierung auf einen nachhaltigen Tourismus betrachten? Meinen wir tatsächlich den Kinobesuch im Nachbarort oder den IKEA-Besuch (die ebenso natürlich nicht in die Beherbergungsstatistik eingehen)? Und wenn nicht: Wie grenzen wir den IKEA-Besuch vom Tagesbesuch am Strand ab, der ja schon im alltäglichen Sprachgebrauch ganz offensichtlich „Tagestourismus" ist?

Unabhängig von den geschilderten Definitionsproblemen wird aber deutlich, dass Tourismus nicht nur „Übernachtungsreisen zum persönlichen Vergnügen" beinhaltet, denn zum Tourismus gehören grundsätzlich:

▶ **Private Reisen** und **nicht-private Reisen** und Mischformen. Private Reisen sind z. B. Urlaubsreisen oder Besuchsreisen. Nicht private Reisen sind z. B. Geschäftsreisen oder Reisen zu beruflichen Aus- und Fortbildungszwecken. Mischformen sind z. B. private Verlängerungen einer Geschäftsreise oder private Freizeitaktivitäten während einer Geschäftsreise.
▶ **Übernachtungsreisen** (mit mindestens einer Übernachtung) und **Tagesreisen** (ohne Übernachtung).

Einige Datenquellen verwenden entfernungsabhängige Definitionen, so erfasst z. B. der GfK Mobilitätsmonitor das Reiseaufkommen ab 50 km (Reif u. a. 2017). Andere Untersuchungen treffen zeitabhängige Unterscheidungen, so unterscheidet z. B. die Reiseanalyse „lange" Urlaubsreisen ab fünf Tage Dauer und „Kurzurlaubsreisen" mit einer Dauer von zwei bis vier Tagen (Schmücker, Grimm, und Wagner 2018), während die Tourismusanalyse sich von Vornherein auf lange Urlaubsreisen ab fünf Tagen Dauer beschränkt (Reinhardt, Hilbinger, und Eilzer 2017). Der World Travel Monitor erfasst hingegen nur Auslandreisen mit mindestens einer Übernachtung und einer maximalen Dauer von drei Monaten (Freitag 2017).

Hinsichtlich der Quell-Zielmarktrelation werden üblicherweise drei Gruppen unterschieden (United Nations 2010):

▶ **Inbound trip**: Reise von außerhalb in ein Land (oder in eine Destination). Häufig auch als Incoming-Tourismus bezeichnet.
▶ **Outbound trip**: Reise in ein anderes Land (oder in eine Destination). Häufig auch als Outgoing-Tourismus bezeichnet.
▶ **Domestic trip**: Reise innerhalb eines Landes (oder innerhalb einer Destination). Im Deutschen zuweilen als Binnentourismus bezeichnet.

Weil Tourismus so umfassend und unterschiedlich definiert ist, gibt es auch keine Maßzahlen für den Tourismus insgesamt. Jede Datenquelle beschreibt nur einen mehr oder weniger großen Teil des gesamten Tourismus. Daher muss bei der Betrachtung von Stand und Entwicklung des Tourismus jeweils differenziert werden, welcher Teil des Tourismus mit den vorhandenen Daten jeweils abgebildet werden kann.

1.2 Nachhaltiger Tourismus

Unter nachhaltigem Tourismus wird „eine wirtschaftlich tragfähige Entwicklung verstanden, die eine gleichbleibende oder sogar wachsende Nachfrage bei geringer oder zumindest gleich hoher Belastung der ökologischen und sozialen Umwelt ermöglicht." (Schmied u. a. 2009; Günther u. a. 2014).

Die Definition ist pragmatisch, kann aber in die Irre führen. Denn selbstverständlich kann eine „gleich hohe Belastung der ökologischen und sozialen Umwelt", unabhängig von der Nachfrageentwicklung, objektiv „zu viel" sein, weil Belastungsgrenzen überschritten werden.

Noch sanfter scheint die Definition der Welttourismusorganisation (UNWTO), die *sustainable tourism* wie folgt beschreibt: „Tourism that takes full account of its current and future economic, social and environmental impacts, addressing the needs of visitors, the industry, the environment and host communities"[1]. Diese Definition ist verbreitet (Postma, Cavagnaro, und Spruyt 2017), aber letztlich wenig hilfreich, weil sie zu sehr auf die Informiertheit (take account of = berücksichtigen) und zu wenig auf die tatsächlichen Effekte eingeht.

---

1 http://sdt.unwto.org/content/about-us-5, abgerufen am 8. April 2019

Der DTV-Praxisleitfaden *Nachhaltigkeit im Deutschlandtourismus* orientiert sich ebenfalls an Definitionen der UNWTO vom Anfang der 1990er Jahre: „Nachhaltiger Tourismus erfüllt nicht nur die Ansprüche der Touristen und lokalen Bevölkerung in den Zielgebieten, sondern trägt auch dazu bei, zukünftige Entwicklungsmöglichkeiten zu sichern und zu verbessern. Ressourcen werden so genutzt, dass ökonomische, soziale und ästhetische Bedürfnisse befriedigt werden und gleichzeitig die kulturelle Integrität, wesentliche ökologische Prozesse, die biologische Vielfalt und lebenswichtige Systeme als Lebensgrundlagen erhalten werden." (Balas und Rein 2016).

In eine ähnliche Richtung argumentieren Balaš und Strasdas, wenn sie eine Dichotomie von nachhaltigem vs. nicht-nachhaltigem Tourismus ablehnen und stattdessen fordern: „Im Kontext des modernen Nachhaltigkeitsverständnisses als ethisch begründetes Konzept einer intra- und intergenerationell gerechten globalen Entwicklung ist eine solche Abgrenzung deutlich komplexer, da Nachhaltigkeit einen inhaltlichen Gestaltungsraum innerhalb gesellschaftlicher Abwägungsprozesse offenlässt. Voraussetzung wäre daher ein verbindliches Nachhaltigkeitsleitbild, das darlegt, welche Vorgaben, Leitlinien oder Regeln mit einem nachhaltigen Tourismus verbunden wären. Hierfür braucht es wiederum verbindliche Kriterien und Ziele, die im Diskurs aller gesellschaftlichen Akteure zu ermitteln sind. Problematisch ist hierbei, dass es an sich keine moralisch und fachlich legitimierte Instanz gibt, die diesbezüglich einheitliche gesellschaftliche Leitlinienorientierungen vorgeben könnte. Vielmehr sind stets Werturteile bzw. Abwägungen zwischen heterogenen, oft konfligierenden Interessen zu treffen. Außerdem sind die für eine Abgrenzung notwendigen Zielwerte durch eine hohe sachliche und soziale Komplexität gekennzeichnet, die durch das sehr vielschichtige Tourismusgefüge noch weiter erhöht wird." (Balaš und Strasdas 2018, 25f.) Ihrer Meinung nach „… sollte korrekterweise von ‚Nachhaltigkeit im Tourismus' gesprochen werden, wenn die geltenden Prinzipien der Nachhaltigkeit in sämtliche touristische Aktivitäten und Handlungsebenen überführt werden sollen und der Entwicklungscharakter dargestellt werden soll." (Balaš und Strasdas 2018)

Diese Definitionen und Erläuterungen haben durch ihren umfassenden Anspruch viele Vorteile, sind aber für unsere Untersuchung ein wenig zu abstrakt. Wir benötigen für die Bewertung von Entwicklungen zumindest eine Orientierung dafür, was Nachhaltigkeit konkret ist. In unserer Betrachtung der Wirkpfade geht es daher im Kern um die Frage, ob eine Entwicklung (Digitalisierung, Big Data-Analyse) im Hinblick auf *die ökologischen und sozialen Aspekte der Nachhaltigkeit positiv oder negativ* wirkt. Tourismus, also die touristische Mobilität und der Aufenthalt in der Destination mitsamt den dazu notwendigen vor- und nachgelagerten Dienstleistungen, wirkt unzweifelhaft auf die natürliche Umwelt, aber ebenso auf die sozialen und ökonomischen Aspekte der Gesellschaft. Die ökonomischen Aspekte blenden wir dabei aus, denn ein ökonomischer Anreiz zur Einkommenserzielung kann für jeden touristischen Marktanbieter vorausgesetzt werden. Allerdings betrachten wir die Frage der Verteilung von Einkommen als Teil der sozialen Dimension durchaus im Rahmen der Wirkpfade.

Eine nachhaltige Tourismusentwicklung versucht, die Tourismus-Wirkungen in ihrer negativen Form (Risiken) zu reduzieren bzw. in ihrer positiven Form (Chancen) zu verstärken. In diesem Sinne sind auch die Kriterien für nachhaltigen Tourismus des *Global Sustainable Tourism Council* (GSTC) angelegt:

> „Um der Definition von ‚nachhaltigem Tourismus' gerecht zu werden, müssen Destinationen einen interdisziplinären, ‚ganzheitlichen' und integrativen Ansatz verfolgen, der die folgenden vier Hauptziele einschließt:
>
> (i) Wirkungsvolles Nachhaltigkeitsmanagement,
> (ii) Maximierung sozialen und wirtschaftlichen Nutzens für die lokale Bevölkerung;
> (iii) Bewahrung des kulturellen Erbes und Maximierung des Nutzens für die lokale Bevölkerung und die Besucher,
> (iv) Maximierung des Nutzens für die Umwelt und die generelle Reduzierung negativer Wirkungen in allen genannten Bereichen." (Global Sustainable Tourism Council 2013; Eurostat 2018)

Grundsätzlich gilt dabei allerdings: Fast jeder Tourismus enthält, wegen der damit verbundenen zusätzlichen Ressourcenverbräuche bei Transport und Aufenthalt, in der Regel ein Risiko für eine nachhaltige Entwicklung. Daraus lässt sich folgern: Je mehr Tourismus es gibt, desto größer ist das ökologische Risiko, das vom Tourismus für eine nachhaltige Entwicklung ausgeht. Andererseits kann ein gut gestalteter Tourismus zu einem sozialen und wirtschaftlichen Nutzen für die einheimische Bevölkerung führen.

Unsere Operationalisierung dieser Nachhaltigkeitsaspekte findet sich in Abschnitt 2.4.2 ab Seite 57 dieses Berichtes.

1.3 Stand und Entwicklung des Tourismus in Deutschland

Um für die folgenden Diskussionen eine zahlenmäßig fassbare Grundlage zu haben, beschreiben wir kurz das Tourismus-Volumen und – soweit möglich – auch die zeitliche Entwicklung der Kennziffern. Dabei wird jeweils angegeben, welches Tourismussegment durch die angegebenen Zahlen abgedeckt wird.

Außerdem erarbeiten wir eine empirische Darstellung der Ist-Situation für die Nachfrage nach „nachhaltigem" Tourismus in Deutschland.

1.3.1 Volumen und Volumenentwicklung

Global gilt Tourismus als Wachstumsmarkt. Die Welttourismusorganisation (UNWTO) beschreibt jedes Jahr die Zahl der internationalen Ankünfte. Dieser Wert lag 2017 – ausgerechnet im *International Year of Sustainable Tourism for Development* – auf dem Rekordhoch von 1,3 Milliarden Ankünften, das Wachstum von 7% liegt weit über den Wachstumsraten der letzten Jahre[2]. Erst 2012 war der Wert von einer Milliarde internationaler Ankünfte überschritten worden, für 2030 erwartet die UNWTO 1,8 Mrd. internationale Ankünfte.

Wie entwickelt sich das Tourismusvolumen vor diesem Hintergrund in Deutschland? Für die tourismusrelevanten Kennziffern in Deutschland liegen verschiedene Quellen mit jeweils unterschiedlicher Aussagekraft vor.

Die Übernachtungen in Beherbergungsbetrieben ab zehn Betten werden in der Beherbergungsstatistik erfasst. In Tabelle 1 sind lediglich die Übernachtungen von Inländern beschrieben (Binnentourismus). Deren Zahl stieg von 2010 bis 2018 um 22% und erreichte 2018 den Wert von 390,3 Mio. Übernachtungen.

Die Zahlungsbilanz im Reiseverkehr beschreibt, wie viel mehr die Inländer im Ausland ausgegeben haben im Vergleich zur Summe, die Ausländer im Inland ausgaben. Dieser Wert ist traditionell negativ, nicht zuletzt, weil viel mehr Inländer ins Ausland fahren als Ausländer ins Inland. Das Zahlungsbilanzdefizit im Reiseverkehr stieg von 2010 bis 2018 um 31% auf 43,1 Mrd. Euro.

Die Zahl der Flugpassagiere an und ab Deutschland stieg von 2010 bis 2018 um 29% auf 244,3 Mio. Obwohl der für 2011 geplante Flughafen Berlin Brandenburg noch immer nicht eröffnet wurde, stieg die Passagierzahl von den Berliner Flughäfen im selben Zeitraum sogar um 56% auf 34,7 Mio.

Der Umsatz deutscher Reiseveranstalter ist traditionell stark durch das Outgoing-Geschäft getrieben. Das in der Tabelle ausgewiesene Marktwachstum um 69% auf 36 Mrd. Euro basiert auf Angaben der Studie GfK Mobility (Vor Reiseantritt gebuchte Leistungen für Urlaubs- und Privatreisen mit mind. einer Übernachtung).

Das stärkste Wachstum der hier betrachteten Segmente weisen die Hochseekreuzfahrten auf, die Passagierzahl der in Deutschland verkauften Kreuzfahrten wuchs um 87% auf zuletzt 2,3 Mio. (CLIA-Schätzung auf Basis der ersten drei Quartale 2018). Die Situation in den deutschen Kreuzfahrthäfen Hamburg,

---

2 http://media.unwto.org/press-release/2018-01-15/2017-international-tourism-results-highest-seven-years, abgerufen am 8. April 2019

Bremerhaven, Kiel und Rostock-Warnemünde zeigt ähnliche Wachstumswerte (Holst und Wolf 2017), so dass einige Städte bereits Übernutzungen befürchten (Grimm u. a. 2018).

Tabelle 1: Ausgewählte Indikatoren der Tourismusentwicklung

Indikator	Beschreibung	Wert 2018	Veränderung 2010–2018
Übernachtungen von Nicht-Ausländern	Beherbergungsbetriebe in Deutschland ab 10 Betten, Quelle: Statistisches Bundesamt	390,3 Mio.	+ 22%
Zahlungsbilanz Reiseverkehr	Ausgaben der Ausländer in Deutschland – Ausgaben der Inländer im Ausland, Quelle: Dt. Bundesbank	–43,1 Mrd. Euro	+ 31%
Passagiere an/ab deutschen Flughäfen	Lokalaufkommen An+Ab, ohne Transit, Quelle: Arbeitsgemeinschaft Deutscher Verkehrsflughäfen	244,3 Mio.	+ 29%
Umsatz deutscher Reiseveranstalter	Branchenangaben, Quelle: Deutscher Reise Verband	36,0 Mrd. Euro	+ 69%
Kreuzfahrtpassagiere an/ab deutschen Häfen	CLIA-Methode: Turnaround: An+Ab, Stopover: Nur An, nur in Deutschland verkaufte Hochseekreuzfahrten, weltweites Fahrtgebiet, Quelle: CLIA-Schätzung (ITB 2019)	2,3 Mio.	+ 87%

Entwicklung Zahlungsbilanz: Das *Bilanzdefizit* hat sich um 31% erhöht. Wert 2010: – 32,8 Mrd. Euro

Betrachtet man die Entwicklung der langen und kurzen Urlaubsreisen im Quellmarkt Deutschland auf Basis der Daten der Reiseanalyse, die wir neu zusammengestellt haben, so zeigt Tabelle 2, dass die Anzahl der langen Urlaubsreisen in den letzten zehn Jahren um lediglich 0,82% zugenommen hat. Der darin enthaltene Anteil innerdeutscher Urlaubsreisen ist sogar kleiner geworden. Dieses Marktsegment sank im Zeitraum 2010 bis 2018 um mehr als 12%. Zugenommen hat hingegen die Zahl der Urlaubsreisen in ferne Länder.

Tabelle 2: Urlaubsreisevolumen Deutschland

Lange und kurze Urlaubsreisen im Quellmarkt Deutschland		
Kennziffer	**2018**	**Veränderung 2010–2018**
Urlaubsreisen (fünf Tage und länger)	70,1 Mio.	+ 1%
Davon innerhalb Deutschlands	18,9 Mio.	– 12%
Davon ins Ausland	51,1 Mio.	+ 7%
Darin Fernreisen (Urlaubsreisen außerhalb Europas und des Mittelmeerraumes)	4,5 Mio.	+ 27%
Kurzurlaubsreisen (zwei bis vier Tage)	83,7 Mio.	± 0%
Davon innerhalb Deutschlands	62,1%	– 2%

Datenquelle: Reiseanalyse 2019, Reiseanalyse 2011, eigene Auswertung, Urlaubsreisen der deutschsprachigen Wohnbevölkerung ab 14 Jahre in Deutschland, Kurzurlaubsreisen der deutschsprachigen Wohnbevölkerung 14–75 Jahre in Deutschland

Für die Geschäftsreisen ist die Bemessung des Nachfragevolumens ausgesprochen schwierig und führt je nach Quelle zu sehr unterschiedlichen Ergebnissen. Der Verband Deutsches Reisemanagement gibt das Volumen des deutschen Geschäftsreisemarktes mit 187,5 Mio. Reisen an, die 72,5 Mio. Übernachtungen produzieren. Andere Erhebungen lassen Werte von ca. 60 Mio. Übernachtungsgeschäftsreisen und etwa der gleichen Zahl an Tagesgeschäftsreisen, mit deutlich abnehmender Tendenz, realistisch erscheinen (Eisenstein u. a. 2019).

Zusammenfassend lässt sich festhalten, dass das Tourismusvolumen in Deutschland nach wie vor wächst, allerdings im Fall der Urlaubsreisen nur noch sehr moderat. Das ist nicht selbstverständlich, in den Niederlanden bspw. ist der Urlaubsreisemarkt in den letzten Jahren sogar geschrumpft (Eijgelaar u. a. 2016).

Zu betonen ist jedoch, dass Tourismussegmente, denen besonders umweltschädliche Effekte zugemessen werden (Flugreisen, Kreuzfahrten) in Deutschland überdurchschnittlich wachsen (Gössling u. a. 2017; Frick u. a. 2014).

1.3.2 Nachfrage nach nachhaltigem Tourismus

Während die Einstellung zu und geäußerte Präferenz für im weiteren Sinne nachhaltige Urlaubsreisen nach den zuletzt 2014 im Rahmen der Reiseanalyse erhobenen Daten im Steigen begriffen ist, wächst die Nachfrage trotz vorhandener Angebote offenbar nicht im gleichen Maße. Das hohe geäußerte Interesse belegen Zustimmungsraten von 50–60% der Bevölkerung für das Statement „würde meine Urlaubsreise gerne nachhaltig gestalten" (Kreilkamp, Krampitz, und Maas-Deipenbrock 2017; Günther u. a. 2014). Aktuelle Forschungsarbeiten, etwa im Rahmen der abgeschlossenen Forschungsvorhaben Green Travel Transformation oder FINDUS, zeigen ein hohes Interesse bei gleichzeitig sehr geringer Wahrnehmung von nachhaltigkeitsorientierten Produkteigenschaften bei der Reisebuchung (Schmücker u. a. 2018; Kuhn 2017; Kreilkamp, Krampitz, und Maas-Deipenbrock 2017). Viele Verbraucher sehen die Verantwortung bei sich selbst, handeln aber nicht entsprechend (Günther u. a. 2014).

Tabelle 3: Positive Einstellung zur Nachhaltigkeit bei Urlaubsreisenden

TOP 2 auf einer Skala von 1 = trifft voll und ganz zu bis 5 = trifft ganz und gar nicht zu			
	Jan. 2013	Jan. 2019	Veränderung
Mein Urlaub soll möglichst ökologisch verträglich, ressourcenschonend und umweltfreundlich sein.	42%	43%	+ 3 PP
Mein Urlaub soll möglichst sozial-verträglich sein (d. h. faire Arbeitsbedingungen für das Personal und Respektieren der einheimischen Bevölkerung).	48%	52%	+ 4 PP
Mindestens eines der beiden Statements	52%	57%	+ 5 PP

Datenquelle: Reiseanalyse 2013, 2019, eigene Auswertung, Basis: Urlaubsreisende in der deutschsprachigen Wohnbevölkerung ab 14 Jahre in Deutschland (2018: 55,0 Mio., n = 6.041)

Den positiven Einstellungswerten stehen deutlich geringere tatsächliche Nutzungsraten von nachhaltigeren Urlaubsreisen gegenüber. So beträgt der Anteil der Urlaubs- und Kurzurlaubsreisen, bei denen bewusst eine CO_2-Kompensation getätigt wird, vier Prozent. Rund sieben Prozent aller Urlaubs- und Kurzurlaubsreisen werden bewusst mit einer Nachhaltigkeitskennzeichnung gebucht, rund sechs Prozent der Urlauber reklamieren für ihre Urlaubs- oder Kurzurlaubsreise, dass Nachhaltigkeit bei der Entscheidung ausschlaggebend, bei sonst gleichwertigen Alternativen, war. Gleichzeitig ist die Zahl der Flugreisen und der zurückgelegten Distanzen im deutschen Markt insgesamt und auch bei Urlaubsreisen deutlich gestiegen[3]. Im Rahmen des Forschungsvorhabens Green Travel Transformation gaben 7% der Befragten an, dass sie bei ihrer letzten Urlaubsreise sehr auf Nachhaltigkeit geachtet hätten, weitere 26%, dass Nachhaltigkeit ein Aspekt unter vielen war (Kreilkamp, Krampitz, und Maas-Deipenbrock 2017).

---

3 Erste Ergebnisse zum laufenden Projekt „Nachhaltige Urlaubsreisen: Bewusstseins- und Nachfrageentwicklung", FKZ UM18165020

Tabelle 4: Nutzung von nachhaltigen Urlaubsreisen

	Urlaubsreisen ab 5 Tage Dauer	Kurzurlaubsreisen 2–4 Tage Dauer
Anzahl	70,1 Mio.	83,7 Mio.
Anteil Reisen mit CO2-Kompensation	2%	5%
Anteil Reisen mit Nachhaltigkeitskennzeichnung, Ökolabel etc.	6%	7%
Anteil Reisen, bei denen Nachhaltigkeit den Ausschlag gegeben hat bei sonst gleichwertigen Alternativen	4%	7%

Datenquelle: Reiseanalyse 2019, eigene Auswertung, Basis: Urlaubsreisen in der deutschsprachigen Wohnbevölkerung ab 14 Jahre in Deutschland (2018: 55,0 Mio., n = 6.041)

Es ist also evident, dass die Einstellung zur Nachhaltigkeit deutlich positiver ist als die tatsächliche Nachfrage. Zwischen beiden Aspekten entsteht eine Lücke (*gap*). In ökonomischer Terminologie könnte man auch von einer Lücke zwischen vorgeblicher (geäußerter) und tatsächlich durch Handeln offenbarter Präferenz (*stated vs. revealed preference*) sprechen (Freeman, Herriges, und King 2014; Bockstael und Freeman 2005). Die Annahme, dass eine bestimmte Einstellung zu einem bestimmten Verhalten führe, hat ihre Grundlage in der *Theory of Planned Behavior* (Ajzen und Driver 1992; Ajzen 1991; Ajzen und Fishbein 1977). Die Theorie wurde inzwischen aber regelmäßig nicht bestätigt, sowohl im Allgemeinen (Auger und Devinney 2007; Caruana, Carrington, und Chatzidakis 2016; Davies, Lee, und Ahonkhai 2012; Hibbert u. a. 2013; Shaw, McMaster, und Newholm 2016) als auch für die Nachfrage nach touristischen Leistungen (Juvan und Dolnicar 2017, 2014; Weaver 2008; Wehrli u. a. 2014).

Für den so zu konstatierenden Gap zwischen (positiver) Einstellung und (zurückhaltendem) Buchungsverhalten lassen sich einige Ansatzpunkte für Erklärungsmuster identifizieren:

▶ Urlaubsreisen sind in aller Regel hedonistisch geprägte Freizeitprodukte mit Ausnahmecharakter und könnten zu einer Art selbst erteilter Ausnahmegenehmigung von der ansonsten geübten Nachhaltigkeitsdisziplin führen.
▶ Urlaubsreisen sind typischerweise High-Involvement-Produkte, bei denen Risiko, Freude und symbolischer Wert im Vordergrund stehen, aber nicht

Vernunftargumente. Im Allgemeinen macht man nicht eine Urlaubsreise, weil man sich nachhaltig und umweltorientiert verhalten will, sondern obwohl man sich nachhaltig und umweltorientiert verhalten will. Dem steht das geringe oder bestenfalls mittlere Involvement mit Nachhaltigkeitsaspekten diametral gegenüber (Schmücker u. a. 2018).

▶ Der unmittelbare Nutzen, den die Auswahl der nachhaltigeren Alternative (über einen günstigeren Preis hinaus) stiften könnte, reduziert sich auf einen sozialen Nutzen (Prestige), Genussnutzen (bessere Qualität nachhaltiger Produkte) oder eine Selbstbestätigung durch das Gefühl, etwas Richtiges getan zu haben, eine Art Konsumvariante des *warm glow of giving* (Andreoni 1990). Dem stehen eine große Zahl unter Umständen konkurrierender Motivlagen gegenüber (Günther u. a. 2014). Es scheint außerdem ein gut verankertes Stereotyp zu geben, dass Nachhaltigkeit bei Urlaubsreisen zu höherer Qualität und damit zu höheren Preisen führt (Kreilkamp, Krampitz, und Maas-Deipenbrock 2017; Schmücker u. a. 2018).

Insgesamt muss man die positiven Einstellungswerte angesichts des tatsächlichen Verhaltens wohl eher als Indikator für *Akzeptanz* denn für *Präferenz* interpretieren.

1.4 Tourismus im digitalen Zeitalter

In dieser Studie wird der Einfluss der Digitalisierung auf die nachhaltige Tourismusentwicklung untersucht. Diese Frage ordnet sich ein in Untersuchungen zu anderen Lebens- und Wirtschaftsprozessen im Zeitalter der Digitalisierung. In Anlehnung an die Studie Konsum 4.0 können wir hier von „Tourismus 4.0", also das Verreisen im digitalen Zeitalter, sprechen; Digitalisierung in diesem Sinne beschreibt „die digitale Vernetzung von Menschen und Dingen über das Internet" (Keppner u. a. 2018).

Dieser Tourismus 4.0 beinhaltet Konsumprozesse ebenso wie Dienstleistungsprozesse und insgesamt unser gesellschaftliches Leben im digitalen Zeitalter (Abbildung 1). In Anlehnung an die „Industrie 4.0" können wir von Tourismus 4.0 sprechen, wenn sich Touristen, Tourismusanbieter und die für Fortbewegung und Aufenthalt notwendigen Dinge über das Internet vernetzen.

Eine genauere Abgrenzung der für dieses Vorhaben relevanten Digitalisierungsentwicklungen erfolgt in Abschnitt 3 dieser Studie.

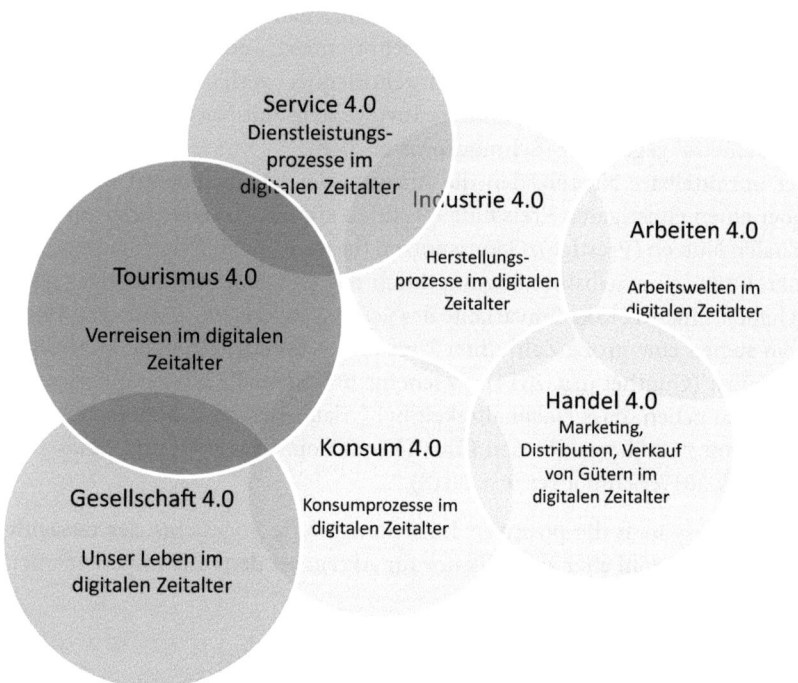

Abbildung 1: Tourismus im digitalen Zeitalter
Eine Einordnung von „Tourismus 4.0"
Quelle: Erweiterte Darstellung auf Basis von Keppner u. a. 2018

1.5 Wirkung von Digitalisierung und Big Data-Analyse auf nachhaltigen Tourismus

Im Allgemeinen wird die Digitalisierung nur im geringen Umfang mit Nachhaltigkeit im Allgemeinen und einer spezifischen Umweltwirkung im Besonderen in Verbindung gebracht. Nach einer 2018 veröffentlichten Studie der Deutschen Bundesstiftung Umwelt werden in der Bevölkerung in Deutschland ungestützte Assoziationen zur Digitalisierung bestenfalls mit „weniger Papier" evoziert. In der gestützten Abfrage rangieren Umweltbelastung und Umweltschutz an letzter Stelle, weit hinter Veränderungen der Arbeitswelt, Globalisierung oder Beschleunigung (Forsa Politik- und Sozialforschung 2018, 5–6; Bonde 2018). Gerade im Bereich der sozialen Wirkung wird Digitalisierung häufig eher als Risiko denn als Chance gesehen (Lange 2018).

Wir hatten im Hinblick auf *nachhaltigen Tourismus* festgestellt, dass die touristische Mobilität und der Aufenthalt in der Destination mitsamt den dazu notwendigen vor- und nachgelagerten Dienstleistungen auf die natürliche Umwelt und auf die sozialen und ökonomischen Aspekte der Gesellschaft wirken. Eine nachhaltige Tourismusentwicklung versucht, solche Wirkungen in ihrer negativen Form (Risiken) zu reduzieren bzw. in ihrer positiven Form (Chancen) zu verstärken (vgl. Abschnitt 1.2).

▶ Die Wirkung auf die natürliche Umwelt bezieht sich vor allem auf Ressourcenverbräuche und die damit einhergehenden Wirkungen auf Luft, Wasser und Boden, auf die Landschaft, die Biodiversität und das Klima. Ergänzend können auch die Ökosystemleistungen betrachtet werden, denn die Nutzung von Natur und Landschaft (jedenfalls für den touristischen Teilbereich der Erholung) stellt eine kulturelle Ökosystemleistung dar (Lienhoop 2016; Hermes u. a. 2018).

▶ Die Wirkung auf die sozialen Aspekte bezieht sich vor allem auf mögliche Belastungen des Sozialgefüges durch (zu viel) Tourismus einerseits, und die Chancen auf bereichernde Begegnungen, zumindest aber einen Arbeitsplatz, andererseits. Während die soziale Dimension in den 1980er Jahren viel Raum einnahm (Krippendorf 1984) und es dann recht still wurde, entwickelt sich die Overtourism-Diskussion nun seit wenigen Jahren recht dynamisch (F. Weber u. a. 2017; Postma und Schmücker 2017; Seraphin, Sheeran, und Pilato 2018). Es erscheint dabei sehr fraglich, ob das Problem allein mit Ansätzen des *Crowd Management* aus der Welt geschafft werden kann (McKinsey & Company und WTTC World Travel & Tourism Council 2017).

Die Digitalisierung in der Gesellschaft kann diese Wirkungen beeinflussen, indem sie sie verstärkt oder abschwächt. Daraus ergeben sich die Chancen und Risiken der Digitalisierung bei der nachhaltigen Tourismusentwicklung. Die Identifizierung und Bewertung solcher Chancen und Risiken ist Gegenstand dieses Vorhabens.

Die Beschreibung der Wirkpotenziale im Hinblick auf einzelne Kriterien erfolgt in Abschnitt 2.4, die eigentliche Bewertung dann in Abschnitt 4.

An dieser Stelle wollen wir aber aus den vorhergehenden Abschnitten zumindest die beiden großen Auswirkungsaspekte dieser Untersuchung ableiten:

▶ **Reisevolumen**: Wirkt die Digitalisierung auf die (weitere) Zunahme der Reisevolumina, so stellt dies in der Regel einen Risikofaktor dar. Mehr Transport, mehr Nächtigungen, mehr Dienstleistungen führen in der Regel zu höheren Ressourcenverbräuchen, mit regelmäßig negativen Auswirkungen auf Umwelt und Natur (Luft, Wasser, Boden, Landschaft, Biodiversität, Lärm, Lichtverschmutzung, Ressourcen und Systemleistungen), und das soziale Gefüge in der Destination. Wirkt Digitalisierung in Richtung einer Abnahme des Volumens (etwa, indem Reisen durch digitale Kommunikation ersetzt werden), so stellt dies eine Chance dar.

▶ **Reisegestaltung:** Die Digitalisierung kann bei der Gestaltung von Transport, Unterkunft und Aufenthalt im Hinblick auf Umwelt und Natur und soziale Aspekte sowohl Chancen als auch Risiken beinhalten. Diese Wirkpfade müssen also differenziert betrachtet werden.

Im Rahmen einer Wirkpfadanalyse werden dazu je Kategorie die touristisch relevanten Anwendungsbereiche identifiziert und anhand von Wirkpfaden ihre möglichen Wirkungen auf Reisevolumen und die nachhaltigere Reisegestaltung beschrieben. Dabei erfolgt eine Einteilung in Nachhaltigkeitschancen (Verringerung der Reisevolumina bzw. der damit verbundenen Indikatoren Reiseanzahl, Distanz und Aufenthaltstage und/oder nachhaltigere Reisegestaltung) und Nachhaltigkeitsrisiken (Erhöhung der Reisevolumina bzw. der damit verbundenen Indikatoren Reiseanzahl, Distanz und Aufenthaltstage und/oder weniger nachhaltige Reisegestaltung).

1.6 Untersuchungsziel: Chancen-Risiken-Einschätzung statt Vorhersage

Die Bezeichnung als Nachhaltigkeitschancen und -risiken macht schon deutlich, dass es in dieser Studie nicht um die Vorhersage von zukünftig eintretenden Entwicklungen gehen kann.

Vielmehr unternehmen wir eine Chancen-Risiken-Einschätzung. Aus welchen Anwendungsbereichen ergeben sich nach heutiger Einschätzung eher Chancen oder eher Risiken für die beiden zentralen Nachhaltigkeitswirkungen, nämlich das Reisevolumen und die (nachhaltigere) Reisegestaltung?

Hinsichtlich der konkreten Wirkungen von Digitalisierung auf einzelne Aspekte herrscht weitgehend Unsicherheit. So wird in der Dokumentation der im September 2018 stattgefundenen BMBF-Agendakonferenz „Nachhaltigkeitsforschung" der Leiter der Geschäftsstelle Nachhaltigkeit der Robert Bosch GmbH, also eines Nachhaltigkeitsexperten in einem Unternehmen, das von Mobilität lebt, zitiert mit: „Eine wichtige Frage an die Nachhaltigkeitsforschung ist aus meiner Sicht, welche Auswirkungen die Digitalisierung mit zunehmender Elektrifizierung und autonomen Fahren auf das Mobilitätsverhalten der Verkehrsteilnehmer hat." (Bundesministerium für Bildung und Forschung (BMBF)

2018, 65). Diese Unsicherheit betrifft nicht nur die Mobilitätsbranche, sondern auch alle anderen touristischen Teilleistungen, und sie betrifft viele, wenn nicht alle, der von uns untersuchten Kategorien und Anwendungsbereiche.

Daher ist die Zielsetzung dieser Untersuchung nicht die Vorhersage dessen, was passieren wird, sondern die Identifizierung derjenigen Wirkpfade, deren detailliertere Untersuchung lohnenswert erscheint.

1.7 Gang der Untersuchung

In Abschnitt 2 legen wir die systematischen Grundlagen für die Recherche der relevanten Digitalisierungskategorien und -anwendungsbereiche.

In Abschnitt 3 werden diese Kategorien und Anwendungsbereiche im Detail vorgestellt. Grundlage ist die Einteilung in die drei Sphären Data Connectivity, Data Infrastructure und Data Ecosystem. Im Rahmen dieser Vorstellung erfolgt auch eine Zuordnung zu den vorher erarbeiteten Systematisierungselementen, also zu Kategorien, Phasen der Customer Journey, besonders betroffene Segmente und Diffusionsstand. Außerdem werden die Anwendungsbereiche durch zahlreiche Beispiele illustriert.

In Abschnitt 4 erfolgt dann schließlich die eigentliche Relevanzbewertung. Dazu wurden die in Abschnitt 3 ermittelten Anwendungsbereiche in einem internen Workshop noch einmal konkretisiert und, wenn möglich, kompakter gefasst, so dass eine überschaubare Anzahl von zu bewertenden Wirkpfaden resultiert. Diese Wirkpfade wurden dann konsensualisiert durch das Gutachterteam bewertet.

Im Januar 2019 fand ein Fachdialog mit 18 Fachleuten, sowohl Mitarbeitenden des UBA bzw. BMU als auch Externen, statt. In diesem Fachdialog wurden die vorläufigen Ergebnisse vorgestellt, diskutiert und geschärft. Die Inhalte des Fachgespräches gingen unmittelbar in die Erarbeitung und Bewertung der Wirkpfade ein. Die Teilnehmerliste findet sich in Anhang A.

2 Systematisierungsstruktur

Die Recherche des aktuellen Standes der Digitalisierung im Hinblick auf eine nachhaltige Entwicklung des Tourismus wird nach verschiedenen Aspekten systematisiert. Die Beschreibung dieser Aspekte ist Gegenstand dieses Kapitels.

Das Systematisierungsraster umfasst die folgenden Punkte:

Kategorien: Identifizieren von
- Kategorien (allgemeine Oberthemen)
- Anwendungsbereiche

Märkte: Zuordnung der
- Phasen der Customer Journey
- wesentlich betroffenen Segmente

Diffusion: Einschätzung von
- Stand der Entwicklung
- Perspektive der Entwicklung

Wirkpotenziale: Identifizierung von
- Wirkrichtungen
- Wirkpfade

Diese Systematisierung ist notwendig, um für die nachfolgende Relevanzbewertung der identifizierten Anwendungen ein einheitliches Aufbereitungsschema zur Verfügung zu stellen. Nur so ist es möglich, die verschiedenen Anwendungen in ihrer Heterogenität angemessen zu beurteilen.

> *Funktion der Systematisierung*
>
> Das Systematisierungsraster hat die Funktion, die Rechercheergebnisse zu den Digitalisierungstrends (Abschnitt 3) einheitlich zu gliedern und damit für die Bewertung (Abschnitt 4) aufzubereiten.

Wir haben dazu die Methode des *Horizon Scanning* (Behrendt u. a. 2015) auf die hier relevante Fragestellung angepasst. *Horizon Scanning* besteht aus den drei Phasen *Scoping, Scanning* und *Assessment*. Davon sind hier im Arbeitsschritt „Systematisierung" die ersten beiden Phasen relevant, während das Assessment im Arbeitsschritt „Bewertung" behandelt wird.

Das Scanfeld ist in unserem Fall der (nachhaltige) Tourismus, das zu betrachtende Umfeld ist die Digitalisierung.
Umfeldthemen sind die Kategorien und Anwendungen. *Weak Signals* und *Emerging Issues* werden auch in dieser Untersuchung betrachtet, ihre Einordnung erfolgt zeitlich im Rahmen der Einschätzung der Marktbedeutung.

Aus dem Abgleich von Tabelle 5 und der Liste der Systematisierungselemente wird deutlich, dass die hier betrachteten Wirkpotenziale eine, im Vergleich zum Horizon Scanning, zusätzliche Informationsebene darstellen. Die Wirkpotenziale sind aber für die Vorbereitung der Bewertung im nächsten Arbeitsschritt für uns von größter Wichtigkeit.

Tabelle 5: Anwendung von *Horizon Scanning*

Begriffe und Umsetzung		
Konzeptelement	**Charakterisierung**	**Anwendung in dieser Studie**
Scanfeld	Untersuchungsraum	(Nachhaltiger) Tourismus
Umfelder	Potenzielle Wirkungsbereiche auf den Untersuchungsgegenstand	Digitalisierung
Umfeldthemen	Bündelung von einzelnen Themen	Kategorien und Anwendungen
Themen	Gegenstand von Quellen	Märkte
Weak Signals, Emerging Issues	Neu aufkommende Signale/ Themen	Marktbedeutung

Adaption von Behrendt u. a., 2015

2.1 Kategorien

Die im Rahmen der Recherche identifizierten Kategorien ergeben sich zunächst aus eigenen Überlegungen, gestützt durch die in der Literatur diskutierten „großen Linien der Digitalisierung" (deduktiver Teil, top-down, a-priori).

Die so ermittelten Kategorien wurden dann anhand konkreter internationaler Beispiele aus dem Tourismus überprüft: Lassen sich relevante Entwicklungen in das bestehende Raster einordnen oder sind Modifikationen wie Erweiterungen oder Neuzuordnungen notwendig (induktiver Teil, bottom-up, prozessbegleitend).

Innerhalb der Kategorien werden dann einzelne Anwendungen zugeordnet. Die Anwendungen sind schließlich die Betrachtungsebene für alle weiteren Systematisierungselemente.

Die tatsächlich ermittelten Kategorien und Anwendungsbereiche werden im Detail in Abschnitt 3 diskutiert.

2.2 Märkte

2.2.1 Customer Journey

In der Systematisierungsebene „Märkte" erfolgt zunächst eine Einordnung der Anwendung in die Phasen der Customer Journey. Zur Anwendung kommt hier nicht die reduzierte Form der Customer Journey, wie sie regelmäßig in Publikationen zum Online-Marketing zu finden ist. Diese beschreiben häufig nur den Pfad von Kaufwilligen durch verschiedene digitale Touchpoints (z. B. Reisevorbereitung und -buchung, von der Inspiration bis zum Kauf), zuweilen auch die vollständige Vorkonsumkette und zuweilen auch die digitalen Nachkaufkontakte (Liebrich 2018a; Spelman u. a. 2017; Keppner u. a. 2018).

Wir verwenden eine weitergefasste Version der Customer Journey, die sich nicht auf digitale Kontaktpunkte vor und nach dem Konsum (hier: der Reise) beschränkt, sondern explizit auch analoge Kontaktpunkte und die Reise selbst mit in den Fokus nimmt. Die Version in Abbildung 2 ist aus einem Modulbericht der Reiseanalyse entstanden, der die Customer Journey integrativ betrachtet hat (Schmücker 2014).

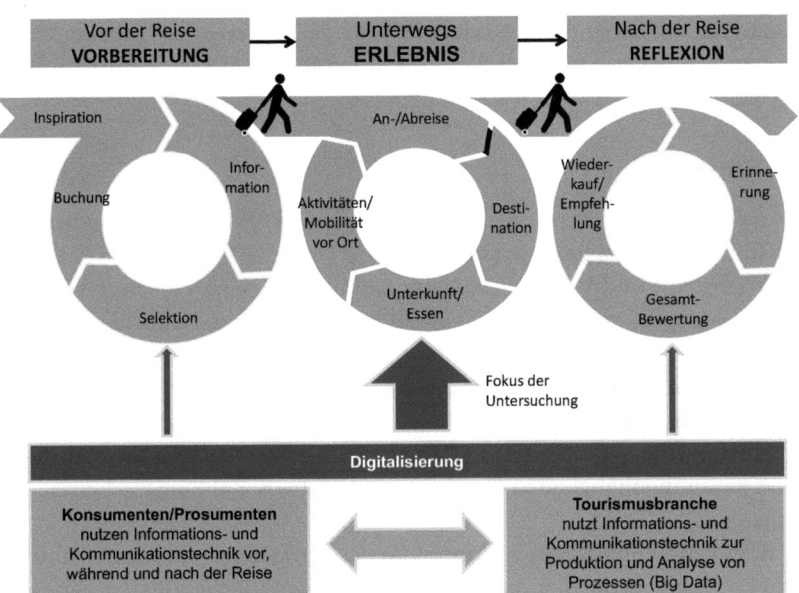

Abbildung 2: Einflüsse der Digitalisierung auf die Customer Journey
Quelle: in Anlehnung an Schmücker 2014

2.2.2 Betroffene Segmente

Die zweite Marktdimension, die wir zur Systematisierung heranziehen, sind die besonders betroffenen Segmente. Wie schon in Abbildung 2 deutlich wird, sind zunächst zwei Hauptgruppen zu unterscheiden.

Zum einen ist dies die verstärkte Nutzung von digitalen Informations- und Kommunikationstechnologien (IKT) in Form von Endgeräten und Netzwerken durch Konsumenten vor und nach, vor allem aber während der Reise. Konsumenten sind auch und gerade wegen der Integration von interaktiven, digitalen Elementen während einer Reise Prosumenten, und die Einflüsse der Digitalisierung auf diese „Prosum"-Prozesse sollen im Mittelpunkt der Betrachtung stehen.

Zum anderen betrachten wir den Einsatz von IKT auf der Produzentenseite bei der Gestaltung und Analyse von Dienstleistungsprozessen. Hier wird die Betrachtung von Big Data-Mechanismen und deren Verarbeitung über selbstlernende Systeme (*Machine Learning*) eine besondere Rolle spielen. Natürlich sind die beiden Aspekte voneinander abhängig, insbesondere ist der Einsatz von IKT auf Konsumentenseite nur möglich, wenn entsprechende Inhalte und Prozesse auf Produzentenseite vorgehalten werden.

Diese beiden Hauptgruppen lassen sich bei Bedarf weiter differenzieren, zum Beispiel in spezifische Nachfragesegmente (z. B. Flugreisende, Onlinebuchende) oder Anbieterkategorien (z. B. Reiseveranstalter, Destination-Management-Organisationen).

2.3 Diffusion

Bei der Betrachtung der Systematisierungsebene Diffusion unterstellen wir, in Anlehnung an die Literatur (Rogers 1995; Dibra 2015; Welz 2014; Ganglmair-Wooliscroft und Wooliscroft 2016; Nobis 2013), einen idealtypischen Verlauf. Dieser geht von technischen Entwicklungen außerhalb des Tourismus aus und unterstellt eine spätere Adoption der technischen Entwicklung durch touristische Anbieter und später dann durch die Endverbraucher (Touristen). In diesem Sinne ist Tourismus in aller Regel Anwender und nicht Entwickler technischer Innovationen (z. B. digitaler Endgeräte oder Netzwerke) und der damit zusammenhängenden Geschäftsmodelle (z. B. Zahlungsverfahren, Plattformen etc.).

Dabei gehören touristische Anwendungen zuweilen zu den eher frühen und dann auch stark genutzten Adaptionen technischer Innovationen, wenn sie sich auf die Mobilitätskomponente beziehen. Beispiele sind die Entwicklungen von Computerreservierungssystemen für Fluglinien oder die Nutzungsrate der App DB-Navigator. Typisch touristische Anwendungen für Unterkünfte und das

Destinationserlebnis finden hingegen regelmäßig relativ weniger Verbreitung und fallen häufig in eine spätere Phase der Adoption.

Wir benutzten diese idealtypische Darstellung (Abbildung 3), um die Anwendungen zumindest grob in eine der vier Phasen einzuordnen: Steht sie noch am Anfang der technischen Entwicklung (Prototypen, Phase A), beginnt sie langsam mit produktiven Anwendungen (*early adopting*, Phase B), findet sie erste touristischen Anwendungen (Phase C) oder ist sie bereits auch im Tourismusmarkt durchgesetzt (Phase D).

Diese grobe Einteilung erlaubt einen schnellen Überblick. Es ist möglich, dass sich aufgrund der unterschiedlichen Einsatzmöglichkeiten einzelne Anwendungsbereiche oder Kategorien auf mehrere der genannten Phasen beziehen können, sodass dies jeweils dokumentiert ist. Bei abweichenden Verläufen werden diese ebenfalls kommentiert. Diese Darstellung erfolgt nach jeder Kategorie als Zusammenfassung und außerdem bei den einzelnen Beispielen. Der Fokus der gesamten Studie liegt aber klar auf den Wirkpfaden.

Aus der Position in der Diffusionskurve ergibt sich auch eine Basiseinschätzung für die anzunehmende weitere Entwicklung. Dieser Zusammenhang ist natürlich nicht mechanisch, da es durchaus Anwendungen am Beginn der Diffusionskurve gibt, die wenig Potenzial für eine weitere Verbreitung haben.

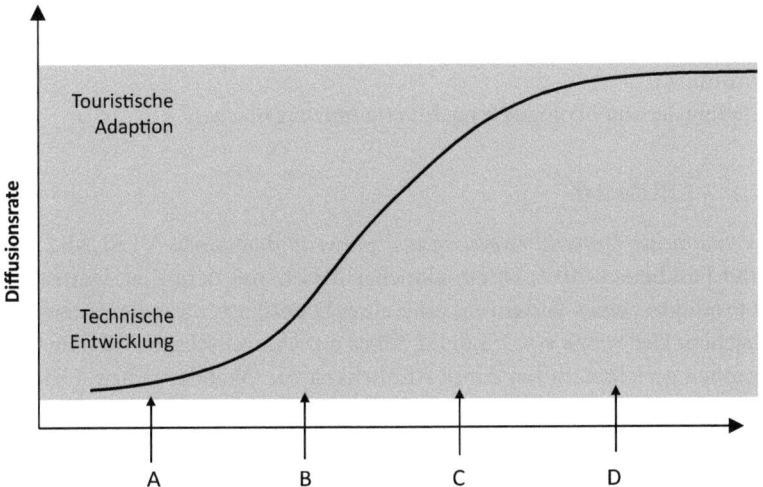

Abbildung 3: Von der technischen Entwicklung zur touristischen Adoption
Idealtypischer Verlauf
Quelle: Eigene Darstellung

2.4 Wirkpotenziale

Die systematische Fassung der Wirkpotenziale ist die umfangreichste und inhaltlich schwierigste Aufgabe in diesem Arbeitsschritt. Der Fokus liegt hier auch deshalb, weil das Ergebnis dieses Arbeitsschrittes die Wirkketten sind, durch die die Verbindungslinien zwischen Digitalisierung und nachhaltiger Tourismusentwicklung deutlich werden.

Wir haben dazu zunächst aktuelle Ansätze auf ihre Übertragbarkeit überprüft und dann ein daraus abgeleitetes Wirkpotenzialmodell erstellt. Dieses Modell dient als Rahmen für die Erfassung und spätere Bewertung der Anwendungen.

Auch wenn grundsätzlich ein „Nachhaltigkeitsdefizit der Digitalisierung" konstatiert wird, ergeben sich generische Wirkpfade insbesondere durch die Dematerialisierung (Ersatz- und Optimierungsstrategien) und die Entkopplung durch Digitalisierung, insbesondere Anwendungen in der *Sharing Economy* (teilen statt besitzen) und der *Circular Economy* (Sühlmann-Faul und Rammler 2018).

2.4.1 Aktuelle Ansätze

Wir haben zunächst drei aktuelle Ansätze aus den Arbeiten für das Umweltbundesamt herangezogen und auf ihre Anwendbarkeit für das hier zu bearbeitende Untersuchungsziel geprüft:

▶ VERUM 2.0,
▶ Konsum 4.0,
▶ „Digitalisierung ökologisch nachhaltig nutzbar machen".

2.4.1.1 VERUM 2.0

Die *Vereinfachte Umweltbewertung des Umweltbundesamtes* VERUM 2.0 (Berger und Finkbeiner 2017) ist ein aktueller Ansatz mit dem Ziel, Umweltfolgen eines Produktes, eines Verfahrens oder einer Dienstleistung zu bewerten oder zu vergleichen. Der Scope von VERUM 2.0 ist auf Umweltschutz und menschliche Gesundheit gerichtet. Er hat damit Ähnlichkeit zur Ökobilanz- bzw. Lebenszyklusanalyse (*Life Cycle Assessment*, LCA), allerdings mit den Ansprüchen „so gut wie möglich" und „Anwendbarkeit vor Genauigkeit".

Gegen die unkritische Übernahme von VERUM 2.0 für dieses Vorhaben sprechen einige Gründe. Zum einen ist VERUM 2.0 ein Verfahren zur Belastungsanalyse (bei hinreichend präzisen Eingangsparametern), aber nicht zur Chancen-Risiken-Analyse. Diese steht in unserem Vorhaben aber im

Vordergrund. Zum anderen würden die zur Anwendung von VERUM 2.0 notwendigen Prozessdefinitionen das Vorhaben überfordern, selbst in der qualitativen Form der Belastungsermittlung: Für viele der zu prüfenden potenziellen Belastungen sind die notwendigen Eingangsdaten schlicht nicht verfügbar und für eine Überblicksanalyse auch nicht notwendig. Eine Einschränkung von VERUM 2.0 ist sicherlich die Beschränkung auf Umweltwirkungen, während ökonomische und soziale Auswirkungen keine Rolle spielen.

Gleichwohl greifen wir die zentrale Idee hinter VERUM 2.0 auf. Das ist die Verwendung der Erheblichkeit (Impact) als wesentliches Bewertungskriterium im nächsten Arbeitsschritt. Auch die in VERUM verwendeten Szenarien finden eine Annäherung in den von uns verwendeten Relevanzparametern Realisierungszeitraum und -wahrscheinlichkeit.

2.4.1.2 Konsum 4.0

Die UBA-Studie *Konsum 4.0: Wie Digitalisierung den Konsum verändert* (Keppner u. a. 2018) unterscheidet bei der Analyse der Umweltauswirkungen von Digitalisierung in direkte und indirekte Wirkungen. Die direkten Wirkungen werden anhand eines vierstufigen Ampelsystems in Abstufungen bewertet („Assessment-Raster"): Potenziell relevant (negativ)/Uneindeutig/Potenziell relevant (positiv)/Nicht relevant.

Bewertet werden die Indikatoren „Treibhausgase", „Verbrauch mineralischer Rohstoffe", „Verbrauch biotischer Rohstoffe" und „Wasserverbrauch". Auch hier gilt: In diesem Vorhaben werden wir kaum hinreichende Eingangsdaten für diese Art der Bewertung generieren können. Zudem wäre eine derart fokussierte Betrachtung für eine Überblicksarbeit wie diese nicht zielführend, weil sie per Definitionen Aspekte, die über die genannten hinausgehen, ausschließen würde. Wir übernehmen aber den Begriff der Potenziale, denn wir können selbstverständlich nicht die Zukunft vorhersagen, sondern lediglich die Potenziale für bestimmte zukünftige Wirkungen abschätzen.

Hinzu tritt die Bewertung der indirekten Umweltauswirkungen. Dabei werden für einen Sachverhalt Unterthemen definiert und im Hinblick auf die umweltrelevanten Auswirkungen der Richtung nach (Zunahme/Abnahme/Trend unklar) bewertet. Dazu wird eine zusätzliche Ebene „mittelbarer Effekte" definiert, die der leichteren Nachvollziehbarkeit der Wirkketten dient (Abbildung 4).

Inhaltlich betrachtet die Studie Konsum 4.0 die folgenden Konsumprozesse:

▶ Instant Shopping,
▶ Konsumentenbeeinflussung,
▶ Digital aktive Konsumenten,

▶ Grüne Mobile Apps,
▶ Augmented (AR), Mixed (MR) und Virtual Reality (VR),
▶ Digitalisiertes Bezahlen.

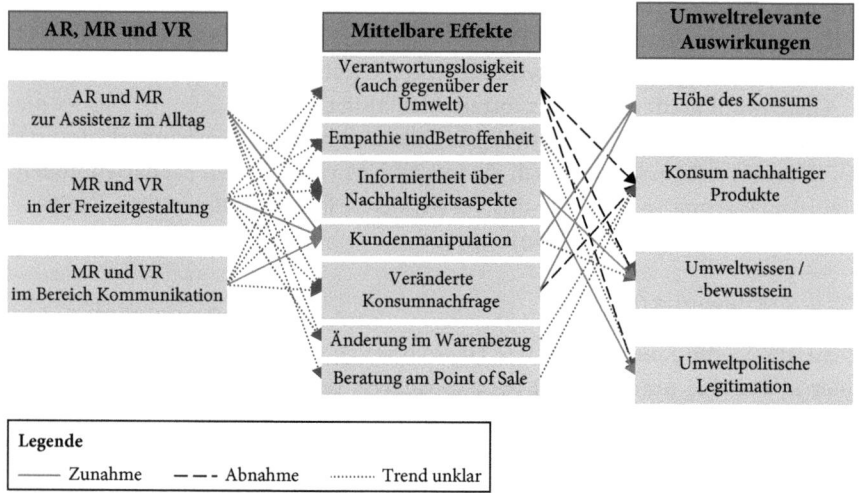

Abbildung 4: Beispiel für Konsum 4.0-Wirkketten (indirekte Wirkungen)
Beispiel für die Wirkkette Augmented, Mixed und Virtual Reality
Quelle: Keppner u. a. 2018, 65

Gerade der indirekte Ansatz erscheint uns für dieses Vorhaben vielversprechend: Die argumentative Definition von Wirkketten wird daher auch in diesem Vorhaben verwendet.

2.4.1.3 Digitalisierung ökologisch nachhaltig nutzbar machen

Das aktuell laufende UBA-Projekt (FKZ 3717 14 102 0) soll laut Projektbeschreibung „umweltrelevante Entwicklungen identifizieren, welche unter dem Stichwort Digitalisierung zu fassen sind und diese systematisch in Beziehung zueinander setzen, um dem systemischen Charakter der Digitalisierung gerecht zu werden; die vielfältigen Chancen der Digitalisierung für den Klima- und Umweltschutz eruieren und dabei u. a. im Rahmen eines vertiefenden Arbeitspaketes die Chancen der Digitalisierung für das Umweltmanagement analysieren; mögliche Umweltbelastungen durch die Digitalisierung identifizieren und BMUB dabei unterstützen, eine Plattform ‚Digitaler Wandel für den Klima- und Umweltschutz' zu etablieren."

Inzwischen liegen, nach einer thematisch ähnlichen Kurzstudie, vom Fraunhofer ISI erste Ergebnisse vor, die wir hier zugrunde gelegt haben (Fraunhofer ISI 2018; Friedrichsen 2017).

Dort sind acht „Trendtechnologien der Digitalisierung" mit entsprechenden Unterthemen definiert (Fraunhofer ISI 2018):

▶ Big Data,
▶ Cloud Computing,
▶ P2P Computing,
▶ Internet of Things,
▶ Artificial Intelligence,
▶ Virtual Reality,
▶ Augmented Reality,
▶ Robotik.

Die Bewertung erfolgt in diesem Projekt anhand von drei „Relevanzachsen": Potenzial hinsichtlich ökologischer Faktoren, Reife/Forschungsstand bzw. Forschungsbedarf und Reichweite in Form der Marktgröße.

Auch in der oben genannten Fraunhofer-Studie werden (Horner, Shehabi, und Azevedo 2016; Hilty u. a. 2006; Börjesson Rivera u. a. 2014) direkte und indirekte Effekte unterschieden: Direkte Effekte beziehen sich auf Herstellung, Betrieb und Entsorgung (von Produkten), indirekte Effekte hingegen auf Effizienz und Ersatz (Dematerialisierung). Hinzu treten Effekte 3. Ordnung unter dem Stichwort „Strukturwandel". Dazu gehören direkte und indirekte *Rebounds* sowie wirtschaftsweite und gesellschaftsweite Wandelprozesse.

Das Prinzip der indirekten Effekte machen wir uns in diesem Vorhaben zu Nutze, während wir die direkten Effekte mangels Datenbasis nicht bewerten können und Strukturwandel-Prozesse im Rahmen dieser Überblicksarbeit zu weit führen würden. Die Reife und Reichweite einer technischen Entwicklung verwenden wir analog bei der Betrachtung der Diffusion (vgl. Abschnitt 2.3).

2.4.2 Wirkungen und Effekte

Wie bereits in Abschnitt 1.5 festgestellt, ergeben sich bei der Analyse der Wirkpotenziale zwei wesentliche Fragestellungen:

▶ Wirkt der untersuchte Digitalisierungsaspekt auf das **Reisevolumen**? Dann stellt er bei einer potenziellen Volumenerhöhung regelmäßig im Hinblick auf die nachhaltige Tourismusentwicklung eher ein Risiko als eine Chance dar. Das Volumen kann sich auf die Zahl der Reisen, aber auch auf die zurückgelegten Distanzen und die Zahl der Aufenthaltstage beziehen.

▶ Wirkt der untersuchte Digitalisierungsaspekt auf die **Reisegestaltung**? Dann ist zur Ermittlung des Wirkpfades eine differenziertere Analyse erforderlich. Die Reisegestaltung kann sich auf zahlreiche Aspekte und Facetten von Mobilität (An- und Abreise), Unterkunft und Aufenthaltsgestaltung und übergeordnet auch auf die Wahl der Destinationskategorie beziehen. Außerdem kann die Veränderung der Reisegestaltung von der Nachfragerseite oder von der Anbieterseite ausgehen (weshalb wir hier nicht den typischerweise konsumenten-orientierten Begriff „Reiseverhalten" verwenden).

Die konkreten Wirkpfade je Digitalisierungsanwendung lassen sich natürlich nur anhand der konkreten Digitalisierungskategorien erstellen und bewerten. Gleichwohl kann der schematische Verlauf bereits hier skizziert werden (Abbildung 5).

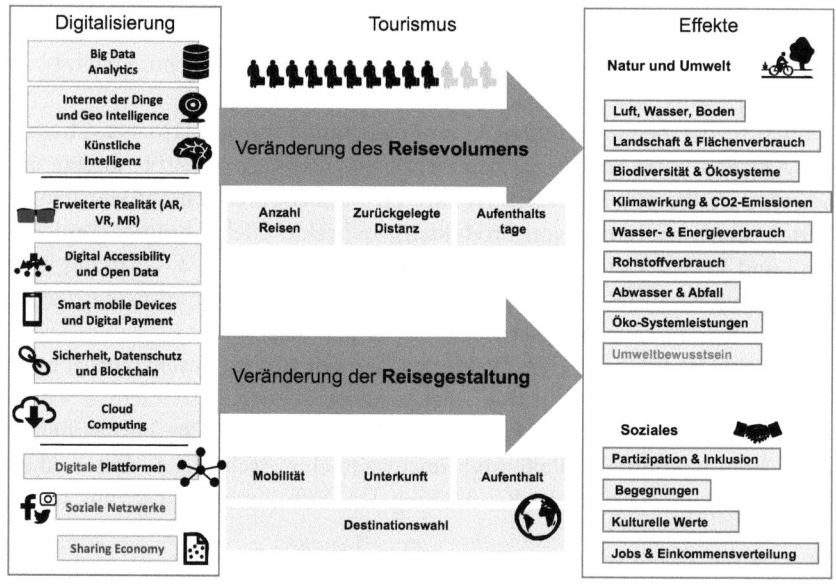

Abbildung 5: Wirkpotenziale der Digitalisierung
Im Hinblick auf Parameter von Natur und Umwelt und Soziales
Quelle: Eigene Darstellung

Die unter „Effekte" aufgeführten Kategorien umfassen die wesentlichen touristischen Wirkungen auf Natur und Umwelt und soziale Gegebenheiten (basierend auf Neligan u. a. 2015, 26). Sie orientieren sich an wesentlichen Aspekten der allgemeinen Nachhaltigkeitsdiskussion, wie sie sich in den UN-SDG[4] oder aktuellen bereichsübergreifenden Stellungnahmen und Handlungsempfehlungen zur Nachhaltigkeit in der Gesellschaft finden (WBGU 2019, 19 ff.).

Anders als z. B. die Studie „Konsum 4.0" (Keppner u. a. 2018) verwenden wir das „Umweltbewusstsein" nur eingeschränkt als eigenständige Zielkategorie. Der Grund dafür ist, dass eine Veränderung in Richtung eines höheren Umweltbewusstseins in der reisenden Bevölkerung nur eine Vorstufe zur Veränderung des Reisevolumens oder der Reisegestaltung darstellt. Das Umweltbewusstsein ist eine Einstellung, die handlungsleitend sein kann (dann ist sie als Wirkpfad zumindest indirekt zu berücksichtigen), aber längst nicht zu entsprechender Handlung führen muss. Daten zum Auseinanderfallen von (positiver) Einstellung gegenüber nachhaltigen Urlaubsreisen und tatsächlichem Verhalten (*attitude-behaviour-gap*) finden sich in früheren Studien (Higham, Reis, und Cohen 2016; Günther u. a. 2014; Caruana, Carrington, und Chatzidakis 2016; Hibbert u. a. 2013; Shaw, McMaster, und Newholm 2016), vgl. auch die Ausführungen zu Gliederungspunkt 1.3.2.

2.4.3 Wirkpfade

Die später in Abschnitt 4 eingesetzten Wirkpfade haben eine grafisch etwas andere Form, aber der Grundaufbau entspricht dem hier entwickelten Wirkpotenzialmodell. Eine exemplarische Darstellung der Wirkpfadmodelle findet sich in Abbildung 6.

Die beiden zentralen Aspekte stehen in Analogie zu den bei Konsum 4.0 (Keppner u. a. 2018) verwendeten Auswirkungskategorien „Höhe des Konsums" und „Transportaufkommen" (≅ Reisevolumen) und „Konsum nachhaltiger Produkte" (≅ Reisegestaltung).

Die Studie Konsum 4.0 verwendet außerdem die Auswirkungskategorien „Umweltwissen/ -bewusstsein", „Umweltpolitische Legitimation" und „Regionale Entwicklung" (vgl. Abbildung 4 auf S. 56). Diese Aspekte betrachten wir hier nicht. Wie in der Einführung gezeigt, hat das Umweltwissen bzw. -bewusstsein nur sehr begrenzt mit der tatsächlichen Nachfrage zu tun und die Lücke zwischen Bewusstsein (Einstellung) und Verhalten scheint mit der Zeit eher größer als kleiner zu werden (vgl. Abschnitt 1.3.2 ab S. 40). Regionale Entwicklung

---

4 https://www.un.org/sustainabledevelopment/sustainable-development-goals/, abgerufen am 8. April 2019

kann als Aspekt der sozialen Dimension betrachtet werden, ist aber für sich genommen keine umweltpolitische Zielgröße. Das gilt auch für die in der Studie beschriebene Kategorie „umweltpolitische Legitimation".

Abweichend von dem Modell in der Studie Konsum 4.0 bezeichnen wir die Wirkpfade (Pfeile) nicht mit „Zunahme" und „Abnahme", da sich dann gegenläufige Interpretationen derselben Wirkungsart ergeben: Eine *Zunahme* des Reisevolumens ist unter Nachhaltigkeitsaspekte in der Regel das Gegenteil einer *Zunahme* der nachhaltigen Reisegestaltung. Um doppelten Verneinungen und anderen semantischen Wirrungen aus dem Weg zu gehen, bezeichnen wir die durchgängigen Pfeile als „Nachhaltigkeitschance" und die gestrichelten als „Nachhaltigkeitsrisiko" (Abbildung 6).

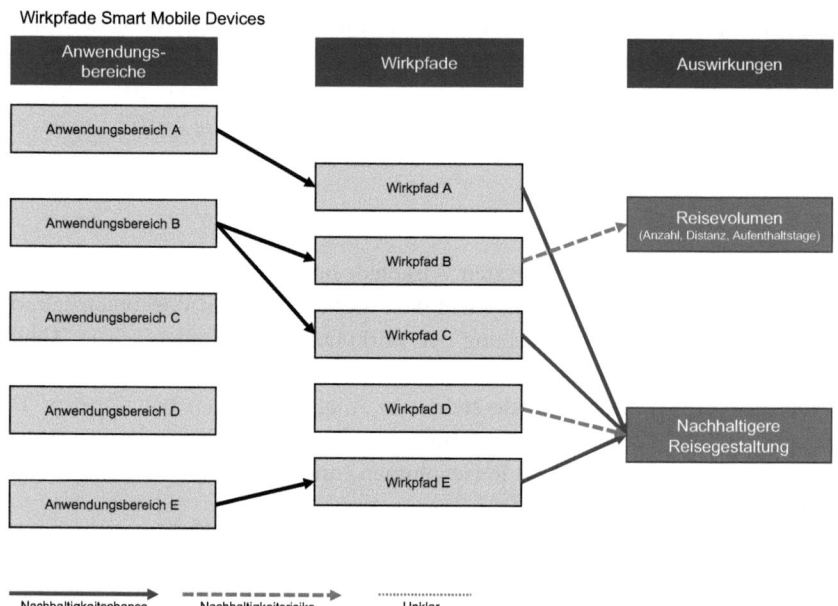

Abbildung 6: Wirkpfade der Digitalisierung (schematisch)
Auswirkungen: Veränderung des Reisevolumens und Nachhaltigere Reisegestaltung
Quelle: Eigene Darstellung

3 Digitalisierungskategorien und -anwendungsbereiche

Dieser Abschnitt konzentriert sich auf die **Identifizierung aktueller Digitalisierungstrends** im Tourismus. Hierbei wird besonderer Fokus auf das Thema Big Data-Analyse gesetzt. Der Ablauf zur Identifizierung der Trends erfolgt entsprechend des in Abschnitt 2 definierten Systematisierungsrasters (siehe Ausführungen zum Horizon Scanning) in vier Schritten:

1. Sammeln relevanter Quellen (sowohl allgemein als auch tourismusspezifisch).
2. Screening und Auswertung der identifizierten Quellen.
3. Ordnen und Verbinden von Themen, die innerhalb der Quellen identifiziert werden konnten.
4. Strukturierung der Themen, welche dann die Grundlage des Kategoriensystems (strukturierte Recherche) bilden.

Zunächst erfolgt eine Zusammenstellung der Digitalisierungslösungen, die im Tourismus Anwendung finden können. Daneben erfolgt eine grundsätzliche Ermittlung einzelner digitaler Trends, die in einer Übersicht der in Abschnitt 2 entwickelten Systematisierungsstruktur im Hinblick auf Märkte, Diffusion und Wirkpotenziale zusammengefasst werden.

Auf Grundlage der Systematisierung (zum methodischen Vorgehen hierzu siehe Abschnitt 2) werden die Digitalisierungstrends eingeordnet, um so die Basis für die darauffolgende Analyse der potenziellen Umweltauswirkungen der Digitalisierung im Tourismus zu bilden. Dies erfolgt dann in Abschnitt 4.

3.1 Quellen und Kategorien

Zur Identifikation der Kategorien und Anwendungsbereiche als relevante Themen im Umfeld „Digitalisierung" des Scanfeldes (nachhaltiger) Tourismus (vgl. Tabelle 5) wurden verschiedene Arten von Quellen genutzt:

▶ Fachbücher und Artikel zur Klärung einer übergeordneten Sichtweise;
▶ White Papers, Blogbeiträge, Trend-Reports zur Übersicht aktueller Entwicklungen;
▶ Interviews, Tagungsbände und Präsentationen, um individuelle Sichtweisen zu berücksichtigen.

Hiermit kommen wir auch der Prämisse der Triangulation (Kuckartz 2014, 46) nach, um hinsichtlich der Diversität der Quellen ein intersubjektives Bild zu sichern.

3.1.1 Quellen-Sichtung

Für einen ersten Überblick sowie zur Identifikation der Kategorien oder „Trends" der Digitalisierung wurden zum einen allgemeine Quellen herangezogen und zum anderen auch solche, die sich explizit auf den Tourismus bezogen.

Bei den allgemeinen Quellen erfolgte zunächst die Sichtung von Trendberichten und Studien internationaler Marktforschungs- und Beratungsunternehmen, darunter die etventure/GfK Studie zur *digitalen Transformation* (etventure 2018), die aus dem *Hype Cycle* der Gartner Inc. abgeleiteten Trends aus 2017 und 2018 (Panetta 2017, 2018), die *Tech Trends 2018* von Deloitte Consulting (Deloitte 2017) sowie die *Accenture Technology Vision 2018* (Accenture 2018) sowie weitere mehr (Bundesanstalt für Finanzidenstleistungsaufsicht BaFin 2018; Adigital Compass 2015; Leimbach und Bachlechner 2014; Shirer und Torchia 2017; Prashant, Somesh, und Sree 2016; Ladak 2018; Maini 2017; Fraunhofer ISI 2018). Auch die UBA-Studie *Konsum 4.0: Wie Digitalisierung den Konsum verändert* (Keppner u. a. 2018) wurde in diesem Zusammenhang als Grundlage verarbeitet (vgl. auch Abschnitt 1.4, „Tourismus im digitalen Zeitalter").

Im Anschluss erfolgte eine Recherche nach tourismusspezifischen Berichten und Studien zum Themenfeld Digitalisierung und Tourismus, hierunter Veröffentlichungen von touristischen Anbietern wie der *Leitfaden für die Digitalisierung von Tourismus-Destinationen* der Outdooractive GmbH (OutdoorActive 2017), der *2018 Digital Transformation Report* von Skift/Adobe (SKIFT 2018) oder auch ein Discussion Paper von Amadeus zu *Defining the future of travel through intelligence* (Amadeus IT Group SA 2016). Daneben wurden verschiedene Veröffentlichungen von Hochschulen und Universitäten gesichtet, darunter zur *Digitalisierung im Tourismus* von der HTW Chur (Deuber und Möller 2017) sowie Hochschule Luzern (Liebrich 2018b) oder ein Input Paper der Universität Bern zu *Tourismusrelevanten Trends und Entwicklungen* sowie weitere mehr (Demunter 2017; Fuchs, Hoepken, und Lexhagen 2014; Orange 2016; GlobalData Technology 2018; S Imhanwa, Greenhill, und Owrak 2015; IST-Studieninstitut 2016a; Land 2018; Quadlabs Technologies 2017; Travel Technology & Solution (TTS) 2015; UNWTO 2017; CRED-T 2018; Weltbank 2018; Weston und Peeters 2015; Wirtschaftskammer Österreich (WKO), Österreich Werbung, und Bundeministerium für Wissenschaft 2017; World Tourism Cities Federation (WTCF) 2017; Liebrich 2018a).

3.1.2 Screening und Auswertung der identifizierten Quellen

Aufbauend auf dieser ersten Sichtung (sowohl der allgemeinen wie auch der tourismusspezifischen Quellen) erfolgte ein Abgleich der in den Quellen identifizierten Themen mit den vorab (deduktiv) übernommenen Kategorien. Ausgangspunkt der Kategorienbildung war eine Studie von Kreilkamp und Conrady (2014): *Erfolgsfaktor Digitalisierung in der Tourismuswirtschaft* im Auftrag des Bundesministeriums für Wirtschaft und Energie (BMWi).

Die identifizierten Quellen (siehe vorherigen Abschnitt 3.1.1) wurden auf deren vornehmlich thematisierten Aspekt hin gescannt. Da dieses Verfahren zu sehr vielen Themen führte, erfolgte sodann eine Sortierung und Zusammenführung der Themen zu Oberthemen.

Wurden Themen in Zusammenhang mit bestehenden Begriffen genannt, so sind diese miteinander verbunden. Eine Übersicht aller extrahierten Begriffe resp. Themen und das Themencluster aus der tourismusspezifischen Literatur bietet exemplarisch Abbildung 7.

3.1.3 Ordnen und Verbinden von Themen

Ziel dieses nächsten Arbeitsschrittes war der Abgleich der vorab identifizierten Kategorien mit den Themenbereichen, die sich aus den gesichteten Quellen ergaben (siehe hierzu den vorhergehenden Abschnitt 3.1.2).

Bei den allgemeinen Trends fanden sich fast alle vorab (deduktiv) übernommenen Kategorien wieder. Dennoch wurden einige Trends häufiger genannt als andere. Eine häufige Nennung ist insbesondere bei den Themen **Big Data Analytics, Erweiterter Realität, Internet der Dinge** sowie **Künstliche Intelligenz** festzustellen.

Zudem gab es Begriffe, die einer Erläuterung bedürfen: Der Begriff „P2P Computing" wurde bspw. unter der Kategorie „Cloud Computing" subsumiert. Ähnlich sind wir mit weiteren Begriffen verfahren, wenn es eine inhaltliche Nähe der Themen gab, um eine übersichtliche Struktur erreichen zu können.

Auffällig ist der Begriff des **Biohackings**, da dieser insbesondere von Gartner Inc. (Panetta 2018) als einer von fünf *Emerging Technology Trends* in 2018 geführt wird. Da es hier insbesondere um Implantate geht und die Entwicklung noch sehr jung ist, ist eine Abschätzung hier noch schwerer als in anderen Kategorien. Etwaige Anwendungen und Beispiele werden daher im Bereich Smart Mobile Devices geführt.

64　Digitalisierungskategorien und -anwendungsbereiche

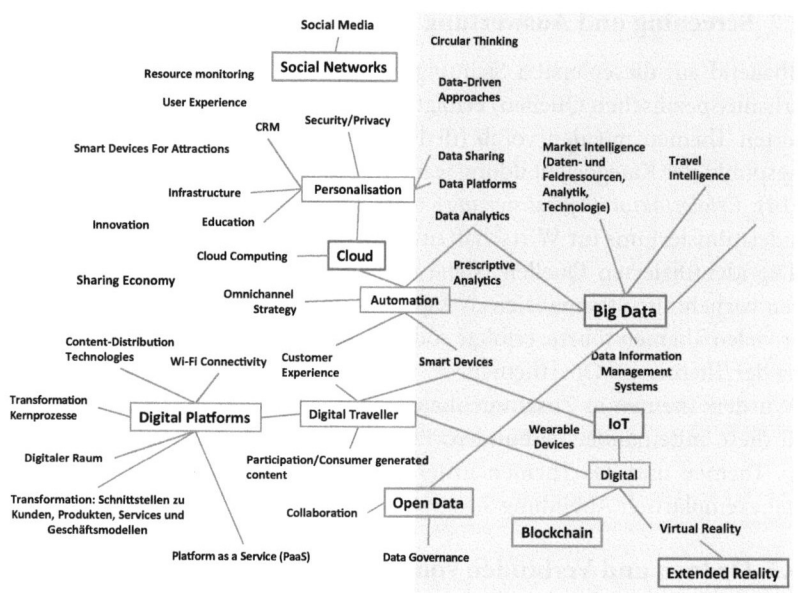

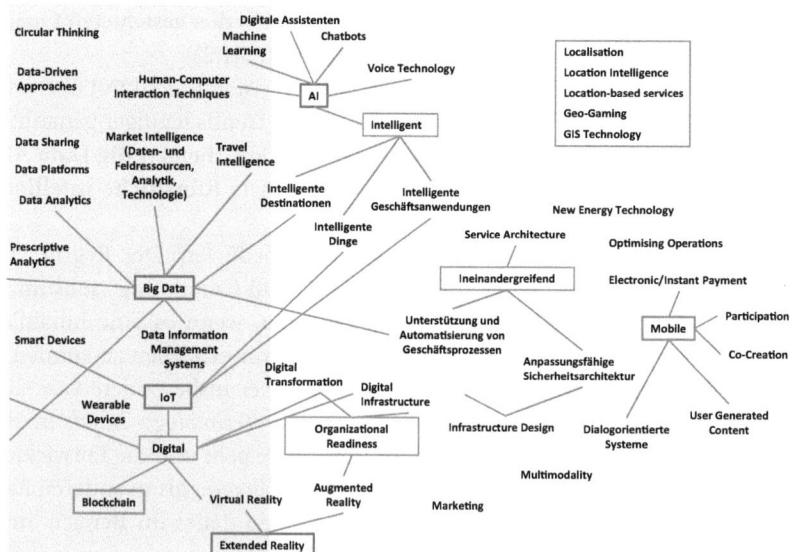

Abbildung 7: Visualisierung der identifizierten Themen
Ausschnitt aus den tourismusspezifischen Quellen
Quelle: Eigene Darstellung

> **Biohacking**
>
> Grundsätzlich wird mit dem Begriff Biohacking zunächst der Eingriff durch Laien (sogenannte Biohacker) in biologische Prozesse verstanden. Es handelt sich zunächst um eine Bewegung, die nicht zwingend mit der Digitalisierung in Verbindung stehen muss. Vom Grundsatz her geht es beim Biohacking um das Experimentieren mit biologischen Prozessen – oftmals mit dem Ziel, den eigenen Körper nach dem Effizienzprinzip zu optimieren (bspw. möglichst viel Muskelzuwachs in möglichst kurzer Zeit).
>
> Im Kontext der Digitalisierung wird dabei die transhumane Veränderung durch Computerchip-Implantate in den menschlichen Körper verstanden. Oftmals mit dem Ziel, den eigenen Körper sowie seine Funktionen überwachen zu können. Zudem dienen derartige Implantate auch der Identifizierung – weshalb auch das Schlagwort **Digital Twin** (ein digitaler Abgleich der realen Identität) in diesem Zusammenhang eine wichtige Rolle spielt.

Die **Digitale Infrastruktur** scheint ebenso ein wichtiges (weil oft genanntes) Thema zu sein. Diesem Umstand kommen wir nach, indem wir diesem übergeordneten Themenkomplex (mit dem Fokus auf das Datenmanagement) einige Kategorien zuordnen. Die (Daten-)Infrastruktur als Ganzes ist jedoch keine eigenständige Kategorie, da diese zu grob wäre.

Ähnlich verhält es sich mit dem Themenkomplex rund um die **Transformation von Unternehmensprozessen**. Der Auslöser dieser Thematik (agile Arbeitsmethoden, Innovationsmanagement, etc.) ist zweifelsohne in der Digitalisierung begründet, es sind jedoch keine originär digitalen Themen. Somit finden sich in den Beispielen immer auch solche, die Veränderungen in Unternehmensprozessen provozieren, was jedoch nicht rechtfertigt, dass dies eine eigenständige Kategorie ist.

Zusätzlich wurde das Thema **Sharing Economy** bei vielen allgemeinen Studien genannt und erhält damit eine entsprechende Relevanz. Gleichwohl baut der Gedanke der Sharing Economy auf dem der Plattformökonomie auf und kann daher ebenso unter dieser Kategorie (Digitale Plattformen) mitgeführt werden. Gleiches gilt für den Themenbereich rund um soziale Netzwerke, die ebenfalls auf dem Plattformgedanken aufbauen.

Betrachten wir die **tourismusspezifischen Themencluster**, so sind hier ähnliche Ergebnisse erkennbar. Die genannten Bereiche der Social Networks sowie der Sharing Economy waren hier sogar deutlich prominenter. Beide Themen werden durch die Kategorie **Digitale Plattformen** aufgegriffen und deren Relevanz durch den übergeordneten Themenbereich **Data Ecosystem** betont. Sie erhalten damit eine entsprechend prominente Stellung, da sie durch das dahinterliegende Geschäftsmodell (Plattformökonomie) eine Klammer um die vorab definierten Kategorien legen. Denn die Basis vieler Plattformen ist der Handel sowie die Verarbeitung von Daten, was insbesondere durch die Vernetzung von Daten (Connectivity) mittels Big Data Analytics, Internet der Dinge sowie Künstliche Intelligenz gelingen kann.

Auch im Bereich der tourismusspezifischen Cluster fand sich das Schlagwort **Organisational Readyness**, welches auf die Transformation von Unternehmensprozessen abstellt. Hier gilt ebenso wie oben erläutert, dass die Notwendigkeit der Veränderung von Organisationen zwar durch die Digitalisierung ausgelöst wird, jedoch kein originäres Digitalisierungsthema ist, wenn man, so wie wir es tun, den Fokus auf den Bereich der Big Data Analytics legt.

Hinzu kommen die Begriffe Ineinandergreifend, Geo Intelligence (Localisation) sowie Digital Traveler. Während erstgenannte Begriffe auf die Verbindung von Menschen und Maschinen in einem spezifischen Kontext (Geo Intelligence) abzielen und unter der Kategorie **Internet der Dinge (IoT)** geführt werden, wird der letztgenannte dem Thema **Smart Mobile Devices** zugeordnet. Denn der Begriff des Digital Traveler ist eng verbunden mit der Tatsache, dass Gäste zunehmend mehr ihren eigenen digitalen Device auf der Reise mitführen und nutzen (das sogenannte „Bring Your Own Device (BYOD)").

3.1.4 Strukturierung der Themen und Kategorienbildung

Zunächst wurden – basierend auf den Erkenntnissen des dritten Schritts (Ordnen und Verbinden, Abschnitt 3.1.3) – die bestehenden sowie die zusätzlich identifizierten Kategorien den einzelnen Quellen zugeordnet. Im Anschluss daran erfolgte eine Verbindung von Kategorien und Quellen, um den Grad der Vernetzung sowie deren Zusammenhänge besser verstehen zu können. Der gleiche Weg wurde mit den tourismusspezifischen Quellen beschritten. Über die Entwicklung dieses Überblicks konnte nun das finale Kategoriensystem festgelegt werden. Das Ergebnis der Recherche- und Systematisierungsarbeit ist somit das Kategoriensystem, welches in Abbildung 8 dargestellt ist. Wie ersichtlich, wurden die Kategorien in verschiedene übergeordnete Themenkomplexe einsortiert, die alle ineinandergreifen, bzw. sich gegenseitig beeinflussen. Die Notwendigkeit bzw. die Legitimation übergeordneter Themenkomplexe wurde in Abschnitt 3.1.3 bereits angesprochen.

Als Basis für die Weiterarbeit nutzen wir die in dem Schalenmodell in Abbildung 8 dargestellten elf Kategorien. Der Fokus dieses Schalenmodells der Digitalisierung (in dem die Kategorien verortet sind) liegt auf der Kategorie **Big Data**

Analytics sowie den damit unmittelbar angrenzenden Kategorien **Künstliche Intelligenz** sowie **Internet der Dinge**. Alle drei Kategorien in Kombination führen zu einer Vernetzung und Auswertung von großen Datenmengen (Connectivity). Die Verortung von Beispielen in die jeweilige Kategorie war nicht immer eindeutig, da die Beispiele in der Praxis natürlich auch in Kombination mit anderen hier definierten Kategorien eingesetzt werden können. Unsere Einordnung der Beispiele in die jeweilige Kategorie erfolgte daher auf Basis des jeweils vordergründig wirkenden Mechanismus.

Es sind aber natürlich neben den drei erstgenannten Kategorien noch weitere Kategorien relevant. Zum einen stellen die Kategorien Erweiterte Realität, Smart Mobile Devices, Digital Accessibility, Cloud Computing sowie Sicherheit und Datenschutz die Infrastruktur (**Data Infrastructure**), auf deren Basis die Verbindung und Auswertung von Daten erfolgen kann (**Data Connectivity**). Zum anderen ist das Ökosystem (**Data Ecosystem**), in dem sich diese Entwicklungen befinden durch wirtschaftliche sowie durch gesellschaftliche Prozesse geprägt. Dazu zählen die Plattformökonomie (digitale Plattformen), aber auch soziale Netzwerke und die sogenannte Sharing Economy.

Ethik in der Digitalisierung

Die Ethik im Kontext der Digitalisierung fragt nach dem Guten und Richtigen im digitalen Wandel. Der ethische Diskurs bietet eine Orientierung, mit dessen Hilfe der Digitalisierungsprozess freiheitsfördernd gestaltbar wird. Den Ausgangspunkt ethischer Reflexion bilden die Aspekte der Digitalisierung, die (neue) ethische Fragestellungen auslösen, weil sie nie dagewesene Handlungsoptionen bieten, wie bspw. die Datenerfassung (Sensorik), -auswertung (Big Data) und -interpretation (Künstliche Intelligenz), Automatisierung und algorithmische Entscheidungsprozesse und Mensch-Maschine-Interaktionen (Horn und Müller 2017).

Im Rahmen eines ganzheitlich betrachteten „Digitalen Universums" stellt sich zunehmend auch die Frage einer **Ethik der Digitalisierung**. Dies allerdings nicht im Hinblick auf eine eigenständige Kategorie. Vielmehr äußert sich dieser Aspekt in gesellschaftlichen Grundsatzfragen: Was wollen wir als Gesellschaft an technischer Entwicklung zulassen bzw. was wollen wir verbieten, selbst wenn wir es zulassen könnten? Die Relevanz ethischer Fragestellungen im Kontext der Digitalisierung wird auch dadurch verdeutlicht, dass Großkonzerne wie bspw. Google selbst Ethik-Regeln für die Entwicklung Künstlicher Intelligenz benennen, in denen sie bspw. festlegen, dass KI-Entwicklungen immer auch einen sozialen Nutzen für Bereiche wie Gesundheitsversorgung, Sicherheit, Energie, Verkehr, Produktion oder Entertainment haben sollen (für weitere Informationen hierzu siehe Pichai 2018).

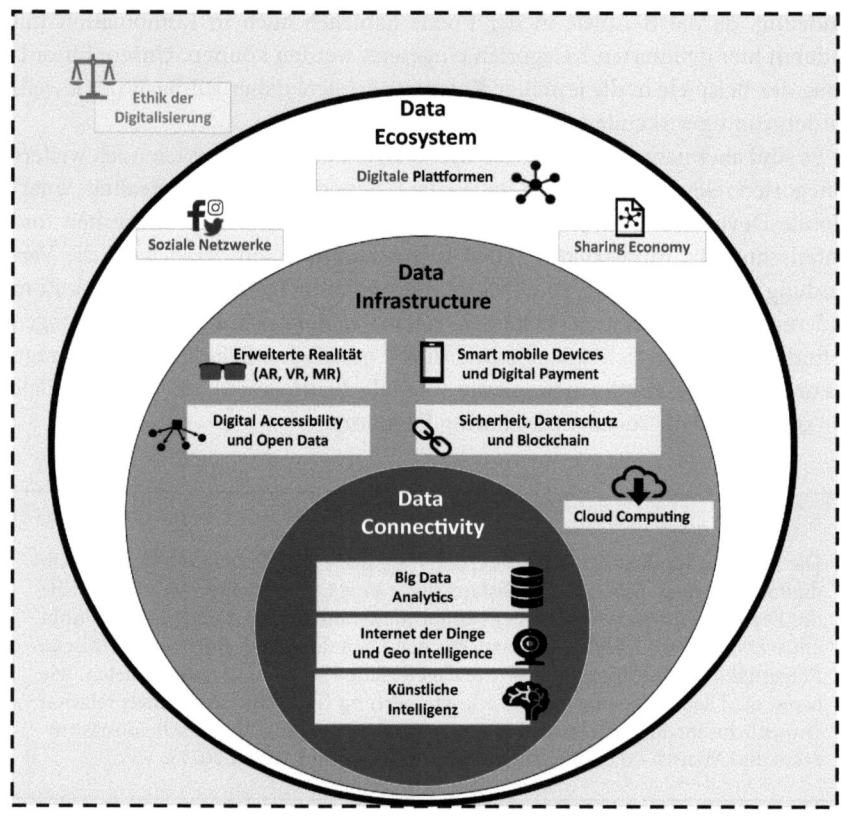

Abbildung 8: Elf zentrale Digitalisierungs-Kategorien
Einordnung im Hinblick auf eine Verortung in einem „Digitalen Universum"
Quelle: Eigene Darstellung

3.1.5 Entwicklung von Anwendungsbereichen zu den Kategorien

Auf Basis der hier vorgestellten neun Kategorien erfolgte eine Desk-Recherche, um Praxis-Beispiele für diese Kategorien zu finden. Ausgangspunkt waren hierbei die in den für die Kategorienbildung recherchierten Quellen genannten

Beispiele. Daran anschließend führten wir eine kombinierte Recherche in Suchmaschinen einerseits sowie andererseits mithilfe des Tools „Trendexplorer" (www.trendexplorer.com) durch. Auf dieser Basis konnten je Kategorie ca. 10 bis 20 Beispiele identifiziert werden, die sodann in Anwendungsbereiche geclustert wurden. Über dieses induktive Vorgehen konnten Anwendungsbereiche identifiziert werden, die in mehreren Kategorien auftauchten als auch solche, die sich explizit nur auf eine Kategorie bezogen.

> *Beispiele im Anhang*
>
> In den Beschreibungen der folgenden Kapitel wird zur Verdeutlichung mitunter auf den Anhang und das betreffende Beispiel verwiesen. Für eine bessere Übersicht finden sich diese Beispiele mit den genannten Einordnungen im Anhang. Nur in Ausnahmen werden Beispiele im Fließtext dann ausgeführt, wenn uns diese zum Gesamtverständnis wichtig erschienen.

Die Anwendungsbereiche wurden in die Customer Journey (vgl. Abschnitt 2.2.1 ab Seite 51) eingeordnet, sodass je Anwendungsbereich deutlich wird, auf welche Reisephase sich der einzelne Anwendungsbereich primär beziehen lässt. Zudem erfolgte hier auch eine potenzielle Abschätzung der zeitlichen Diffusion.

Im Folgenden werden die einzelnen Kategorien beschrieben sowie deren Anwendungsbereiche – mit Verweis auf die einzelnen Beispiele im Anhang, wo diese auch hinsichtlich ihrer Relevanz für die einzelnen Branchensegmente zugeordnet sind – erläutert, um so eine Verständnisbasis über die Kategorien sowie deren identifizierten Anwendungsbereiche im Tourismus zu schaffen. Der folgende Abschnitt ist somit als Grundlage für die darauffolgenden Einordnungen des Einflusses der Digitalisierung auf eine nachhaltige Entwicklung im Tourismus zu sehen, d. h. die Beurteilung der Relevanz und der Chancen und Risiken für eine nachhaltige Tourismusentwicklung erfolgt dann in Kapitel 4.

3.2 Data Connectivity

Big Data-Analysen als singuläres System haben die teilweise übersteigerten Erwartungen nicht erfüllen können. Riesige Datenmengen können oftmals selbst mit modernen Rechenzentren nicht effizient ausgelesen werden. Um die Verarbeitung der Daten zu ermöglichen, wird Big Data heute daher meist mit maschinellem Lernen verbunden, womit eine inhaltliche Nähe zur Kategorie der **Künstlichen Intelligenz (KI)** besteht. Auf Basis der „künstlichen" Generierung von Wissen durch Erfahrung, gesteuert über Algorithmen, die sich dynamisch und eigenständig (oder unter Aufsicht) weiterentwickeln, können große Datenmengen in kurzer Zeit analysiert werden.

Big Data und „maschinelles Lernen" werden viele der Innovationen vorantreiben, die in den nächsten Jahren entstehen. Auch im Tourismus können dank der heute möglichen Kombination von Big Data und maschinellem Lernen vollständig neue Produkte und Dienstleistungen erstellt werden (Amadeus IT Group SA 2016, 10). Hierbei spielt insbesondere im Tourismus das **Internet der Dinge (IoT)** eine weitere und entscheidende Rolle. Der Aufstieg der digitalen und mobilen Kommunikation, die Interaktion zwischen Objekten und Besuchenden mit dem Ziel der Vernetzung generiert ein Datenvolumen, das für eine Weiternutzung und damit Inwertsetzung gespeichert, analysiert und verwaltet werden kann (SEGITTUR 2015, 38). Das Internet der Dinge zeichnet sich dadurch aus, dass sich physische Objekte digital miteinander vernetzen. Diese automatische Verbindung erfolgt mittels Transponder (bspw. RFID) und ermöglicht die Vernetzung von nahezu allen physischen Objekten sowie Menschen.

Der Effekt bei der Verbindung dieser drei Konzepte ist die schnelle Verarbeitung von großen Datenmengen mittels Machine-Learning, bei der mithilfe von IoT eine starke digitale Vernetzung in Echtzeit erfolgt, die in einer Kontextualisierung der Umwelt mündet – sogenanntes Smart Data.

Diese Verbindung, Auswertung und Inwertsetzung von Daten steht im Fokus der Betrachtung der von uns definierten „Data Connectivity", bei der wir im Folgenden die Bereiche Big Data Analytics, Künstliche Intelligenz sowie Internet der Dinge als separate Kategorien besprechen.

3.2.1 Big Data Analytics

Durch die Explosion von digitalen Daten in den vergangenen Jahren und der dadurch rasant wachsenden Anzahl an Informationen, können heute große Datenmengen aus der physischen Umwelt gesammelt und in die digitale Welt übertragen werden, wo sie dank Big Data gespeichert, verarbeitet und verstanden werden (United Nations World Tourism Organization (UNWTO) 2018).

Big Data bezieht sich auf die Untersuchung und Anwendung von Datensätzen, die so umfangreich und komplex sind, dass die Daten mit Standardtechnologien nicht mehr effizient verarbeitet werden können. Folglich hilft die Big Data Analytik, Informationen aus einer Vielzahl von Quellen in eine strukturierte Form zu bringen, um Zusammenhänge, Bedeutungen und Muster zu erkennen (Bundesverband Informationswirtschaft Telekommunikation und neue Medien e.V. (BITKOM) 2012, 41).

Wie Abbildung 9 zeigt, wird Big Data durch die Menge an Daten (Volume), die Geschwindigkeit ihrer Erzeugung und Analyse (Velocity) und die Heterogenität der Daten (Variety) charakterisiert (Leimbach und Bachlechner 2014, 39).

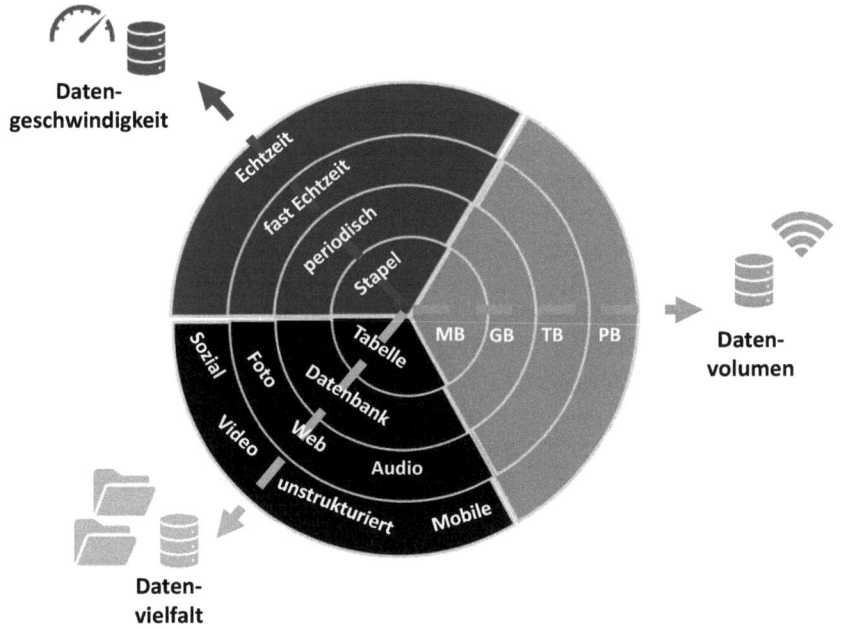

Abbildung 9: Charakteristika von Big Data
Analogie zum 3V-Modell von Gartner Inc.
Quelle: Eigene Darstellung basierend auf Gartner (2011).

Neben diesen drei „Kernelementen" von Big Data, die eine eher IT-orientierte Perspektive widerspiegeln, gibt es weitere, welche in den letzten Jahren an Bedeutung gewonnen haben und die je nach Betrachtung variieren. Hervorzuheben sind hier die Richtigkeit (Veracity) der Daten sowie deren ökonomischer Wert (Value). Das bedeutet, dass Daten nicht nur auf Basis der Geschwindigkeit ihrer Verfügbarkeit, ihrem Umfang sowie ihrer Einheitlichkeit sondern auch beruhend auf ihrer Korrektheit und Nutzens bewertet werden sollten (vgl. auch Demunter 2017, 6).

Das grundsätzliche Ziel von Big Data-Analysen ist die Sammlung von Informationen aus vielen verschiedenen Quellen. Deren Auswertungen dient einem

Erkenntnisgewinn, welche in unterschiedlichen Bereichen wie der Optimierung von bestehenden Prozessen, sowie der Vorhersage von zukünftigen Szenarien z. B. im Hinblick auf das Besucherverhalten oder mögliche Umweltauswirkungen des Tourismus eingesetzt werden kann. Die **Anwendungsbereiche** in dieser Kategorie konnten aus den Beispielen extrahiert werden und sind:

▶ Besucherlenkung/Produktgestaltung:
Big Data ermöglicht eine Analyse der Bewegungsmuster sowie des Verhaltens von Besuchern, um ein verbessertes Verständnis über diese zu erlangen. Hieraus können Vorhersagen über die Nachfrage sowie Besucherströmen abgeleitet werden, damit Reisende gelenkt und stark besuchte Orte innerhalb einer Destination entlastet werden können. Dies geschieht bspw. indem den Besuchern über eine App angezeigt wird, wie stark frequentiert bestimmte Bereiche oder Attraktionen sind oder wo es ggf. noch unentdeckte Geheimtipps (siehe Beispiel B.1.1) zu finden sind. Eine Entlastung kann nicht nur für eine verbesserte Zufriedenheit der Touristen sorgen, sondern auch bei der lokalen Bevölkerung positiv wirken und schützt zudem stark besuchte Orte vor einer Übernutzung (Overtourism). Gleichzeitig kann es jedoch zu einer Erhöhung des Volumens an Touristen führen, was eine erhöhte Gesamtbelastung innerhalb der Destination zur Folge haben würde.

▶ Marktforschung/Produktgestaltung:
In der Marktforschung werden anhand von Big Data-Informationen über Kundenprofile gesammelt und anschließend analysiert, um ein verbessertes Verständnis über die Bedürfnisse und die Zufriedenheit der Besucher zu erlangen. Big Data stellt Analysemethoden bereit, die den Verzicht aufwendiger Umfragen ermöglichen. Anhand der Ergebnisse können verbesserte Vorhersagen über die Nachfrageentwicklung abgeleitet werden, um die bestehenden Angebote erweitern oder verbessern zu können. Des Weiteren kann eine Personalisierung von Angeboten und/oder Serviceleistungen ermöglicht werden. Durch Marktforschung kann also unter anderem auch das Umweltbewusstsein der Besucher erfasst werden, damit das Angebot dementsprechend angepasst wird. Dieses an die Bedürfnisse der Besucher angepasste Angebot kann gleichzeitig jedoch zu einer verstärkten Auslastung durch ein erhöhtes Aufkommen von Touristen führen.

▶ Qualitätsmanagement/Produktgestaltung:
Big Data stellt im Qualitätsmanagement die Grundlage für Kundenzufriedenheits- und Wettbewerbsanalysen dar. Diese sollen ein verbessertes Verständnis über die Bedürfnisse der Besucher sowie eine gewisse Kenntnis über die Produktangebote der Wettbewerber generieren. Im Tourismus werden

beispielswiese digitale Services eingesetzt, die Bewertungen von Kunden analysieren und mit den Wettbewerbern vergleichen. Des Weiteren ermöglichen sie das Umweltbewusstsein bzw. die Einstellung der Besucher bezüglich einer nachhaltigen Entwicklung des Tourismus zu identifizieren. Anhand solcher Services kann das Angebot entsprechend verbessert oder ggf. erweitert werden, sodass die Kundenzufriedenheit und somit auch die touristische Nachfrage steigen.

▶ Kommunikation/Verkauf und Reiseplanung:
Big Data hilft bei der Sammlung von Daten sowie der Beobachtung und Analyse, damit geeignete Werbekampagnen entwickelt werden können. Durch gezielte, individualisierte Marketingaktivitäten soll hauptsächlich die Positionierung der Marken und Produkte verbessert werden. Mit Hilfe von Big Data können aber auch digitale Services entstehen, die Reiseangebote vergleichen und unter Berücksichtigung bestimmter Umweltbedingungen das optimale Angebot für den Kunden anzeigen. Diese Anwendungen können aber eben auch unabhängig des Nachhaltigkeitsgedankens eingesetzt werden, was bspw. nicht-nachhaltige Transportarten wie den Flugverkehr stärken kann (siehe hierzu Beispiel B.1.18).

▶ Krisenmanagement:
Durch Big Data werden Umweltkonditionen beobachtet und die Auswirkungen von Naturkatastrophen auf Destinationen und den Tourismus analysiert. Diese Analysen helfen bei der Identifizierung von Handlungsbedarfen sowie bei der Planung von Ressourcen und Kapazitäten. Im Tourismus werden bspw. Sensoren eingesetzt, die Umweltverhältnisse wie die Wasserqualität überprüfen, in Datenbanken abspeichern und somit anzeigen können, wann und in welchem Umfang Handlungen gefordert sind. Diese Anwendungen haben eine besonders hohe Relevanz für die Umwelt, da sie dazu beitragen, Belastungen so gering wie möglich zu halten.

> *Beispiel: Monitoring der Besucherströme durch die Amsterdam City Card*
> Um die weiterhin stark wachsenden Besucherströme in Amsterdam besser zu verstehen und zu managen, sammelt die Stadt über die Amsterdam City Card Besucherdaten zum Verhalten der Touristen, welche in Kombination mit der App „Discover the City" dazu genutzt werden, um Warteschlangen vor Attraktionen zu managen, die Produktangebote basierend auf den Kundenwünschen zu erweitern, sowie Vorschläge zu alternativen Attraktionen anzubieten. Durch weitere Entwicklungen wie einer zukünftigen KI-Lösung versucht die Stadt, den Herausforderungen des Phänomens „Overtourism" ohne Einschränkungen für Touristen entgegenzukommen (vgl. Beispiel B.1.1).

Zusammenfassend kann konstatiert werden, dass bei Big Data die Anwendungsbereiche Besucherlenkung, Marktforschung und Produktgestaltung sehr nah beieinander liegen und zentral sind. Die Etablierung solcher Anwendungen kann zum einen zu einer Nivellierung des Besucheraufkommens führen und zum anderen kann es aber genau über diesen Mechanismus auch zur Touristifizierung bisher noch unentdeckter Orte kommen.

Einordnung in die Customer Journey und Abschätzung der Adoption im Tourismus
Die Big Data Analytics finden vor allem vor und während der Reise Anwendung, bspw. in der Besucherlenkung oder in der Marktforschung. Vor der Reise findet die Anwendung insbesondere mit dem Ziel statt, eine bessere Nutzererfahrung im Informationsprozess zu erreichen.

Für die Phase während der Reise experimentieren Städte (siehe hierzu auch das Beispiel der Amsterdam City Card) mit der Auswertung von Besucherdaten. Außerdem etablieren große Player (wie bspw. Google) marktreife Lösungen, die das Besucheraufkommen in Geschäften visualisieren (Beispiel B.1.1) oder Pendler dabei unterstützen, hohe Verkehrsaufkommen zu umgehen (Beispiel B.1.2).

Somit erfolgt eine Anordnung hinsichtlich der touristischen Adoption innerhalb der Diffusionskurve in den Bereichen B bis D (*early adopting*, touristische Adaption und Marktdurchdringung, vgl. hierzu Abschnitt 2.3).

3.2.2 Internet der Dinge und Geo-Intelligence

Längst werden nicht mehr nur Computer, sondern auch Alltagsgegenstände über das Internet oder andere drahtlose Verbindungen (bspw. Bluetooth) untereinander vernetzt. Letzteres wird als Internet of Things (IoT) bzw. zu Deutsch Internet der Dinge bezeichnet. Gemeint ist dabei die Verknüpfung sowie der Datenaustausch (uni-, bi- und multilateral) sämtlicher denkbarer Gegenstände, Geräte und Systeme, ganz gleich ob Automaten, Industrieanlagen, medizinische Apparaturen, Fahrzeuge oder ganze Gebäude (Wirtschaftskammer Österreich (WKO), Österreich Werbung, und Bundesministerium für Wissenschaft 2017). Das Internet der Dinge stellt somit ein Netzwerk von mit Sensoren ausgerüsteten Gegenständen, Geräten (bspw. Smartphones), Fahrzeugen, Gebäuden und anderen Objekten dar, die eingebettet sind in Elektronik, Software und Netzwerkverbindungen, welche es diesen Objekten ermöglichen, Daten zu sammeln und auszutauschen. Typisch sind die großen Mengen an Daten, die dadurch generiert und oftmals mittels künstlicher Intelligenz weiterverarbeitet und analysiert werden (Liebrich 2018b). Man kann zwischen vier verschiedenen IoT-Typen unterscheiden (Airey 2018):

- **Tragbare Technologie:** Jedes Objekt oder Kleidungsstück wie eine Uhr oder eine Brille, das Sensoren enthält, die zur Verbesserung der Funktionalität beitragen.
- **Quantifizierungsgeräte für die Aktivitäten von Menschen:** Jedes Gerät, das für diejenigen bestimmt ist, die Daten über ihre Gewohnheiten oder ihren Lebensstil speichern und überwachen wollen.
- **Smart Home:** Jedes Gerät, mit dem ein Objekt gesteuert oder aus der Ferne verändert werden kann wie Bewegungssensoren, Identifikationssysteme oder andere Sicherheitssysteme.
- **Industriegeräte:** Jedes Gerät, mit dem physikalische Größen (Temperatur, Druck, Feuchtigkeit usw.) in elektrische Signale umgewandelt werden können.

Basierend auf diesen vier Typen können anhand der Beispiele die folgenden **Anwendungsbereiche** mit Bezug zur nachhaltigen Entwicklung im Tourismus differenziert werden:

▶ Besucherlenkung:
Mittels IoT können Bewegungsmuster identifiziert werden und das Verhalten von Touristen analysiert werden, was zu einem verbesserten Verständnis über Besucherströme führt. Stark besuchte Orte können dadurch in Echtzeit erkannt werden. In der Anwendung werden bspw. in Freizeitparks Armbänder eingesetzt, die Eintrittskarten, Zimmerschlüssel und Kreditkarteninformationen integrieren. Über Transponder, die innerhalb des Parks aufgestellt werden, können verschiedene Services in Anspruch genommen werden (Bezahlung, virtuelles Anstehen, Fotoaufnahmen, etc.). Gleichzeitig erfolgt durch die Verbindung der Armbänder mit den Gerätschaften eine Analyse der Bewegungsmuster in Echtzeit (siehe Beispiel B.2.1). Dieses Prinzip lässt sich auf andere touristische Aktionsräume übertragen, oder ist dort bereits in der Anwendung (bspw. auf Kreuzfahrtschiffen).
▶ Smart Facilities:
Im Tourismus werden intelligente Ausstattungsgegenstände (Smart Facilities) eingesetzt, um die Effizienz von Gebäuden zu steigern und gleichzeitig die Kosten zu senken. Diese Anwendungen sind besonders auf die Hotellerie übertragbar. Bereits heute wird Hotelgästen die Buchung von Zimmern ermöglicht, die sich über Sprachassistenten steuern lassen. So können die Gäste bspw. die Farbe und Stärke der Beleuchtung sowie die präferierte Raum- oder Duschtemperatur ganz flexibel einstellen (siehe Beispiele B.2.2 und B.2.3). Während diese Ausstattungen darauf ausgerichtet sind, sich auf die Bedürfnisse der Gäste zu konzentrieren, steht bei intelligenten Gebäuden

das Einsparen des Ressourcenverbrauchs im Vordergrund. Unter diesen Bereich fallen bspw. Sensortechnologien, die der Beobachtung von Aktivitäten innerhalb eines Gebäudes dienen. Dadurch kann verhindert werden, dass Energie für das Heizen oder die Beleuchtung leerstehender Räume verloren geht (B.2.17).

▶ Marktforschung:
In der touristischen Marktforschung kann IoT dabei helfen, die Umweltverhältnisse in einer Destination zu analysieren. Aus diesen Analysen können anschließend Handlungsmöglichkeiten abgleitet werden, welche die Nachhaltigkeit fördern und die Qualität der Umwelt verbessern. Auf der Insel Mallorca sollen die Umweltauswirkungen im Hafen von Palma, die vor allem durch den (tourismusbedingten) Schiffsverkehr ausgelöst werden, analysiert werden (siehe Beispiel B.2.13). Die Ergebnisse sollen anschließend bei der Entscheidungsfindung helfen, die zu besseren Lebensbedingungen und einer nachhaltigeren Umwelt beitragen soll.

▶ Marktforschung/Produktgestaltung:
IoT-Anwendungen werden im Tourismus verstärkt für die Kombination von Marktforschung und der Produktgestaltung eingesetzt. Hierbei sollen die Daten von Nutzern dazu verwendet werden, wichtige Erkenntnisse über die Umwelt zu gewinnen. Diese können anschließend dabei helfen, den Service in einer Destination, einer Unterkunft oder im Transport nachhaltiger zu gestalten. Hotels nutzen diese Möglichkeit bspw. dazu, Hotelgästen, Experten und Mitarbeitern ihre zukünftigen Entwicklungen vorzustellen. Die Besucher können dann in Echtzeit Feedback geben und somit ihre zukünftigen Hotelerfahrungen mitgestalten (siehe Beispiel B.2.15). In Destinationen werden die gewonnenen Erkenntnisse dazu verwendet, um den Nutzern die momentan relevantesten Angebote und Informationen anzuzeigen, was Veränderungen bei der Wahrnehmung des touristischen Produktes haben kann.

▶ Logistik/Sensorik:
In der Logistik werden IoT-Anwendungen genutzt, um unterschiedliche Prozesse automatisieren zu können. Im Flugverkehr werden elektronische Etiketten für das Reisegepäck eingesetzt, welche sich per Bluetooth mit dem Smartphone verbinden können. Den Passagieren wird es ermöglicht ihr Gepäck online einzuchecken und sich somit lange Wartezeiten am Flughafenschalter zu ersparen. Hierdurch können Ressourcen eingespart und die Effizienz gesteigert werden. Jedoch ist ebenso der hohe Energieverbrauch zu berücksichtigen, der durch die Bereitstellung der technischen Infrastruktur entsteht.

▶ Krisenmanagement:
Im Krisenmanagement wird IoT eingesetzt, um zum einen die Besucher sowie die lokale Bevölkerung mittels Installation von Sensoren an Risikostellen über mögliche Gefahren zu informieren. Zum anderen sollen die vorherrschenden Umweltverhältnisse analysiert werden, damit Katastrophen durch rechtzeitige Handlungen vorgebeugt werden kann (Frühwarnsystem). Umgesetzt wird dies mithilfe von Sensoren, die unter anderem gefährliche Gase in ihrer Umgebung melden (siehe Beispiel B.2.6). In generell gefährdeten Gebieten (Wälder etc.) werden Sensoren eingesetzt, die Waldbrände erkennen und alle relevanten Akteure informieren sollen. Diese Anwendungen tragen der Besucherlenkung und -information bei, sodass zu jedem Zeitpunkt eine erhöhte Sicherheit in gefährdeten Regionen gegeben ist. Die Sensoren, die in der Natur befestigt werden müssen, können jedoch zu Störungen des Ökosystems führen.

Einordnung in die Customer Journey und Abschätzung der Adoption im Tourismus
Fast alle Anwendungsbereiche der Kategorie Internet der Dinge bezogen sich auf den Bereich „während der Reise". Da hierin auch der Fokus der vorliegenden Untersuchung liegt, haben die Anwendungen entsprechende Relevanz in der späteren Bewertung (Abschnitt 4).

Die unterschiedlichen Beispiele weisen zudem darauf hin, dass sich die Anwendungen mit Hilfe des Internet der Dinge (IoT) teilweise noch in der Entwicklung oder der Einführung am Markt befinden. Für die Untersuchung von Umweltkonditionen sowie zur verbesserten Besucherlenkung hat jedoch bereits eine Adoption der Anwendungen im Tourismus stattgefunden.

Daher erfolgte die Einordnung dieses Themas hinsichtlich der Adoption im Tourismus in der Diffusionskurve im Bereich von A bis C. Es ist also davon auszugehen, dass die Möglichkeiten des Internet der Dinge (IoT) zunehmend ihre Verwendung im Tourismus finden und in der nahen Zukunft flächendeckend genutzt werden.

3.2.3 Künstliche Intelligenz

Dank der sogenannten Künstlichen Intelligenz (KI) können Datenverarbeitungsprozesse, die normalerweise menschliche Fähigkeiten erfordern und viel Zeit zum Erlernen benötigen, automatisiert werden, wodurch Prozesse beschleunigt, die Qualität und Leistung von Analysen verbessert und die Kosten gesenkt werden können. Maschinelles Lernen ist in diesem Zusammenhang die Ausführung der sogenannten Künstlichen Intelligenz. Ziel ist es, dass Computer eigenständig lernen können. Der Lernalgorithmus einer Maschine ermöglicht es, Muster in beobachteten Daten zu erkennen und/oder Modelle zu erstellen. Dabei lernt das System selbst kontinuierlich weiter. Künstliche Intelligenz kann somit als ein Zusammenspiel von Massendaten, ausreichenden Rechenressourcen und maschinellem Lernen aufgefasst werden (GlobalData Technology 2018). Durch diese Kombination hat sich Spektrum der Systeme schnell entwickelt und umfasst heute (vgl. hierzu auch Herweijer u. a. 2018, 5):

- **Automatisierte intelligente Systeme**, die wiederholte, arbeitsintensive Aufgaben übernehmen. Durch die Maschine können Aufgaben automatisiert abgearbeitet werden.
- **Unterstützte intelligente Systeme**, die Daten aus z. B. unstrukturiertem Social Media-Content analysieren, daraus Muster identifizieren und Menschen damit helfen, etwaige Aufgaben schneller zu bearbeiten.
- **Erweiterte intelligente Systeme**, die in der analogen Welt (bspw. mittels AR-Anwendungen) verwendet werden, um Menschen zu helfen, komplexe Zusammenhänge in Echtzeit zu verstehen, vorherzusagen und so direkt bessere Entscheidungen zu treffen.
- **Autonome intelligente Systeme**, welche die Entscheidungsfindung ohne menschliche Intervention automatisieren.

Aus diesen Systemen lassen sich verschiedene **Anwendungsbereiche** ableiten, die sich gleichfalls aus den in dieser Arbeit gesammelten Beispielen speisen. Übergeordnet ist dabei zu erkennen, dass es – unabhängig ob es sich um eine Soft- oder Hardware dominante Anwendung handelt – stets darum geht, die Arbeiten von Menschen zu übernehmen. Oftmals fungiert die Hardware (bspw. ein physischer Roboter) als Intermediär der Software (die dann auf künstlicher Intelligenz basiert).

▶ Customer Service und Robotik:
Oftmals wird eine auf KI basierte Software in Form eines Chatbots bzw. eines virtuellen Assistenten bereitgestellt. Sie sind so programmiert, dass sie menschliche Konversation imitieren. Einige Unternehmen nutzen die Verarbeitung natürlicher Sprache und eine Instant-Messaging-Schnittstelle, um virtuelle Reiseassistenten zu erstellen. Auch im Tourismus findet dies verstärkte Anwendung, wodurch Beratungs- und Buchungsprozesse automatisiert und personalisiert werden können. Auch eine Umkehr dieser Funktion wurde durch Google (Duplex) bereits vorgestellt, indem ein Assistent für einen Gast bspw. einen Platz im Restaurant reserviert.
In der Hotellerie können Roboter nicht nur die Beratung der Gäste bezüglich Attraktionen, Speiseempfehlungen oder der Einrichtungen ermöglichen (siehe Beispiel B.3.12), sondern auch im Service eingesetzt werden. Hier können sie bspw. bestellte Speisen oder Wäsche in die Hotelzimmer liefern (siehe

Beispiel B.3.14). Roboter werden für Unternehmen zunehmend zu einer wichtigen Komponente im Bereich der Automatisierung und können auch einen Ersatz der menschlichen Arbeitskraft darstellen.
▶ Autonome Fahrzeuge und Robotik
KI und Robotik werden oft in Kombination genutzt. Dies gilt insbesondere für autonome Fahrzeuge. Hier ist ein enormes Potenzial bei der Veränderung des öffentlichen Personen-Nahverkehrs zu erwarten und damit auch hinsichtlich der Mobilität von Touristen am Urlaubsort. Durch die KI können Staus sowie die allgemeine Verkehrsbelastung (durch Automobile) in Destinationen vorhergesagt und mithilfe des flächendeckenden Einsatzes von Navigationssystemen durch Touristen vermindert werden. Im Tourismus gibt es verschiedene Beispiele autonom agierender Fahrzeuge. Es werden bspw. autonome Fähren eingesetzt, die Personen über Flüsse oder Kanäle befördern sollen und so den Bau von Brücken vermindern sollen (siehe Beispiel B.3.8). In Destinationen werden aber insbesondere elektrische und autonome Busse eingesetzt, um den Verkehr über das sogenannte „pooling" zu bündeln (siehe Beispiel B.3.3). Erkennbar ist auch eine Tendenz zur Ausweitung des autonomen Verkehrs auf den Luftraum durch Flugtaxis (siehe Beispiel B.2.5) oder Drohnen, welche insbesondere für touristische Zulieferer relevant sein können. Die tatsächliche Einsetzbarkeit solcher Systeme ist aber derzeit noch nicht absehbar.

Auch unter der Erde kommt es zu einem Ausbau der Verkehrsinfrastruktur, bspw. durch den Bau von „Hyperloops" – auch wenn diese Technologie nicht primär auf Künstlicher Intelligenz beruht (siehe Exkurs). Der auf künstliche Intelligenz basierende Verkehr weist also eine Steigerung der Effizienz auf, bedeutet jedoch bspw. durch seine voraussichtliche Ausweitung auf den Luftraum sowie unter der Erde weitere Eingriffe in die Natur.

Exkurs: Öffentlicher Verkehr mit Hilfe des „Hyperloops"

Das amerikanische Unternehmen *The Boring Company* hat ein Streckennetz von Tunneln entwickelt – sogenannte „Loops" oder „Hyperloops". Hierbei handelt es sich um eine Lösung des öffentlichen Verkehrs in Hochgeschwindigkeit. In den Loops kann eine Geschwindigkeit von 125–150 km/h aufgenommen werden, während in den Hyperloops sogar über 600 km/h erreicht werden können. Obwohl sich die beiden Systeme sehr ähnlich sind, gibt es einen grundlegenden Unterschied – die Streckennetze der Hyperloops sind mit einer Vakuum-Technologie ausgestattet, welche die Lufttreibung eliminieren soll. Sie werden autonom und elektrisch betrieben und sind nicht nur für den Transport von Menschen gedacht, sondern können auch Kleinwagen befördern. Die Tunnelnetze sind momentan für Hawthorne, Los Angeles, Chicago und die Ostküste der USA allgemein geplant.
Quelle: www.boringcompany.com/faq, abgerufen am 16.9.2019

▶ Besucherlenkung
Autonome Fahrzeuge sind oft auch ein Anwendungsbeispiel für Besucherlenkung. So können Bewegungs- und Verhaltensmusteranalysen bereitgestellt werden, um eine steigende Umweltfreundlichkeit innerhalb von Destinationen zu ermöglichen. In Destinationen werden bspw. Mülleimer eingesetzt, die in ein Recyclingsystem integriert sind, welches die Besucher beim richtigen Entsorgen ihres Abfalls unterstützt. Sie können dann über eine App für jeden richtig entsorgten Artikel mit Punkten belohnt werden, welche sie wiederum in Geschäften einlösen können (siehe Beispiel B.3.7). Dieses Belohnungssystem – welches in einer weitgefassten Definition als *Nudging*, also das „Stupsen" zu einem bestimmten Verhalten hin, bezeichnet werden kann – lässt sich übertragen auf andere Anwendungsfälle und bietet somit ein entsprechendes Potenzial um das Handeln der Besucher so zu beeinflussen, dass es zu einem nachhaltigeren Verhalten führt.

▶ Unternehmensinterne Prozessoptimierung
Künstliche Intelligenz hilft dabei, bestimmte Geschäftsprozesse zu automatisieren, damit Kosten eingespart und Effizienz gesteigert werden können. Hierdurch ist es möglich, potenzielle Fehler wie z. B. Engpässe in der Lieferkette vorab erkennen zu können (siehe Beispiel B.3.21). Berechnet werden kann dies bspw. durch IBM Watson. Dieser „Supercomputer" bietet Schnittstellen, um verschiedenste Anwendungen zu entwickeln. Dabei soll jegliche Art von Daten analysiert werden und es sollen daraus Rückschlüsse gezogen werden, um zukunftsbezogene Analysen (Predictive Analytics) zu ermöglichen.

▶ Krisenmanagement
Diese Form der Berechnung (Predictive Analytics) ist auch für das Krisenmanagement interessant. Durch Anomalien-Erkennung können Frühindikatoren für Hurrikane und andere wichtige Wetterereignisse aufgedeckt werden. So können Szenarien untersucht werden, die mit Klimapolitik und Treibhausgasemissionen in Zusammenhang stehen. Hierfür werden bspw. Systeme eingesetzt, die mit Hilfe von maschinellem Lernen Daten zum Anstieg des Meeresspiegels sowie zu Erosionen analysieren können. So wird bspw. berechnet, welche Auswirkungen gefährliche Industrieabfälle während eines Hochwassers auf die Gesundheit haben können (siehe Beispiel B.3.18). Hierdurch ist eine Prävention der Auswirkungen von Umweltkatastrophen möglich, da die Sicherheit in Küstenregionen generell gesteigert werden kann.

Zusammenfassend sind im Bereich der Künstlichen Intelligenz im Hinblick auf eine nachhaltige Tourismusentwicklung insbesondere zwei Anwendungsbereiche zentral: Zum einen kann durch künstliche Systeme Arbeit übernommen werden, die sonst durch Menschen erledigt wurde. Über die

Kombination der Berechnung mittels Machine Learning und der Datengenerierung über verschiedene Quellen (im Sinne des Internet der Dinge) können Prozesse optimiert und effizienter gestaltet werden. Zum anderen sind Vorhersagen über künftige Gegebenheiten möglich, was zu einer Vielzahl an Anwendungen führen kann.

Einordnung in die Customer Journey und Abschätzung der Adoption im Tourismus

Innerhalb des Themenbereichs künstliche Intelligenz (inkl. Machine Learning & Robotik) konnten verschiedene Unterthemen identifiziert werden, die innerhalb der Customer Journey unterschiedlich stark wirken. Die künstliche Intelligenz findet vor allem vor und während der Reise bspw. durch den Einsatz von Chatbots und Robotern ihre Anwendung im Tourismus. Hervorzuheben sind hierbei autonome Fahrzeuge sowie Möglichkeiten des Besuchermanagements, wo viele relevante Beispiele identifiziert werden konnten.

Die unterschiedlichen Beispiele deuten vor allem im Bereich Customer Service durch den Einsatz intelligenter Chatbots und Roboter auf eine Adoption der Anwendungen im Tourismus hin. Jedoch befinden sich die Bereiche der Mobilität bspw. durch autonome Fahrzeuge heute hauptsächlich noch in der Entwicklung oder weisen erste Versuche und Anwendungen im Tourismus auf. Die KI-Landkarte der Deutschen Akademie für Technikwissenschaft zeigt unter 430 Anwendungen nur ein einziges Beispiel für eine KI-Anwendung im Tourismus[5].

Daher erfolgt die Einordnung der Themen hinsichtlich ihrer Adoption im Tourismus in die Bereiche A bis C auf der Diffusionskurve. Es ist also davon auszugehen, dass die Möglichkeiten der künstlichen Intelligenz erst teilweise im Tourismus angenommen wurden und in der nahen Zukunft aber noch mehr zum Einsatz kommen werden.

3.3 Data Infrastructure

3.3.1 Smart Mobile Devices und Digital Payment

Das Aufkommen und die Anwendung mobiler Technologien haben die Tourismus- und Reiseindustrie stark beeinflusst. Kunden können heute vor und während der Reise verschiedene Optionen auswählen, indem sie mit ihren Mobiltelefonen im Internet surfen und Angebote ad-hoc auswählen. Über QR-Codes

---

5 https://www.plattform-lernende-systeme.de/ki-landkarte.html, abgerufen am 8. April 2019

und Dienste wie Apple Wallet ergeben sich vielfältige Möglichkeiten, da bspw. Buchungsbestätigung einfach digital der Fluggesellschaft oder dem Hotel vorgelegt werden können. Das Aufkommen neuer und hochtechnologischer Mobiltelefone ist besonders hilfreich, wenn diese es einem Benutzer ermöglichen, auf das Internet zuzugreifen und Dienste online zu nutzen. Es können aber auch Tour-Pakete und andere reisebezogene Services über das Smartphone gebucht werden (Quadlabs Technologies 2017).

> *Bring Your Own Device (BYOD)*
>
> Bring Your Own Device (BYOD) steht für den Trend, dass Mitarbeiter zunehmend ihre eigenen mobilen Endgeräte in Firmen für geschäftliche Aktivitäten einsetzen. Übertragen auf den Tourismus bedeutet es, dass Gäste mittlerweile fast immer ihr digitales Endgerät (oftmals in Form eines Smartphones) mit zum Urlaubsort bringen. Hierdurch ist es touristischen Akteuren möglich, mit geringen Kosten digitale Services anzubieten. Dies reicht von Digitalen Gästekarten in Destinationen über Schlüsselfunktionen in Hotels bis hin zu Entertainmentangeboten im Transportwesen (Informations- und Unterhaltungssysteme, die auf persönlichen Geräten ausgespielt werden können). Grundlage, um diese Form digitaler Services anbieten zu können, ist eine gute digitale Infrastruktur, die den sicheren Zugang zu Daten (Access) und Systemen erlaubt.

Besucher benutzen heute immer mehr mobile Geräte und sind oftmals in jeder Phase der Reise abhängig von Smartphones und Tablets. Dieser Trend ist ein wichtiger Entwicklungsmotor geworden, an welchen sich touristische Unternehmen anpassen müssen. Dadurch investieren Tourismusunternehmen verstärkt in moderne mobile Technologien, um Kundenanfragen und Reservierungen zu erleichtern, das Potential von E-Commerce zu nutzen und generell den Service für digital affine Reisende zu verbessern. Mit dem Wissen, dass die Informationen an die Größe und Funktion der mobilen Geräte angepasst werden müssen, werden diese heute folglich anders (bspw. mittels sogenannter repsonsiver Designs) präsentiert (Fundación Orange 2016, 25).

Mit Mobile-First- und Mobile-Only-Strategien können Kunden praktisch alles auf ihrem Smartphone tun: vom Einchecken über die Bestellung des Zimmerservice bis hin zur Öffnung der Zimmertür. So ist es theoretisch möglich, eine ganze Reise durchzuführen – von der Buchung bis zur Übernachtung und der Ankunft zuhause – ohne jemals mit einem Menschen gesprochen zu haben. Zudem erleichtern mobile Anwendungen die heute immer größer werdende Notwendigkeit, dem Kunden personalisierte Angebote und (digitale) Services zu bieten. Es ergeben sich somit eine Vielzahl von **Anwendungsbereichen** im Tourismus:

▶ Logistik

Die Nutzung mobiler Technologien kann in der Logistik eingesetzt werden, um verschiedene Prozesse zu automatisieren und zu vereinfachen. In Destinationen werden bspw. virtuelle Haltestellen errichtet, zu welchen die Nutzer über eine Smartphone-App einen Shuttle bestellen können. Bei diesem Shuttle-Service handelt es sich um (Elektro-) Fahrzeuge, die ihre Strecken abhängig von den Anfragen individuell zusammenstellen können (sogenanntes Pooling). Dadurch kann der öffentliche Verkehr optimiert und nachhaltiger gestaltet werden (siehe Beispiel B.4.15).

Beim Einsatz elektronischer Etiketten im Flugverkehr ist das Smartphone die nutzerseitige Komponente, um das Reisegepäck einchecken und orten zu können. Damit können nicht nur lange Wartezeiten am Flughafenschalter verhindert werden, sondern auch die Logistik erleichtert werden (siehe Beispiel B.4.6). Besonders anhand dieser Beispiele sind deutliche Parallelen zu den IoT-basierten Lösungen erkennbar. Jedoch ist hierbei zu beachten, dass bei den mobilen Technologien das Gerät selbst im Fokus der Lösung steht.

▶ Digital Payment

Im Tourismus gewinnt digitales Bezahlen zunehmend an Bedeutung. Dies zeigt sich zum einen bei etablierten Systemen wie bspw. Paypal, aber auch durch Entwicklungen bei den großen Plattformbetreibern. Erst kürzlich hat Apple auf seiner Keynote im März 2019 seine eigene virtuelle Kreditkarte „Apple Card"[6] angekündigt, was die Relevanz des digitalen Bezahlens noch einmal betont und breitenwirksam werden lässt. Aber auch mit anderen Smartphone-Apps ist es möglich, Produkte oder Dienstleistungen bequem und einfach zu bezahlen. Hierfür muss zumeist nur der über die App angezeigte QR-Code eingescannt werden, damit der Bezahlvorgang erfolgen kann (siehe Beispiel B.4.12). Derartige Services haben auch die gesamte Reiseplanung stark vereinfacht, da durch das digitale Bezahlen ein bargelloses Verreisen ermöglicht werden kann („Cashless Travel"). Zudem brauchen sich die Besucher um Währungswechsel keine Gedanken mehr zu machen. Über solche Smartphone-Apps können also einfache, schnelle und sichere Bezahlvorgänge realisiert werden, bei denen kein Papier für Quittungen oder andere Belege benötigt wird.

---

[6] www.apple.com/apple-card, abgerufen am 8. April 2019

▶ Translation on Demand
Die Entwicklung mobiler Anwendungen, welche die unmittelbare Übersetzung von einer Sprache in eine andere ermöglichen, ist im Tourismus von großer Bedeutung. Sie können gewährleisten, dass der Austausch zwischen Menschen ohne Sprachbarrieren erfolgen kann. Hierdurch können vor allem Missverständnisse von Beginn an vermieden werden und es kann ein barrierefreier Austausch zwischen verschiedenen Nationalitäten stattfinden. Während dies vor einigen Jahren nur textbasiert möglich war, können heute durch die verschiedenen Sprachassistenten Konversationen in Echtzeit übersetzt werden (siehe Beispiel B.4.8).

Einordnung in die Customer Journey und Abschätzung der Adoption im Tourismus
Die Beispiele legen nahe, dass smarte mobile Endgeräte insbesondere vor und während der Reise relevant sind. Dies gilt insbesondere für die Anwendungen im Bereich Translation on Demand und Digital Payment.

Die unterschiedlichen Beispiele weisen unter anderem in dem Bereich Digital Payment darauf hin, dass sich Anwendungen der Smart Mobile Devices zwar noch in einer abschließenden Entwicklungsphase befinden, aber heute im Tourismus bereits etabliert sind, da Gäste ihre Endgeräte schon seit Jahren verstärkt vor Ort einsetzen (bspw. zur Navigation).

Daher erfolgt die Einordnung dieses Themas hinsichtlich der Adoption im Tourismus auf der Diffusionskurve in den Bereichen B bis D, wobei eine kurzfristige Etablierung insbesondere von Anwendungen im Bereich Digital Payment zu erwarten ist.

3.3.2 Erweiterte Realität (AR, VR, MR)

Die erweiterte Realität kann differenziert werden in virtuelle, augmentierte und gemischte Realität, bzw. die auch im deutschsprachigen Raum gebräuchlichen Begriffe Virtual-, Augmented- und Mixed-Reality (Kečkeš und Tomičić 2017, 158):

- **Virtual Reality** (VR) simuliert eine imaginäre Umgebung. Hierbei ist eine Interaktion möglich. Die VR ist vollständig immersiv, was die Sinne dazu bringt, zu denken, dass man sich in einer anderen Umgebung außerhalb der realen Welt befindet. Mit einem sogenannten Head-Mounted Display (HMD) oder Headset erleben Menschen eine computergenerierte Welt von Bildern und Tönen, in der sie Objekte manipulieren und sich mit haptischen Controllern bewegen können.

- Unter **Augmented Reality** (AR) versteht man die Überlagerung der Wirklichkeit mit computergenerierten Daten mittels eines Displays (bspw. dem eines Smartphones). Dies können Navigationsangaben oder auch nützliche Zusatzinformationen zum abgebildeten Ort sein. Augmented Reality bezeichnet somit ein kontextualisiertes, audiovisuelles Informationssystem, durch welches interaktive Erlebnisse für Menschen kreiert werden können. In einer Augmented Reality-Umgebung wird dem Benutzer also eine reale Ansicht in Echtzeit präsentiert, aber künstlich verstärkt mit Informationen, die von einem spezifischen Computersystem erzeugt und überlagert werden, einschließlich, aber nicht beschränkt auf digitale Bilder, Videos, Texte, Töne, GPS Ortsdaten, taktile Vibrationen und Ähnliches (Horster und Kreilkamp 2016).
- **Mixed Reality** (MR) kann als eine Unterform von VR verstanden werden und wird manchmal auch als hybride Realität bezeichnet. Bei der Mixed Reality verschmelzen über Datenbrillen (bspw. die Microsoft Hololens) die reale und virtuelle Welt, um neue Umgebungen und Visualisierungen innerhalb des Ortes zu erzeugen, in dem sich eine Person aufhält. Dabei koexistieren physische und digitale Objekte in Echtzeit. In der gemischten Realität interagiert man also sowohl mit physischen als auch virtuellen Objekten.

Durch diese Überlagerung von digitalen Elementen über die reale Welt ergeben sich auch zahlreiche **Anwendungsbereiche** im Tourismus.

▶ Besucherlenkung
Durch Augmented Reality-Spiele, die von Nutzern auf das Smartphone heruntergeladen werden, können Besucherströme besser gesteuert werden. Das Potenzial solcher Anwendungen wird dafür genutzt Besucher gezielt an Orte zu locken, die mittels AR (wieder) an Attraktivität gewinnen können (siehe Beispiel B.5.1). Mixed Reality Applikationen können ebenfalls dazu genutzt werden, um bspw. Ruinen digital zu rekonstruieren und interaktive Touren anzubieten. Hierdurch soll der Tourismus zu historischen Stätten angeregt werden (siehe Beispiel B.5.4). Derartige Anwendungen ermöglichen eine touristische Aufwertung von Destinationen und können gleichzeitig das Bewusstsein der Nutzer bezüglich umweltrelevanter Themen sowie ihren Konsum beeinflussen.

▶ Verkauf und Reiseplanung
Im Bereich des Verkaufs werden im Tourismus Anwendungen der virtuellen Realität dazu genutzt, um Reiseangebote schon vorab zu inszenieren. Dies soll den potenziellen Kunden bereits vor seiner Reise ermöglichen, detaillierte visuelle Informationen über die Destination, die Unterkunft sowie

die vorhandenen Attraktionen zu erhalten. Erste touristische Unternehmen haben bereits auf ihren Plattformen Funktionen eingerichtet, welche es den Kunden mit Hilfe von Virtual Reality ermöglichen, bspw. die Ferienwohnung (siehe Beispiel B.5.7) oder den Sitzplatz im Flugzeug (siehe Beispiel B.5.9) vor der Reise zu inspizieren. Das Bewusstsein der Kunden kann durch diese Anwendungen in Richtung Nachhaltigkeit beziehungsweise nachhaltiges Reisen gelenkt werden. Gleichzeitig können jedoch touristische Destinationen an Attraktivität gewinnen, was zu einem verstärkten Gesamtaufkommen von Besuchern führen und eine erhöhte Umweltbelastung zur Folge haben kann.

▶ Virtuelles Reisen
Die virtuelle Realität wird im Tourismus auch dazu verwendet, ganze Reisen digital nachzubilden. Dies ist besonders dann sinnvoll, wenn Orte oder Attraktionen aufgrund von bestimmten Barrieren nicht (mehr) zugänglich sind. Dem Nutzer dieser Anwendungen wird es also ermöglicht, zu erleben, was er während seiner realen Reise aus verschiedenen Gründen eventuell nicht könnte, wie zum Beispiel das Besteigen des Mount Everest (siehe Beispiel B.5.12). Heutzutage können sogar Museen die Technik nutzen, um den Besuchern ein besonderes Erlebnis zu bieten. Sie können sich mit Hilfe von VR-Brillen auf eine Reise in die Vergangenheit begeben oder die Umgebung kennen lernen. Solche Anwendungen können das Gesamtaufkommen von Touristen in zwei Richtungen verändern. Die virtuell dargestellten Destinationen können an Attraktivität gewinnen, wodurch sich das Gesamtaufkommen erhöht. Oder aber die Destination verliert an Attraktivität, da sie virtuell schon bereist wurde, was zu einem Rückgang der Besucherzahlen führen würde.

▶ Customer Service
Im Bereich des Customer Service wird die erweiterte Realität genutzt, um den Kunden bspw. während der Wartezeit ein besonderes Erlebnis zu bieten. Diese Anwendungen dienen dem Entertainment, können jedoch gleichzeitig den Konsum nachhaltiger Angebote beeinflussen und das Bewusstsein der Nutzer in eine bestimmte Richtung lenken. Dies könnte durch die Kommunikation nachhaltiger Themen erreicht werden, was bisher jedoch (noch) nicht erfolgt.

Einordnung in die Customer Journey und Abschätzung der Adoption im Tourismus
Während die virtuelle Realität oftmals zur Inspiration und damit vor der Reise eingesetzt wird, können durch Augmented Reality-Anwendungen insbesondere Attraktionen vor Ort aufgewertet werden. Virtuelle Reisen können sowohl vor als auch während und ggf. sogar nach der realen Reise stattfinden.

Die Ermöglichung virtueller Reisen sowie die verbesserte Besucherlenkung haben bereits eine hohe Bedeutung vor Ort.

Daher erfolgte die Einordnung dieses Themas hinsichtlich ihrer Adoption im Tourismus im Bereich C der Diffusionskurve. Es ist also davon auszugehen, dass die Möglichkeiten der erweiterten Realität bereits im Tourismus angenommen und flächendeckend auch mehr genutzt werden.

3.3.3 Sicherheit, Datenschutz und Blockchain

Aufgrund des vielfältigen Sammelns und Auswertens von (auch personenbezogenen) Daten, werden die Sicherheit sowie der Schutz von Daten zunehmend relevant. Die Blockchain-Technologie könnte hier ein Schlüssel sein, um der notwendigen Datensicherheit nachzukommen. Denn sie wird verwendet, um verschlüsselte Daten (Blöcke) entsprechend der Zeitsequenz zu überlagern (zu verketten), um permanente Datensätze zu erzeugen, die nicht umgekehrt modifiziert und damit auch nicht gefälscht werden können (World Tourism Cities Federation (WTCF) 2017, 32).

Im Blockchain-System wird jeder Datensatz – also auch eine Überweisung oder ein Vertrag – mathematisch von tausenden Rechnern bestätigt und ist mit vorherigen Transaktionen zwischen den beteiligten Geschäftspartnern untrennbar verbunden. Gespeichert werden die miteinander verketteten Blöcke nicht in einem großen zentralen Rechenzentrum, das leicht von Hackern attackiert werden kann. Die Datenbank wird stattdessen verteilt auf tausende an der Blockchain beteiligte Server repliziert, was eine Manipulation durch Dritte praktisch ausschließt (Müller 2018).

> *Smart Contracts*
>
> „Smart Contracts" haben durch die Blockchain Technologie eine enorme Potenzialentfaltung erfahren. Der Begriff bezeichnet einen automatisierten Vertrag auf Softwarebasis. Das grundlegende Konzept existiert schon länger, da auch Münzautomaten, die durch einen Auslöser (bspw. durch Einwurf von Geld und Auswahl eines Getränks) als Smart Contracts bezeichnet werden können. Im Hinblick auf die Blockchain Technologie sind derartige Verträge die Basis für Anwendungsszenarien, die nun in einer fälschungssicheren Umgebung ausgeführt werden können. Dadurch sind viele Möglichkeiten mit Blick auf die sogenannte Sharing Economy gegeben. Das Verleihen von privaten Automobilen oder auch die Vermietung einer Wohnung kann ohne einen Vermittler so vertraglich fixiert werden.

Aufgrund dieser Eigenschaften der Blockchain-Technologie ergeben sich verschiedene **Anwendungsbereiche**, die Relevant für einen nachhaltigen Tourismus sein können:

▶ Verkauf, Reiseplanung und Digital Payment
In Prozessen des Verkaufs und der Reiseplanung kommen sowohl intelligente Verträge (Smart Contracts) als auch digitale Bezahlungsprozesse zum Einsatz, die durch ihre Transparenz die Kontrolle von Daten steigern sollen. Sie ermöglichen potenziell den Wegfall von Vermittlern, wie es bspw. die Plattform Windingtree[7] verspricht, deren System über Schnittstellen integriert werden kann, auf der Blockchain-Technologie basiert und eine Reihe von Smart Contracts vorhält, die genutzt werden können. Die Blockchain-Technologie wird also verwendet, um verschiedene Prozesse zu automatisieren und Transaktionsgebühren, die durch den Einsatz von Vermittlern anfallen würden, einzusparen (siehe auch Beispiel B.6.15).

▶ Besuchermanagement/Produktgestaltung
Im Besuchermanagement werden mittels Blockchain digitale Geldbörsen entwickelt, durch die bspw. Flugmeilen in eine digitale Währung umgewandelt werden können (siehe Beispiel B.6.17).

Beispiel: Belohnungssystem beim Fahrradverleih

Der Anbieter von E-Bikes 50Cycles hat in Zusammenarbeit mit LoyalCoin Elektrofahrräder namens „Toba" in London eingeführt, die während der Fahrt die Kryptowährung „LoyalCoins" generieren. Nutzer können über eine App nachverfolgen, wie viele „LoyalCoins" sie gesammelt haben. Dabei erhalten sie für 1000 Meilen „LoyalCoins" im Wert von 20 Britischen Pfund. Nutzer können mit der gesammelten Kryptowährung handeln und sie als Zahlungsmittel für verschiedene Produkte von 50Cycles einsetzen (vgl. Beispiel B.6.2).

Sie stellen also ein Belohnungssystem für Kundentreue dar, die den Flugverkehr unterstützen und somit einer nachhaltigen Entwicklung entgegenwirken können. Gleichzeitig ermöglichen Blockchain-basierte Anwendungen eine Bewerbung (integrierter) nachhaltiger Angebote, wodurch sich das Konsumverhalten der Kunden in Richtung Nachhaltigkeit beeinflussen lässt (siehe Beispiel B.6.2).

▶ Digital Payment:
Der Tourismus macht sich Blockchain-basierte Kryptowährungen zu Nutze, um einen sicheren Zahlungsverkehr zu gewährleisten. Diese könnten zum

---

7 www.windingtree.com, abgerufen am 8. April 2019

Beispiel verwendet werden, um Fluggäste für lange Verspätungen oder Annullierungen zu entschädigen. Die Fluggäste können diese Kryptowährung dann bspw. für den Erwerb von Tickets einer alternativen Fluggesellschaft oder für Hotelübernachtungen ausgeben (siehe Beispiel B.6.6). Diese Anwendungen ähneln den mobilen Bezahlvorgängen im Bereich der „Smart Mobile Devices". Sie ermöglichen den Kunden ebenfalls ein bequemes Bezahlen per App (siehe Beispiel B.4.12). Diese Art der Entschädigung könnte eine steigende Kundenzufriedenheit sicherstellen. Dabei wird jedoch gleichzeitig die Verbesserung und Optimierung des Flugverkehrs unterstützt und somit einer nachhaltigen touristischen Entwicklung entgegengewirkt.

▶ Digitale Identifikation und Datensicherheit:
Blockchain-Technologie wird auch dazu eingesetzt, um Sicherheits- beziehungsweise Kontrollprozesse zu automatisieren, damit können lange Wartezeiten vermindert werden und sich somit das Reiseerlebnis sowie die Kundenzufriedenheit verbessern. Die Ticketingmethode „Presence" nutzt bspw. „Smart Tones", um Daten zwischen kompatiblen Geräten zu übertragen und Ticketbesitzer zu authentifizieren (siehe Beispiel B.6.5). Neue Sicherheitsfunktionen erkennen die Identität von Kunden insbesondere anhand biometrischer Daten. So kann der Kunde bspw. nur durch seine Stimme, seinen Fingerabdruck oder durch eine Gesichtserkennung verifiziert werden (siehe Beispiele B.6.12 und B.6.14). Diese Funktionen erlauben es auf Passwörter oder Sicherheitsfragen zu verzichten. Des Weiteren wird die Erstellung einer digitalen Identität ermöglicht, bei der die Daten von Personen mit Hilfe der Blockchain-Technologie sicher gespeichert und mit einer Kryptoadresse verknüpft werden (siehe Beispiel B.6.9). Diese neuen Methoden erlauben die Erstellung so genannter „Digital Twins", bei denen reale Personen in der digitalen Welt ihre Identitätsmerkmale speichern.

Beispiel: Wärme durch Krypto-Heizungen

Das französische Startup Qarnot hat die Krypto-Heizung „QC-1" entwickelt, die die durch das Mining von Kryptowährungen entstehende Wärme nutzen kann. Beim Krypto-Mining werden Transaktionen in einem dezentralen Netzwerk verarbeitet und abgesichert. Dies ist sehr anspruchsvoll, weshalb es einen hohen Energieverbrauch aufweist und viel Wärme freisetzt, die derzeit nicht genutzt wird. Die Krypto-Heizung soll dies ändern und zukünftig ganze Gebäude und Wohnungen erwärmen. Hierdurch kann selbstverständlich der Energieverbrauch des Minings nicht verringert werden, aber zumindest kann die ansonsten verpuffende Wärmeenergie noch sinnvoll genutzt werden.

Dadurch können umfangreiche Geschäftsprozesse digitalisiert werden, was auf der einen Seite zu einer Schonung der Ressourcen führen kann, sie jedoch gleichzeitig für den Energieverbrauch der Blockchain-Technologie beansprucht (siehe auch die Infobox zu Kypto-Heizungen).

▶ Logistik/Krisenmanagement
Die Logistik im Tourismus wird heute durch neue Blockchain-Technologien unterstützt, um durch eine steigende Transparenz eine Automatisierung verschiedener Prozesse zu realisieren. So können bspw. im Flugverkehr die Passagiere ihr Gepäck in Echtzeit nachverfolgen, um sicher gehen zu können, dass sich dieses auch im richtigen Flieger befindet (siehe Beispiel B.6.13). Des Weiteren sollen schwerwiegende Flugzeugunfälle verhindert werden, indem die Logbuchdaten digital und transparent gespeichert werden. Durch diese Anwendungen kann die Logistik im Tourismus entscheidend verbessert und nicht nur zum Umweltschutz, sondern auch zum Schutz von Menschenleben beigetragen.

▶ Unternehmensinterne Prozessoptimierung
Die Blockchain-Technologie kann dabei unterstützen, dass touristische Unternehmen interne Prozesse optimieren, um eine Effizienzsteigerung zu erreichen. So werden transparente Datenbanken bspw. vom Reiseveranstalter TUI im Projekt „Bed Swap" dazu genutzt, einen Austausch verfügbarer Betten und weiterer Leistungen auf verschiedenen Quellmärkten zu ermöglichen. Dadurch kann auf Vermittler (z. B. Broker oder Reisebüros), die zusätzliche Transaktionskosten verursachen, verzichtet werden und – zumindest theoretisch – eine nahezu einhundertprozentige Bettenauslastung entstehen.

Einordnung in die Customer Journey und Abschätzung der Adoption im Tourismus
Die meisten Anwendungen der Kategorie Sicherheit, Datenschutz und Blockchain sind den Bereichen vor und während der Reise einzuordnen. Während der Reise gilt dies insbesondere für digitale Bezahlvorgänge, wohingegen Plattformlösungen, die auf der Blockchain-Technologie basieren, eher dem Bereich vor der Reise zuzuordnen sind.

Da sich die verschiedenen Beispiele momentan noch hauptsächlich in der Forschungs- und Entwicklungsphase befinden oder es lediglich erste Anwendungen im Tourismus gibt, erfolgte die Einordnung dieses Themas hinsichtlich der Adoption im Tourismus auf der Diffusionskurve im Bereich A und B. Es ist davon auszugehen, dass die Möglichkeiten zur Gewährleistung von Sicherheit und Datenschutz an hoher Bedeutung gewinnen und auch zeitnah im Tourismus

Anwendung finden werden, obgleich noch nicht klar ist, in welcher Form dies genau erfolgen wird.

3.3.4 Digital Accessibilty und Open Data

Der Zugang zu Daten bildet eine wichtige Säule der Dateninfrastruktur. Der Begriff bezieht sich dabei auf die Möglichkeit, Daten zu senden und zu empfangen. Hier sind reale infrastrukturelle Bedingungen entscheidend: Es geht um den schnellen und einfachen Zugang zum Internet. Dies bezieht sich sowohl auf die Geschwindigkeit der Datenübermittlung als auch auf die Verfügbarkeit in abgelegenen (aber ggf. touristisch relevanten) Orten ohne Funklöcher als auch auf den kostenfreien Zugang – im Tourismus sind hier Roaming-Gebühren ein stark limitierender Faktor.

Insbesondere die Verknüpfung von Daten kann durch den kommenden Mobilfunkstandard „5G" einen weiteren Entwicklungsschub bekommen. „5G" ermöglicht komplexe Verkehrssysteme, bei denen Fahrzeuge autonom interagieren oder auch Virtual Reality-Anwendungen, wie sie aktuell noch nicht möglich sind. So könnten sich zukünftig mehr als 200 Milliarden Geräte weltweit nicht nur vernetzen, sondern in Echtzeit steuern lassen. Der Mobilfunkstandard 5G soll künftig LTE ergänzen und später ersetzen. Im Hinblick auf eine digitale Dateninfrastruktur kommt der Technologie damit eine Schlüsselrolle zu und sie gilt als alternativlos. Dabei spielt insbesondere die Qualität sowie flächendeckende Versorgung des Standards und somit eine „Digital Accessibility" eine zentrale Rolle, damit die genannten Lösungen auch fehlerfrei eingesetzt werden können.

Auf einer weiteren Ebene bezieht sich der digitale Zugang aber auch darauf, in welcher Struktur die Daten vorliegen und wie diese (weiter-)verwendet werden dürfen. Es geht somit um den Begriff Open Data, der auf zwei Ebenen betrachtet werden kann:

- **Offenheit der Lizensierung**: Der rechtliche Rahmen zur Nutzung und Weiternutzung von Daten muss klar geregelt sein. Hier bietet Creative Commons ein Raster mit insgesamt sechs Lizenzmodellen, in denen bspw. geregelt ist, ob die Daten verändert werden dürfen, ob der Urheber genannt werden muss oder auch ob die Nutzung kommerziell erlaubt ist. Von einer „wirklichen" Öffnung im Sinne eines Open Data-Ansatzes kann man dann sprechen, wenn die Lizenzmodelle CC-BY oder CC-0 gewählt werden, weil dann die Daten uneingeschränkt weitergenutzt und verändert werden können.

- **Offenheit des Formates**: Um eine Interoperabilität der Daten sowie deren Vergleichbarkeit zu gewährleisten, müssen Daten in einer bestimmten und strukturierten Form vorliegen. Wenn bspw. Wetterdaten unstrukturiert in einem Bild-Format (bspw. .png) vorliegen, dann können diese nur sehr schwer mit anderen vernetzt werden. Werden diese Wetterdaten allerdings in einer gängigen Struktur bzw. in einem bestimmten Schema (bspw. Schema.org) vorgehalten und in einem Format wie bspw. JSON-LD, dann können diese sehr gut mit anderen in Beziehung gesetzt werden (sogenanntes Linked Open Data (LOD)). Eine Orientierung bei der Offenheit von Daten bietet das Fünf-Sterne Open Data Modell von Tim Berners-Lee[8].

Aufgrund eines Paradigmenwechsels von geschlossenen zu offenen Daten wird oftmals die Maxime „**Open by Default**" proklamiert. Das bedeutet, dass alle nicht-personenbezogenen Daten zunächst immer geöffnet werden sollten. Im Falle, dass dies nicht erfolgt, sollen Gründe angeführt werden, weshalb es sinnvoll ist, die Daten zu schützen. Diese Forderung erfolgt insbesondere im Bereich von Open Government mit der Begründung, dass die Erhebung und Verarbeitung der Daten aus Steuermitteln finanziert wird. Im Gegensatz dazu steht der Ansatz des „**Open on Demand**". Dieser Idee folgend werden Daten immer erst dann freigegeben, wenn diese entsprechend von dritten angefragt werden.

Es ist abzusehen, dass sich die Struktur des Web, wie wir es heute kennen, grundlegend ändern wird. Aktuell werden tourismusrelevante Daten oftmals noch für nur einen Ausgabekanal (bspw. die Website) aufgearbeitet. Die Entwicklungen insbesondere bei großen Playern wie Google (Knowledge Graph) und bei Auszeichnungsstandards wie Schema.org zeigen auf, dass Daten bald unabhängig vom jeweiligen Ausgabekanal bereitgestellt werden. Man spricht vom „Headless Web": Webinhalte werden in Zukunft modular, bspw. über Progressive Web Apps[9], die individuell zusammengestellt werden können, auf diversen Nutzerinterfaces dargestellt. Der „Kopf", über den die Inhalte ausgegeben werden, ist also nicht mehr zwingend die eigene Website, womit diese an Relevanz verliert. Dafür wird aber die Form der Bereitstellung von Inhalten selbst immer wichtiger, um sie maschinenlesbar zu machen, damit sie automatisiert

---

8 5stardata.info/de, abgerufen am 16.9.2019
9 Progressive Web Apps (PWA) sind mobile Webanwendungen, die viele Funktionen vorhalten können, die bislang nativen Apps vorbehalten war. Der Vorteil liegt in der Möglichkeit, diese unmittelbar aufrufen zu können und so die Barriere eines Downloads für den Gast zu umgehen.

auf den unterschiedlichen Ausgabekanälen dargestellt werden können. Neben der lizenzrechtlichen Öffnung ist somit auch eine einheitliche Struktur der Daten elementar. Künftig wird der Datenfluss wichtiger als der Datenkanal (Sommer 2018). Beispiele, wie diese Datenstruktur aussehen kann, liefern Projekte wie die „Linked Open Data Cloud" oder „Wikidata". Im Hinblick auf die Digitalisierung im Tourismus kann ein digitaler Zugang als Grundlage einer Dateninfrastruktur verstanden werden. Gleichwohl finden sich auch hier **Anwendungsbereiche**.

▶ Smart Destination Management
Die Offenlegung von Daten kann in das Destinationsmanagement integriert werden, um das Wissen über relevante Entwicklungen zu verbessern und einen möglichen Handlungsbedarf zu identifizieren. Hierfür werden bspw. Tools entwickelt, die unter anderem Daten aus Google Maps nutzen, um zu erfassen, wie viel Energie einzelne Gebäude verbrauchen und welche Menge an Emissionen freigesetzt wird. Den Destinationen soll so eine Kalkulation ihrer CO_2-Bilanz ermöglicht werden (siehe Beispiel B.7.2). Dadurch wird nicht nur das Bewusstsein der lokalen Bevölkerung in Richtung Nachhaltigkeit gelenkt, sondern auch das der touristischen Leistungsträger vor Ort.

▶ Customer Service
„Data Accessibility" bezieht sich nicht nur auf die Offenlegung von Daten, sondern auch auf die Verfügbarkeit von Signalen zum Datenaustausch. So wurde bspw. ein Satellitensystem errichtet, um einen Highspeed-Internetzugang in Flugzeugen anbieten zu können (siehe Beispiel B.7.1). In diesem Fall ist von einer Attraktivitätssteigerung des Flugverkehrs auszugehen, was negativ auf eine nachhaltige Entwicklung im Tourismus wirken kann.

▶ Unternehmensinterne Prozessoptimierung
Die Offenlegung von Daten sowie deren Verknüpfung (Linked Open Data) kann vor allem für die Kundengewinnung sowie die Behauptung am Markt gegenüber der Konkurrenz nützlich sein. Damit Unternehmen die Möglichkeit hierzu offen steht und sich die Kunden stets über die Hersteller ihrer Produkte beziehungsweise deren Zulieferer informieren können, können Lieferketten transparent gemacht werden. In einem konkreten Beispiel zeigt eine Karte die Umweltbilanz von chinesischen Herstellern, die für globale Unternehmen arbeiten. Auf diese Weise können die Zulieferer ihre Einhaltung von Umweltvorschriften bezeugen. Der Druck durch die öffentliche Einsicht in die Wertschöpfungskette, den die Offenlegung von Daten zumeist mit sich bringt, kann zu einer nachhaltigen Veränderung der Produktionsmuster und damit zu einer Minimierung des Ressourcenverbrauchs führen. In der Hotellerie finden sich hierzu Anknüpfungspunkte über integrierte

Gastronomiesoftware wie bspw. Gastronovi[10], welche Warenwirtschaft, Einkaufs- und Bestellsystem mit einander verbindet und so bereits wichtige Daten sowie deren Verknüpfung vorhalten kann. Potenziell ist hierdurch ebenfalls die Transparenz von Zuliefererprozessen darstellbar und die Regionalität von Produkten könnte so dem Gast belegt werden.

Einordnung in die Customer Journey und Abschätzung der Adoption im Tourismus

Eine digitale Infrastruktur sowohl im Hinblick auf die Möglichkeit, auf das Internet zuzugreifen als auch hinsichtlich einer offenen Dateninfrastruktur ist im Bereich während der Reise einzuordnen und entfaltet dort die größte Relevanz. Jedoch ist hierbei wichtig zu betrachten, dass die Offenlegung und Nutzung von Daten während des gesamten Reiseprozesses gewährleistet werden sollte.

Durch die unterschiedlichen Beispiele können erste Anwendungen im Tourismus gezeigt werden. Sowohl das Thema „Open Data" als auch die Diskussionen um den Mobilfunkstandard 5G sind hochaktuell und erfahren eine große Aufmerksamkeit. Die Einordnung dieser Kategorie hinsichtlich ihrer Adoption im Tourismus erfolgt hier im Bereich der Diffusionskurve bei „B", aber aufgrund der zunehmenden Bedeutung ist davon auszugehen, dass die Relevanz einer Digital Accessibility im Tourismus schnell steigt und schon bald eine flächendeckende Nutzung erfolgt bzw. erforderlich wird.

3.3.5 Cloud Computing

Cloud Computing bezeichnet eine Verbindung von softwarebasierten Technologien im Internet, die zur persönlichen oder geschäftlichen Datenverarbeitung genutzt werden. Dadurch, dass die Programme nicht mehr auf dem lokalen Rechner installiert und gelagert werden müssen, verändert dies die Art und Weise, wie Daten verwaltet werden können. Denn wenn alle Daten und Anwendungen über ein Netzwerk gehostet werden, steht dies im Gegensatz zu einem traditionellen Modell der Datenverarbeitung, in dem Daten und die Ressourcen der Software auf einem lokalen Computer, dem Client-Server oder auf dem Server der jeweiligen Unternehmens gehostet werden und somit auch Fachpersonal für die Umsetzung und Wartung von den entsprechenden IT-Dienstleistungen erforderlich ist (Samuel Imhanwa, Greenhill, und Owrak 2015, 7).

---

10 www.gastronovi.com, abgerufen am 8. April 2019

> **Everything as a Service (XaaS)**
> Besondere Relevanz kommt dem Cloud Computing im Hinblick auf Softwarelösungen zu, die durch externe Anbieter auch kleinere Unternehmen nutzen können. Der Ansatz Everything as a Service (XaaS) ist dabei zum Schlagwort geworden, welches die Bereiche Software as a Service (SaaS), Platform as a Service (Paas) sowie Infrastructure as a Service (IaaS) impliziert. Mit dem Begriff wird eine digitale Infrastruktur beschrieben, die sich zusammensetzt aus Softwarelösungen (SaaS), die von Endverbrauchern auf einer fertigen Benutzeroberfläche eingesetzt werden können (wie bspw. Dropbox), Plattformen (PaaS) auf denen Lösungen programmiert werden können (wie bspw. Googles App Engine) und/oder Infrastruktursysteme (IaaS), welche Server, Speicher und Netzwerk zur Verfügung stellen (wie bspw. Amazon Web Services (AWS)). Bei diesen Anwendungen kann zudem zwischen privaten und damit geschlossenen, öffentlichen und damit zugänglichen sowie hybriden Systemen, die privat und öffentlich kombinieren, unterschieden werden.
> Quelle: www.weclapp.com/de/cloud-computing, abgerufen am 16.9.2019

Cloud-Technologien sind dabei nicht neu. Lösungen mit webbasierten Diensten gibt es seit Jahrzehnten. Jedoch hat sich erst in jüngster Zeit die Cloud sehr viel stärker etabliert und wird auf Anbieter- wie Kundenseite stärker akzeptiert. Die Vorteile liegen in einer hohen Flexibilität (Updates können unmittelbar realisiert werden) sowie einem geräteübergreifenden Zugang auf die Daten – wie bspw. bei cloudbasierten Datenspeichern wie Dropbox (Travel Technology & Solution (TTS) 2015).

Auch wenn Cloud Computing eher als Hygienefaktor einer Dateninfrastruktur verstanden werden kann, so finden sich aufgrund der erweiterten Möglichkeiten auch Geschäftsmodelle, die auf Cloud-Anwendungen aufbauen und entsprechende Beispiele für **Anwendungsbereiche** im Tourismus bieten:

▶ Reiseplanung
Cloud-basierte Dienste werden vermehrt auch von touristischen Unternehmen angewandt, um Prozesse des Vertriebs effizienter und einfacher zu gestalten. Reiseveranstalter oder die Hotellerie bspw. greifen auf Cloud-Computing zurück, damit sie sich einen flexiblen und vereinfachten Zugang zu relevanten Daten verschaffen können. Sie können auf Reservierungen zugreifen, Buchungen ändern oder Tickets von überall auf der Welt ausstellen (siehe Beispiel B.8.3). Dies verschafft ihnen einen großen Vorteil, da die Cloud zu jeder Zeit und auch an jedem Ort online ist. Durch diese Verbesserung der Verkaufsprozesse kann eine Minimierung des Ressourcenverbrauchs erreicht

werden, da bspw. häufige Kommunikationsprozesse, aufgrund des einfachen Zugriffes auf die Cloud, nicht mehr notwendig sind.
▶ Datenmanagement
Die Cloud wird immer häufiger von Unternehmen dazu verwendet, um ihre Daten zu speichern. Dabei bietet sie den Vorteil, zu jeder Zeit und auch von überall Daten abzurufen. Unternehmen können also flexibel auf ihre Daten zugreifen. Anbieter touristischer Leistungen nutzen die Cloud bspw. dafür, die Komplexität und Agilität ihrer Plattformen zu ermöglichen (siehe Beispiel B.8.2). Sie unterstützt Unternehmen außerdem dabei durch die Automatisierung verschiedener Vorgänge die Effizienz zu steigern.

Einordnung in die Customer Journey und Abschätzung der Adoption im Tourismus

Die Nutzung der Cloud ist für das Datenmanagement sowie die Vereinfachung von Buchungsprozessen in jeder Phase des Customer Journey relevant.

Die unterschiedlichen Beispiele weisen auf eine breite Adoption im Tourismus hin, jedoch gibt es auch Cloud-Anwendungen, die sich noch in der Entwicklung befinden. Daher erfolgte die Einordnung dieses Themas auf der Diffusionskurve im Bereich B und C. Durch die Vereinfachung des Datenmanagements ist davon auszugehen, dass die Möglichkeiten des Cloud-Computing zunehmend genutzt werden. Die Cloud stellt also einen grundlegenden infrastrukturellen Faktor dar, der gegeben sein muss, um sich erfolgreich am Markt positionieren zu können. Aufgrund dieser hohen Relevanz ist eine schnelle und vollständige Adoption unterschiedlicher Cloud-Dienste im Tourismus zu erwarten.

3.4 Data Ecosystem

Innerhalb eines Datenökosystems spielen Digitale Plattformen eine zentrale Rolle. Das dominierende Geschäftsmodell der Digitalisierung sind Plattformmodelle. Nicht zufällig ist der Begriff der Plattformökonomie omnipräsent. In direkter Verbindung mit Digitalen Plattformen stehen Erscheinungen wie Soziale Netzwerke und eine Etablierung der sogenannten Sharing Economy, die gerade im Tourismus eine wichtige Rolle spielt.

3.4.1 Digitale Plattformen

Digitale Plattformen verändern die Art und Weise, wie der Tourismussektor von Anfang bis Ende seiner Wertschöpfungskette aufgebaut ist und beeinflussen, wie Produkte entwickelt, Daten gesammelt (die sogenannte Datenökonomie) und Märkte erschlossen werden (Weltbank 2018).

Fortschritte in der Vernetzung führten zu einer vermehrten Nutzung von Mobilgeräten (mit vielen zugehörigen Apps) und sozialen Netzwerken. Diese Ereignisse haben einen großen Einfluss auf den Tourismus gehabt, der zu den Sektoren gehört, in dem sich am meisten verändert hat (SEGITTUR 2015, 19). Durch jeden Touristen sind heute enorme Datenmengen über alles vorhanden, was für verschiedene Reisephasen relevant ist – vor, während und nach einer Reise. Kunden teilen ihre Wahrnehmungen, Erfahrungen und Wünsche jeden Moment über soziale Medien. Digitale Plattformen stellen damit ein Geschäftsmodell dar, welches nicht auf der Erstellung eines Produktes beruht, sondern auf der Nutzung der Vielzahl an Daten, die dem Plattformanbieter aufgrund seiner Vermittlerstellung zuteilwerden. Die Datenverarbeitung und auf dieser Basis Ableitung von Services ist somit die Grundlage digitaler Plattformen, wodurch sich eine Vielzahl von **Anwendungsbereichen** im Tourismus finden lassen.

▶ Besucherlenkung

Im Besuchermanagement werden digitale Plattformen mitunter dazu verwendet, für unbekannte Orte oder Attraktionen zu werben. So können stark besuchte Orte entlastet werden. Hierdurch können Besucherströme gezielt gesteuert werden. Digitale Plattformen bieten also das Potenzial einer verbesserten Lenkung der Besucher sowie Beeinflussung der Konsummuster in Richtung Nachhaltigkeit. Dies hat gleichzeitig jedoch eine „Touristifizierung" kleiner, unbekannter Orte zur Folge.

Beispiel: Digitale Gästekarte im Hochschwarzwald

Eine Form für Destinationen, eine Plattform für Gäste anzubieten und damit das dominierende Geschäftsmodell der digitalen Wirtschaft zu adaptieren, besteht in Form einer digitalen Gästekarte. Diese wurde im Hochschwarzwald bereits eingeführt. Die Besonderheit dieser Karte besteht zum einen in der Form der Ausgabe, da die Karte nicht aktiv von Gästen gekauft werden muss, sondern bei rund 450 Gastgebern inkludiert ist und dem Gast bei Anreise kostenfrei ausgestellt wird. Die Finanzierung der Karte erfolgt dann über eine Umlage. Gäste können mit der Karte mehr als 100 Attraktionen vor Ort kostenfrei nutzen. Das System ist erweiterbar, sodass die Destination hierüber eine Steuerungsmöglichkeit hat, um auch andere Serviceleistungen zu integrieren. Bspw. wurde nachträglich die Option geschaffen, pro Urlaubstag drei Stunden ein Carsharing Angebot zu nutzen.
Quelle: www.hochschwarzwald.de/Card, abgerufen am 16.9.2019

Dieses Instrument kann insbesondere auch vor Ort in Form einer digitalen Gästekarte eingesetzt werden, wodurch die Destination selbst als Plattform agieren kann und so eine Möglichkeit hat, sowohl auf Leistungsträger als auch auf Gäste einzuwirken (siehe hierzu auch das Beispiel der Hochschwarzwald-Card).

Die **Einordnung in die Customer Journey und Abschätzung der Adoption im Tourismus** erfolgt am Ende dieses Abschnitts, da es sich bei Sozialen Netzwerken sowie Sharing Modellen gleichfalls um Digitale Plattformen handelt.

3.4.2 Soziale Netzwerke und Self Reputation Management

Fortschritte in der Konnektivität führten zu einer vermehrten Nutzung von Mobilgeräten (mit vielen zugehörigen Apps) und sozialen Netzwerken (Facebook, Instagram, Twitter etc.). Diese Entwicklungen haben einen großen Einfluss auf den Tourismus, denn Gäste haben die Möglichkeit, ihre Wahrnehmungen, Erfahrungen und Wünsche zu nahezu jedem Reisemoment über soziale Medien zu teilen. Social Media-Plattformen werden speziell genutzt, um Informationen zwischen Nutzern innerhalb und außerhalb der Tourismusbranche auszutauschen, sowie zur Vermarktung von Unternehmen, Initiativen und Destinationen. Diese Netzwerke bieten dabei eine direkte Beteiligung eines jeden Einzelnen. Nicht nur Privatpersonen haben diese Netzwerke für sich erkannt, um Freund- und Bekanntschaften zu halten oder neu zu finden. Auch Unternehmen jeglicher Branchen nutzen diese Netzwerke als Marketing- bzw. Kommunikationsinstrument (IST-Studieninstitut 2016b). Im hier untersuchten Zusammenhang relevante touristische Anwendungen finden sich vor allem im Self Reputation Management.

▶ Reputationsmanagement
Touristische Unternehmen greifen einerseits auf digitale Plattformen zurück, um ihre Leistung zu vertreiben. Andererseits bieten sie ihnen die Chance, mit dem Kunden interagieren zu können. Anhand von Sozialen Netzwerken wie Instagram oder Facebook können die Unternehmen durch das Teilen vieler Bilder und Impressionen, aber auch Informationen bestimmte Emotionen bei dem potenziellen Kunden auslösen (siehe Beispiel B.9.6, B.9.7 und B.9.8). Diese Fähigkeit verleiht ihnen besondere Möglichkeiten, weshalb sich die Nutzer in ihrem Konsum einfach und teilweise sogar unbewusst in eine bestimmte Richtung beeinflussen lassen. Plattformen wie Trip-Advisor oder Airbnb verfügen darüber hinaus über ein Reputationsmanagementsystem, welches auf Basis von Bewertungen funktioniert (siehe Beispiel B.9.4). Für

Unternehmen und/oder Privatpersonen ist es wichtig auf solchen Plattformen besonders gute Bewertungen zu erhalten, da ihnen diese eine stärkere Auslastung durch höhere Buchungszahlen generieren können. Die Unternehmen können durch die Bewertungen der Kunden außerdem ihre Einstellung bezüglich bestimmter Themen identifizieren und ihr Angebot dementsprechend anpassen.

Neuere Plattformen wie Uber oder Airbnb beziehen sich insbesondere auf Privatpersonen – sowohl auf Nutzer als auch auf Anbieterseite. Hier sind bidirektionale Reputationssysteme bereits verbreitet und akzeptiert. Dies führt dazu, dass das Vorhandensein eines Reputationssystems per se zu einem besseren Verhalten sowohl auf der einen als auch auf der anderen Seite führt, was der Plattform selbst als Instrument zur Verhaltenssteuerung dient – was auch im Hinblick auf ein nachhaltiges Verhalten relevant sein könnte, wenn denn ein solches (nachhaltiges) Verhalten von der Plattform selbst als wichtig erachtet wird, da diese das Regelsystem definiert.

Die **Einordnung in die Customer Journey und Abschätzung der Adoption im Tourismus** erfolgt am Ende dieses Abschnitts, da es sich bei Sozialen Netzwerken sowie Sharing Modellen gleichfalls um Digitale Plattformen handelt.

3.4.3 Sharing Economy

Die Sharing Economy ist gewissermaßen aus diesen Netzwerken heraus entstanden und bezeichnet Plattformgeschäftsmodelle auf Basis von Austausch (Sharing), der meist zwischen Privatpersonen stattfindet, aber mittlerweile mitunter auch kommerzielle Strukturen angenommen hat. Die Plattform selbst agiert im Sinne der Plattformökonomie als diejenige Instanz, die Anbieter und Nachfrager zusammenbringt. Populäre Beispiele im Tourismus sind der Austausch von Unterkünften (Airbnb), von Dienstleistungen (GetYourGuide; Eatwith), oder auch der Mobilität (bspw. BlaBlaCar oder DriveNow).

Botsman und Rogers (2010) haben bei der Definition der Sharing Economy Pionierarbeit geleistet. Man kann zwischen verschiedenen Formen der Sharing Economy differenzieren. Der Weiterverkauf von gebrauchten Gütern kann im Internet besser durchgeführt werden, was zu Plattformen wie Ebay geführt hat, die dieses Potenzial aufgegriffen haben. Es geht auf der einen Seite somit um die Zirkulation von Gütern. Auf einer anderen Ebene geht es um die effizientere Nutzung von Werten (Assets) durch deren Tausch (ggf. auch zeitlich befristet). Ein letzter (dritter) Bereich ist der des Austausches von Dienstleistungen.

Man kann demnach drei primäre Modelle in der Sharing Economy unterscheiden (vgl. hierzu auch Scholl u. a. 2015b, 8):

1. Den Eigentumswechsel von gebrauchten Gütern (bspw. Ebay).
2. Die Einräumung eines temporären Nutzungsrechts sowohl zwischen privaten (bspw. Airbnb) als auch zwischen kommerziellen Anbietern (bspw. Drive-Now).
3. Der Tausch von Dienstleistungen (Services) wie dies bspw. auch bei Uber der Fall ist.

Der letzte (dritte) Bereich ist dabei nicht ganz trennscharf und die Nähe zum klassischen Wirtschaftssystem ist fließend (bspw. werden bei MyHammer überwiegend kommerzielle Dienstleistungen angeboten).

Für den Wirtschaftskreislauf bedeutet dies, dass Produkte oder Services entweder intensiver oder länger genutzt werden. Wird also eine Bohrmaschine immer wieder weiterverkauft oder verliehen, so verlängert oder intensiviert sich deren Nutzung. Das Geschäftsmodell hinter diesen Plattformen wird – wie üblich – über das Erheben einer Gebühr bei jeder Transaktion realisiert. Je nach Grad der Kommerzialisierung zwischen Anbieter und Nachfrager kann zwischen verkaufen vs. verschenken sowie verleihen vs. vermieten differenziert werden. Im Bereich der Services unterscheidet man zwischen einer freiwilligen Tätigkeit und einer Dienstleistung gegen Entgelt.

Hinsichtlich der Anwendung im Tourismus mit Bezug auf eine nachhaltige Entwicklung finden sich hier vielfältige und interessante Beispiele:

▶ Sharing-Modelle
Im Tourismus haben sich Sharing-Modelle etabliert, die Konsum- und Produktionsmuster entscheidend verändern können und mitunter auch zu einer Reduktion des Ressourcenverbrauchs führen. Eingesetzt werde diese bspw. in dem Bereich der Mobilität sowie des Transports innerhalb einer Destination. Hier haben sich Plattformen etabliert, auf denen bspw. private Personen aus der lokalen Bevölkerung den Touristen ihr eigenes Fahrzeug anbieten können (siehe Beispiel B.9.10). Durch das Verleihen des Fahrzeuges können zwar Ressourcen eingespart werden, da keine Mietfahrzeuge extra für den Tourismus hergestellt werden müssen. Gleichzeitig wird jedoch der Individualverkehr unterstützt, wodurch eine verstärkte Belastung innerhalb der Destination als Folge resultiert.

Sharing Modelle werden außerdem insbesondere in den Bereichen Unterkunft und Aktivitäten eingesetzt. Auf der Plattform Airbnb können private Personen ihr Eigenheim an Touristen vermieten, während sie selbst auf Reise sind (siehe Beispiel B.9.15). Unternehmen wie bspw. GetYourGuide oder Eatwith nutzen die Sharing-Modelle hingegen, um Menschen zusammen zu bringen (siehe Beispiel B.9.9). Es kommt hier zu einer „Kommerzialisierung des Sozialen", womit diese Plattformen wirtschaftlich tragbar werden und sich am Markt etablieren können (Scholl u. a. 2015a). Diese Modelle können die Konsummuster sowohl der Touristen als auch der lokalen Bevölkerung in Richtung Nachhaltigkeit verändern, gleichzeitig kann auch eine „Touristifizierung" kleiner, unbekannter Orte und Bewohnerviertel erfolgen.

Einordnung in die Customer Journey und Abschätzung der Adoption im Tourismus
Digitale Plattformen wirken in allen Phasen der Customer Journey. Sie dienen zur Inspiration, Buchung sowie im Bereich der Sharing Economy zum Austausch, zur Information und ebenfalls zur Buchung von privaten Unterkünften oder anderen Leistungsbestandteilen. Vor Ort sind Plattformen zunehmend im Bereich der Attraktionen (bspw. durch Anbieter wie OutdoorActive) anzutreffen. Aber auch durch digitale Gästekarten gewinnen Plattformmodelle während der Reise an Relevanz.

Die unterschiedlichen Beispiele verdeutlichen, dass es bereits eine flächendeckende Anwendung von digitalen Plattformen im Tourismus gibt. Jedoch befinden sich z. B. die verschiedenen Sharing Modelle heute noch teilweise in der Einführung am Markt. Deshalb erfolgte die Einordnung dieses Themas in Bezug auf seine Adoption im Tourismus auf der Diffusionskurve im Bereich C und D. Es ist also davon auszugehen, dass die Möglichkeiten von digitalen Plattformen bereits angenommen wurden bzw. werden, deren Potenzial aber noch nicht komplett ausgeschöpft ist und somit künftig noch mehr genutzt werden wird.

Berücksichtigt und betont werden muss hier auch, dass wir diese Kategorie in unserem Modell außen angeordnet haben (vgl. Abschnitt 3.1.4). Das Potenzial, welches Plattformmodelle entfalten, ist also direkt abhängig von den Entwicklungen, die in den anderen Kategorien stattfinden. Somit ist zu erwarten, dass diese Form der Geschäftsmodelle stark zunehmen wird, wenn die Möglichkeiten der Big Data Analytics sich auch im Tourismus vollumfänglich etablieren.

4 Bewertung: Auswirkungen der Digitalisierung

Ziel dieses Abschnitts ist die Bewertung der Chancen und Risiken der Digitalisierung auf die nachhaltige Entwicklung im Tourismus auf Basis der im vorhergehenden Abschnitt ermittelten Digitalisierungstrends (Abschnitt 3) und deren Systematisierung (Abschnitt 2), insbesondere der Wirkpfade, d. h. die identifizierten touristisch relevanten Anwendungsbereiche werden anhand von Wirkpfaden auf ihre möglichen Wirkungen im Hinblick auf Reisevolumen und die nachhaltige Reisegestaltung beurteilt.

4.1 Wirkpfade und Relevanzbewertung

Für jede der in Abschnitt 3 ermittelten Kategorien und ihre Entwicklungstrends werden in einem eigenen Kapitel die Wirkpfade und die Relevanzbewertung dargestellt.

4.1.1 Wirkpfade

Die Wirkpfade geben an, auf welchen Wegen eine Anwendung ihre Wirkung auf die beiden zentralen Zielgrößen „Reisevolumen" und „nachhaltiges Reiseverhalten" entfalten kann. Sie dienen dem schnellen, grafisch-schematischen Überblick, wie in Abschnitt 2.4 diskutiert. Deshalb werden sie für jede der neun Kategorien in einem Überblicksschaubild dargestellt.

4.1.2 Relevanzbewertung

In der Relevanzbewertung versuchen wir abzuschätzen, welchen Einfluss die Digitalisierungstrends in den identifizierten Kategorien auf die nachhaltige Tourismusentwicklung ausüben. Mit der Relevanzbewertung werden die Wirkpfade hinsichtlich ihrer Bedeutsamkeit beurteilt.

Zentrales Kriterium der Relevanzbewertung ist die *potenzielle Wirkstärke* einer Anwendung oder Digitalisierungskategorie auf die Zielgrößen „Reisevolumen" und „nachhaltigere Reisegestaltung". Die Begriffe „Wirkstärke", „Wirkmächtigkeit", „Impact" oder, wie zum Beispiel in der Vereinfachten Umweltbewertung VERUM für Belastungen, „Erheblichkeit" (Berger und Finkbeiner 2017) verwenden wir hier synonym.

Zusätzlich zur Wirkstärke betrachten wir noch zwei weitere Relevanz-Indikatoren, nämlich die Realisierungswahrscheinlichkeit und die Realisierungszeit.

Die Abschätzung der *Realisierungswahrscheinlichkeit* soll dazu beitragen, Entwicklungen hinsichtlich der Unsicherheit ihres Eintretens einschätzen zu können. Auch diese Bewertungsdimension haben wir unter anderem aus dem VERUM-Bericht übernommen (Berger und Finkbeiner 2017).

Die *Realisierungszeit* können wir recht einfach aus den systematischen Rechercheergebnissen in Abschnitt 3 ableiten: Dort ist für jede Anwendung die Stellung in einer Diffusionskurve anhand von vier Kategorien (A bis D) angegeben. Allerdings haben wir diese dort getroffene Einordnung noch einmal vor dem Hintergrund der Wirkpfade angepasst, da diese in Abschnitt 3 noch keine Berücksichtigung finden konnten. Somit kann es hier leichte Differenzen zwischen der Einschätzung hinsichtlich der Diffusion einerseits (Abschnitt 3) und andererseits der Diffusion unter Berücksichtigung des Bezugs zur Wirkung auf die nachhaltige Tourismusentwicklung (dieser Abschnitt 4) kommen. Der Grund für die Einbeziehung dieser zeitlichen Ebene in die Relevanzbewertung ist, dass es für den weiteren Beobachtungsbedarf durchaus einen Unterschied macht, ob eine Entwicklung demnächst oder erst in vielen Jahren für die touristische Nachhaltigkeit relevant wird.

Damit ergeben sich für die Relevanzbewertung drei Dimensionen, nämlich *potenzielle Wirkstärke, Realisierungswahrscheinlichkeit und Realisierungszeit* (Abbildung 10).

Die Bewertungsmethode ist *argumentativ* vorbereitet, *Scoring-basiert* und *mehrschrittig*.

Die *argumentative Vorbereitung* erfolgt durch die Definition der Wirkpfade: Die Wirkpfade dienen zur inhaltlichen Beschreibung der Wirkung und damit zugleich der argumentativen Verarbeitung: Wie kann eine Wirkung entstehen? Welche Aspekte spielen dabei eine Rolle?

Das *Scoring-Modell* erfasst für jede der drei Dimensionen auf einer Elfpunkte-Skala (0 bis 10) eine Experteneinschätzung. Die Skala ist für jede Dimension unterschiedlich verbalisiert (Tabelle 6).

Für jedes Bewertungsobjekt wurden mindestens drei unabhängige Bewertungen je Dimension vorgenommen und die Ergebnisse dann je Dimension konsensualisiert (Printz u. a. 2017; Gheondea-Eladi 2016). Außerdem wurde im Fachgespräch am 16. Januar (vgl. Gliederungspunkt 1.7) die vorläufige Liste

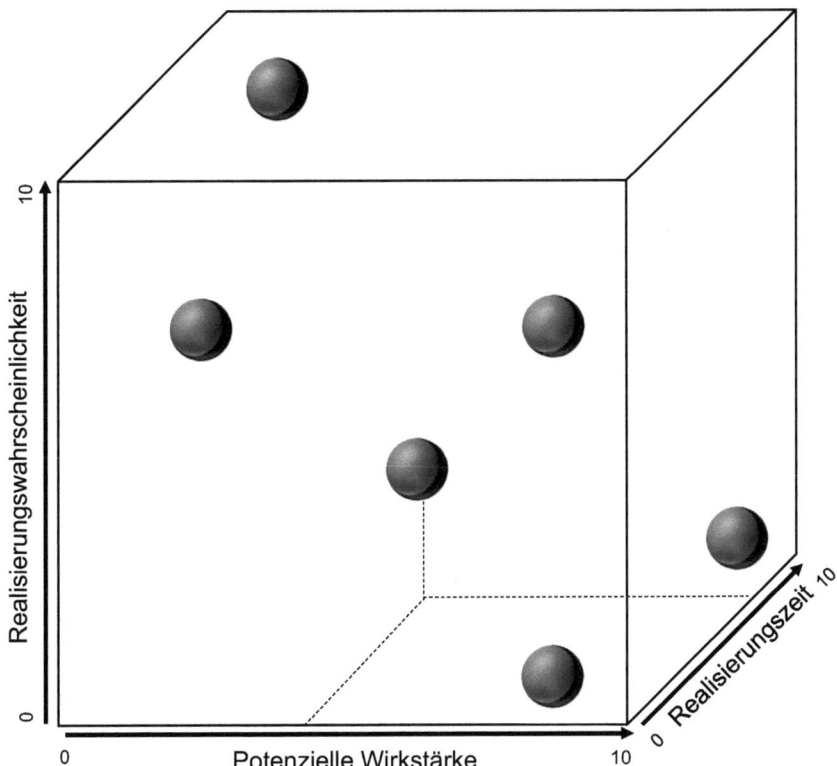

Abbildung 10: Dimensionen zur Relevanzbewertung
Potenzielle Wirkstärke, Realisierungswahrscheinlichkeit, Realisierungszeit
Quelle: Eigene Darstellung

der Wirkpfade von den Teilnehmenden diskutiert, bewertet und ergänzt. Die Ergebnisse des Fachgespräches wurden in die folgenden Abschnitte übernommen.

Die Darstellung der Ergebnisse erfolgt für die drei Dimensionen getrennt. Eine „Verrechnung" (z. B. gewichtete Addition) der drei Dimensionen zu einem einzigen Indexwert wäre nicht zielführend, weil die drei Dimensionen nicht kompensatorisch angelegt sind. Eine niedrige Punktzahl bei „potenzieller Wirkstärke" sollte nicht mit hohen Punktzahlen der anderen beiden Dimensionen kompensierbar sein.

Zusätzlich haben wir für jeden Wirkpfad angegeben wie sicher oder unsicher wir uns bei der Bewertung fühlen. Die teilweise dürftige Datenlage und vor allem die sehr dynamischen Entwicklungen im Bereich der Digitalisierung machen dies notwendig.

Tabelle 6: Skalen für das Scoring-Modell

Skalenpunkte	Potenzielle Wirkstärke	Realisierungswahrscheinlichkeit	Realisierungszeit	Sicherheit der Bewertung
0	Keine Wirkung	Ausgeschlossen	Nie	Wir fühlen uns in unserer Bewertung sehr unsicher
1	Sehr niedrige Wirkung	Sehr unwahrscheinlich/ unsicher	In ferner Zukunft	…
…	…	…	…	…
10	Sehr große Wirkung	Schon da	Schon da	Wir fühlen uns in unserer Bewertung sehr sicher

4.2 Kategorienübergreifende Wirkungen

Im Rahmen der konsensualen Bewertungen wurde deutlich, dass es drei Wirkmuster gibt, die auf alle Digitalisierungskategorien zutreffen: Surrogateffekte (Ersatz von Reisen durch digitale Erlebnisse), Effizienzeffekte (Steigerung der Produktivität bei der Reisegestaltung) sowie der Energie- und Ressourcenverbrauch für digitale Endgeräte und Infrastruktur.

Um eine dauernde Wiederholung dieser Wirkpfade zu vermeiden und deren übergeordnete Relevanz zu betonen, werden sie hier einmal summarisch aufgeführt und zusammengefasst in Abbildung 11 dargestellt.

4.2.1 Surrogat: Ersatz von Reisen durch Kommunikation

Die bisherige Entwicklung von Informations- und Kommunikationstechnologien mag durchaus zu einer „Dematerialisierung" des Reisens geführt haben: „A number of scientific studies advocate that ICT can be a means of enabling the transition of society to a less material-intensive economy, and therewith sustainability." (Arushanyan 2016, 6). Diese Entwicklungen haben wir in den betreffenden Anwendungsbereichen thematisiert.

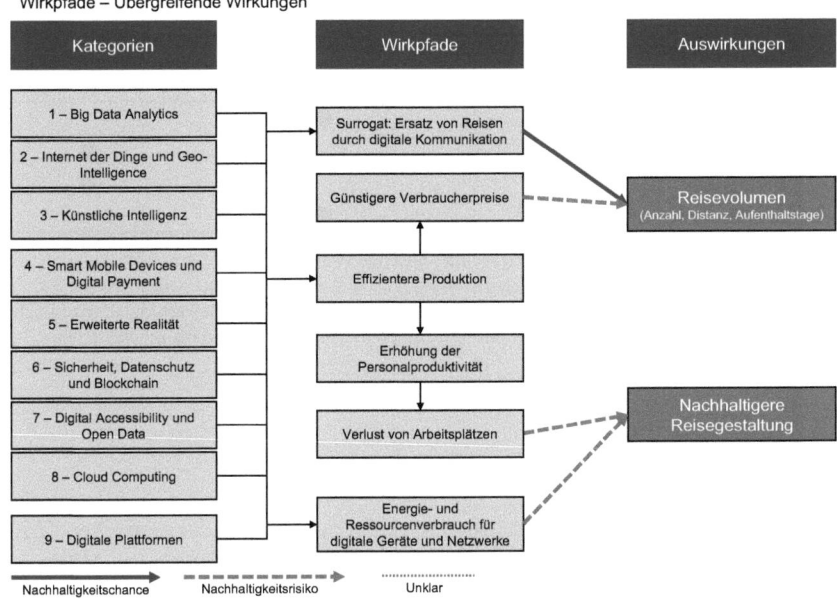

Abbildung 11: Wirkpfade der kategorienübergreifenden Wirkungen
Quelle: Eigene Darstellung

Es gibt aber auch aktuelle Studien, in denen bspw. Geschäftsreisende in nennenswerten Anteilen berichten, dass sie **aufgrund der digitalen Kommunikationsmöglichkeiten weniger Geschäftsreisen unternehmen** als dies ohne die digitalen Nutzungsmöglichkeiten der Fall wäre (Eisenstein u. a. 2019). Die Idee, dass Kommunikationstechnik Reisen ersetzt ist nicht neu. Sie wurde schon in den 1990er Jahren mit Blick auf die Einrichtung von Videokonferenzen geführt.

Ob und wie wirksam dieser Zusammenhang tatsächlich ist, ist aber wenig belegt. Wir finden zwar in unseren Detailbewertungen wenig Hinweise auf eine entsprechende Wirkung der Digitalisierung, was aber an der sehr langfristigen und schwer messbaren Struktur dieses Wirkpfades liegen kann. Wir haben den volumensenkenden Wirkpfad als mittelstark eingeschätzt, weil wir davon ausgehen, dass gerade im privaten Reiseverkehr der Wunsch nach tatsächlicher Mobilität weiterhin überwiegen wird.

Tabelle 7: Chance: Surrogat/Ersatz von Reisen durch Kommunikation – Reisevolumen

Kategorie: Übergreifende Wirkungen											
Skala	0	1	2	3	4	5	6	7	8	9	10
Potenzielle Wirkstärke					●						
Realisierungswahrscheinlichkeit										●	
Realisierungszeit										●	
Sicherheit der Bewertung						●					

Potenzielle Wirkstärke: 0: keine Wirkung, 1: sehr niedrige Wirkung, 10: sehr große Wirkung; Realisierungswahrscheinlichkeit: 0: Ausgeschlossen, 1: sehr unwahrscheinlich, 10: schon da; Realisierungszeit: 0: nie, 1: in ferner Zukunft, 10: schon da; Sicherheit der Bewertung: 0: wir fühlen uns in unserer Bewertung sehr unsicher; 10: Wir fühlen uns in unserer Bewertung sehr sicher.

4.2.2 Effizienzeffekte

4.2.2.1 Nachfragesteigerung

Ohne genaue Wirkketten zu beschreiben, gehen die Autoren der deutschen TSA-Studie von einer grundsätzlich touristischen nachfragesteigernden Wirkung durch die Digitalisierung aus: „In den besonders von der Digitalisierung betroffenen Teilsegmenten Vermittlung, Beherbergung und Personenbeförderung ist im Rahmen des TSA-Systems eine tendenziell positive Entwicklung des touristischen Konsums und der inländischen Bruttowertschöpfung zu beobachten." (Bundesverband der Deutschen Tourismuswirtschaft (BTW) 2017, 39). Der Wirkpfad über die Effizienzsteigerung der Produktion erscheint hier besonders plausibel. Dazu gehört auch die effizientere Kundeninformation durch digitale Medien. Die TSA-Autoren sind allerdings grundsätzlich hinsichtlich der Wirkrichtung und des Ausmaßes der Digitalisierungswirkung unsicher.

Wir haben daher in den besonders betroffenen Kategorien den Volumeneffekt noch einmal gesondert beschrieben und verzichten an dieser Stelle auf eine übergreifende Bewertung.

4.2.2.2 Personalproduktivität und Jobs

Zum einen führen praktisch alle Digitalisierungsanwendungen aufgrund ihres Innovationscharakters, die fast immer durch das Wirtschaftsparadigma der Effizienzsteigerung (insbesondere Reduktion der Grenzkosten) geprägt sind, tendenziell zu einer Erhöhung der Produktivität (Balsmeier und Wörter 2017; Rifkin 2011). Dies gilt aufgrund ihres disruptiven Potenzials für digitale Innovationen noch mehr als für andere Innovationen (Brynjolfsson und McAfee 2014). In einer personalintensiven Branche wie dem Tourismus betrifft das in erster

Linie die Personalproduktivität. Steigende Personalproduktivität geht aber, bei gleichbleibender Nachfrage, mit einem Rückgang der Jobs einher. Das betrifft besonders augenfällig den direkten Ersatz von Menschen durch Roboter, ist aber nicht darauf beschränkt (Ford 2015; Frey und Osborne 2013). Je schneller Daten zur Verfügung stehen und autonom verarbeitet werden können, desto stärker sind alle möglichen Bereiche des Tourismus, von der automatischen Strandreinigung über die nutzergenerierte Verarbeitung von Open Data zum Zwecke der Reiseempfehlung bis hin zum autonom fahrenden Bus oder der fliegenden Drohne, betroffen.

Mit großer Wahrscheinlichkeit findet zwar für möglicherweise wegfallende Jobs im Tourismus an anderer Stelle eine Kompensation statt, indem in anderen Branchen Jobs für die Digitalisierung neu geschaffen werden (E. Weber u. a. 2017; E. Weber 2016; Wolter u. a. 2016, 83). Da wir hier aber die Tourismusbranche in den Blick nehmen, ist es gerechtfertigt, eher von einem digitalisierungsinduzierten Nettojobverlust als einem Nettojobgewinn im Tourismus auszugehen, wenn auch nur mit geringer Wirkstärke, da sich auch innerhalb der Branche selbst die Berufsbilder ändern können und so diesbezüglich ebenfalls ein Kompensationseffekt eintreten könnte.

Tabelle 8: Risiko: Effizienzeffekte – Personalproduktivität und Jobs – Nachhaltige Reisegestaltung

Kategorie: Übergreifende Wirkungen											
Skala	0	1	2	3	4	5	6	7	8	9	10
Potenzielle Wirkstärke									●		
Realisierungswahrscheinlichkeit									●		
Realisierungszeit									●		
Sicherheit der Bewertung						●					

Potenzielle Wirkstärke: 0: keine Wirkung, 1: sehr niedrige Wirkung, 10: sehr große Wirkung; Realisierungswahrscheinlichkeit: 0: Ausgeschlossen, 1: sehr unwahrscheinlich, 10: schon da; Realisierungszeit: 0: nie, 1: in ferner Zukunft, 10: schon da; Sicherheit der Bewertung: 0: wir fühlen uns in unserer Bewertung sehr unsicher; 10: Wir fühlen uns in unserer Bewertung sehr sicher.

Selbstverständlich ist aber der mögliche Wegfall von Jobs nicht per se ein Nachhaltigkeitsrisiko. Gerade in Regionen und Teilbranchen, in denen die Anbieter massiv über Fachkräftemangel klagen, können autonome Maschinen oder Kunden, die aufgrund der Digitalisierung weniger Unterstützung durch Servicekräfte benötigen, eine Entlastung für alle Seiten bewirken (z. B. in der Hotellerie in weiten Teilen Deutschlands).

Andererseits stellt Tourismus weiterhin gerade in peripheren Räumen eine der wenigen verbliebenen Beschäftigungschancen dar. Im Hinblick auf den sozialen Indikator „Jobs" (vgl. Abbildung 5) kann also für diese Fälle übergreifend tendenziell von einem Nachhaltigkeitsrisiko ausgegangen werden.

In der Detailbetrachtung wird in Abschnitt 4.3.3.1 ein Wirkpfad „Entlastung von Routinejobs" als Nachhaltigkeitschance diskutiert. Das hat im Fachgespräch im Januar 2019 zu einiger Diskussion geführt, weshalb wir an der entsprechenden Stelle auf das hier besprochene Risiko des Jobverlustes zurückverwiesen haben.

4.2.3 Energie- und Ressourcenverbrauch

Digitalisierung benötigt neben Software vor allem Hardware, um überhaupt arbeiten zu können. Stationäre und mobile Computer sowie kabelgebundene und drahtlose Netzwerke verbrauchen Strom und Rohstoffe. Weil zunehmend Daten die Grundlage von Geschäftsmodellen in der Plattformökonomie (analog spricht man auch von einer Datenökonomie) sind, hat die Datenmenge zu Speicherung und Weiterverarbeitung zugenommen – mit einem entsprechend erhöhten Energieverbrauch. Dabei ist von einer Verlagerung der Ressourcenverbräuche vom Endgerätenutzer hin zu Netzwerken und Rechenzentren auszugehen (Ferreboeuf, Efoui-Hess, und Kahraman 2019). „The most significant trend, regardless of scenario, is that the proportion of use-stage electricity by consumer devices will decrease and will be transferred to the networks and data centers" (Andrae und Edler 2015).

Weltweit wurde die Informationstechnologie 2008 für rund 2% der vom Menschen verursachten Emissionen verantwortlich gemacht, mit stark steigender Tendenz (Hilty u. a. 2009; Prakash u. a. 2014; Hilty und Aebischer 2015). In Deutschland lag der Anteil 2008 mit 4% etwa doppelt so hoch wie im weltweiten Durchschnitt (Stobbe u. a. 2009).

Nach Einschätzung des Umweltbundesamtes sind vor allem der steigende Energieverbrauch für den Betrieb der Rechenzentren und der Energie- und Rohstoffverbrauch für die Produktion der elektronischen Komponenten problematisch. „Neben den mengenmäßig bedeutenden Metallen wie Eisen, Kupfer, Aluminium, Nickel und Zink werden bspw. in Servern auch Sonder- und Edelmetalle eingesetzt, die beim Recycling bisher nur zu einem geringen Teil zurückgewonnen werden" (Umweltbundesamt 2015). Gleiches gilt sinngemäß für die Produktion und Entsorgung von Endgeräten (Deutsche Umwelthilfe 2018). Kennzahlen und Indikatoren für die Beurteilung der Ressourceneffizienz von Rechenzentren liegen inzwischen vor (Schödwell und Zarnekow 2018).

Gleichzeitig übertrifft inzwischen die CO_2-Emission aus dem Betrieb „des Internet", insbesondere bei der mobilen Datenübertragung, die Emission aus dem Rechenzentrumsbetrieb deutlich, obwohl Anbieter wie die *Green Web Foundation* einen emissionsfreien Betrieb möglich machen könnten (Jordan 2018). Für das steigende Datenvolumen sind insbesondere steigende Anteile von Videoanteilen verantwortlich, aber auch der Betrieb von Blockchains gilt als besonders energieintensiv (Bonde 2018).

Was den durch die Informations- und Kommunikationstechnologie verursachten Netto-Energie-Effekt angeht, herrscht derzeit Unsicherheit. Gleichwohl wird einerseits der fortschreitenden Digitalisierung ein Potenzial zur Energieeinsparung unterstellt: „Uncertainty persists in understanding the net energy effects of ICT. [...] However, there is general agreement that ICT has large energy savings potential, but that the realization of this potential is highly dependent on deployment details and user behavior." (Horner, Shehabi, und Azevedo 2016). Erste Ansätze, z. B. die Entwicklung eines Sustainability Impact Canvas, liegen vor (Gerlach 2018).

Gleichzeitig ist aber davon auszugehen, dass die fortschreitende Nutzung von Rechenzentren zum Management von mobilen Diensten (aktuell etwa die Einführung von 5G) sowie zum Schürfen von Kryptowährung und zum Betrieb von Blockchains (trotz Beispielen wie der Kryptoheizung, vgl. die Beschreibung auf Seite 71) weiter in die gegenteilige Richtung wirkt (Gröger 2018).

Über den tourismusspezifischen Anteil der digitalisierungsbedingten Energie- und Ressourcenverbräuche liegen nach unserer Kenntnis keine Daten vor. Wir haben daher auf eine Einschätzung der Wirkstärke verzichtet.

4.3 Data Connectivity

Im Bereich Data Connectivity werden die Kategorien „Big Data Analytics", „Internet der Dinge und Geo-Intelligence" sowie „Künstliche Intelligenz" diskutiert.

4.3.1 Big Data Analytics

Grundlegendes zur Kategorie „Big Data Analytics"
Die Beschreibung dieser Kategorie mit Beispielen erfolgt weiter oben ab Seite 70 in Abschnitt 3.2.1.

Für den Bereich Big Data Analytics haben wir aus den Rechercheergebnissen drei wesentliche Anwendungsbereiche abgeleitet, für die wir Wirkpfade beschreiben und hinsichtlich ihrer Relevanz bewerten können:

1. Besucherlenkung,
2. Kommunikation und Verkauf,
3. Marktforschung und Produktgestaltung.

Die Übersicht der identifizierten Wirkpfade zeigt Abbildung 12. Hinzu treten zwei Anwendungsbereiche, die zwar im Zusammenhang mit Big Data Analytics beschrieben werden, für die wir aber keine relevanten Wirkpfade im Hinblick auf die Nachhaltigkeit identifizieren konnten (Krisenmanagement, Qualitätsmanagement).

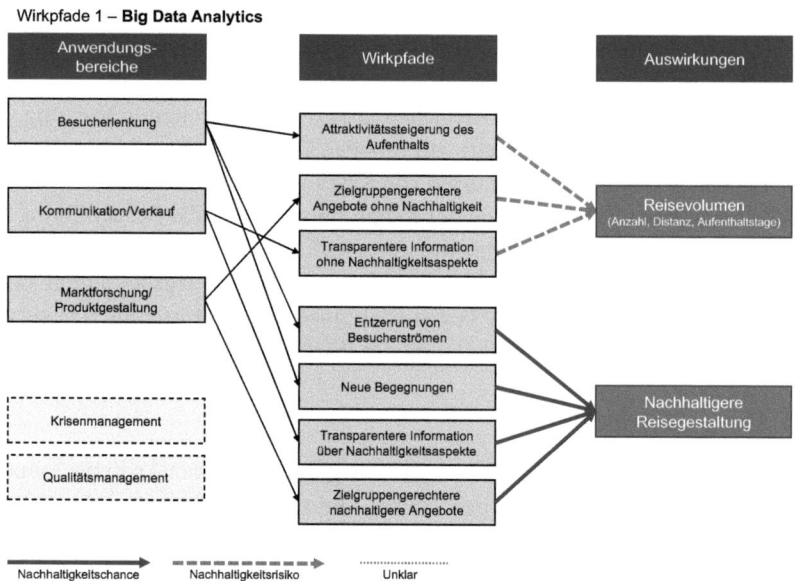

Abbildung 12: Wirkpfade der Kategorie Big Data Analytics
Quelle: Eigene Darstellung

4.3.1.1 Besucherlenkung

Besucherlenkung umfasst in unserem Kontext alle Maßnahmen, die geeignet sind, Besucherströme zu entzerren und damit zur Attraktivitätssteigerung der Destination beizutragen. Es geht somit um die Entzerrung im Hinblick auf eine soziale Störungswirkung („crowding", „overtourism") ebenso wie die Lenkung von Besucherströmen zur Vermeidung von Übernutzung in ökologischer Hinsicht. Besucherlenkung kann nach dieser Auffassung als Teil des Besuchermanagements aufgefasst werden.

Die Zuordnung der Besucherlenkung zur Kategorie „Big Data Analytics" erfolgt, weil die Verarbeitung großer und heterogener Datenmengen und deren Strukturierung im Zentrum des Besucherlenkungsprozesses steht. Von nahezu gleicher Relevanz ist die Besucherlenkung aber auch in den Kategorien „Internet der Dinge und Geo Intelligence" (denn hier kann eine automatisierte Sensorik ansetzen) und „Smart Mobile Devices und Digital Payment" (denn diese erlauben erst die Echtzeitkommunikation von Lenkungsvorschlägen an die Besucher).

In der Praxis wird diese Besucherlenkung regelmäßig durch eine Abfolge von (nachträglicher oder Echtzeit-) Messung von Besucherströmen und (Echtzeit-) Information potenzieller Besucher durch mobile Endgeräte realisiert. Die Messung kann durch passive Mobilfunksignale, aber auch durch stationäre Messeinrichtungen oder durch Internetbasierte Verfahren erfolgen (Reif 2018; Beeco und Hallo 2014; Hallo u. a. 2012; Volcheka u. a. 2018; Cerdan Schwitzguébel und Romero Bartomeus 2018).

Besondere Bedeutung haben Besuchermonitoring- und -managementverfahren in Schutzgebieten (Eagles u. a. 2002). Diese Verfahren werden zunehmend digitalisiert (Fairfax, Dowling, und Neldner 2014; Jurado Rota, Pérez Albert, und Serrano Giné 2019). Inzwischen dürfte aber die Besucherlenkung im städtischen Umfeld ebenso relevant sein wie die in (geschützten) Naturräumen.

Die Information an Touristen über deren mobile Endgeräte erfüllt damit gewissermaßen die Funktion eines „elektronischen Reiseleiters". Diese Entzerrungswirkung hat ein positives Nachhaltigkeitspotenzial im Hinblick auf eine nachhaltigere Reisegestaltung. Gleichzeitig ist vorstellbar, dass solche Systeme genutzt werden, um bessere Begegnungen zu realisieren.

Tabelle 9: Chance: Besucherlenkung – Entzerrung der Besucherströme – Nachhaltigere Reisegestaltung

Kategorie: Big Data Analytics											
Skala	0	1	2	3	4	5	6	7	8	9	10
Potenzielle Wirkstärke									●		
Realisierungswahrscheinlichkeit										●	
Realisierungszeit										●	
Sicherheit der Bewertung										●	

Potenzielle Wirkstärke: 0: keine Wirkung, 1: sehr niedrige Wirkung, 10: sehr große Wirkung; Realisierungswahrscheinlichkeit: 0: Ausgeschlossen, 1: sehr unwahrscheinlich, 10: schon da; Realisierungszeit: 0: nie, 1: in ferner Zukunft, 10: schon da; Sicherheit der Bewertung: 0: wir fühlen uns in unserer Bewertung sehr unsicher; 10: Wir fühlen uns in unserer Bewertung sehr sicher.

Tabelle 10: Chance: Besucherlenkung – Neue Begegnungen – Nachhaltigere Reisegestaltung

Kategorie: Big Data Analytics											
Skala	0	1	2	3	4	5	6	7	8	9	10
Potenzielle Wirkstärke							●				
Realisierungswahrscheinlichkeit									●		
Realisierungszeit								●			
Sicherheit der Bewertung									●		

Potenzielle Wirkstärke: 0: keine Wirkung, 1: sehr niedrige Wirkung, 10: sehr große Wirkung; Realisierungswahrscheinlichkeit: 0: Ausgeschlossen, 1: sehr unwahrscheinlich, 10: schon da; Realisierungszeit: 0: nie, 1: in ferner Zukunft, 10: schon da; Sicherheit der Bewertung: 0: wir fühlen uns in unserer Bewertung sehr unsicher; 10: Wir fühlen uns in unserer Bewertung sehr sicher.

Allerdings kann im selben Mechanismus auch ein Nachhaltigkeitsrisiko gesehen werden, weil entweder ein geschickteres Crowd-Management schlicht zu einem noch höheren Fassungsvermögen und damit höherer Belastung führen kann oder die Steigerung der Aufenthaltsqualität durch Entzerrung wiederum denselben Effekt, nämlich eine Erhöhung des Nachfragevolumens nach sich zieht.

Insgesamt bewerten wir die Chancen in der Besucherlenkung aber höher als deren Risiken.

Tabelle 11: Risiko: Besucherlenkung – Attraktivitätssteigerung – Reisevolumen

Kategorie: Big Data Analytics											
Skala	0	1	2	3	4	5	6	7	8	9	10
Potenzielle Wirkstärke							●				
Realisierungswahrscheinlichkeit										●	
Realisierungszeit								●			
Sicherheit der Bewertung								●			

Potenzielle Wirkstärke: 0: keine Wirkung, 1: sehr niedrige Wirkung, 10: sehr große Wirkung; Realisierungswahrscheinlichkeit: 0: Ausgeschlossen, 1: sehr unwahrscheinlich, 10: schon da; Realisierungszeit: 0: nie, 1: in ferner Zukunft, 10: schon da; Sicherheit der Bewertung: 0: wir fühlen uns in unserer Bewertung sehr unsicher; 10: Wir fühlen uns in unserer Bewertung sehr sicher.

4.3.1.2 Kommunikation/Verkauf

Der Einsatz von Big Data in Kommunikation und Verkauf hat das Potenzial, Touristen in ihrer Reiseentscheidung zu beeinflussen. Das birgt sowohl Nachhaltigkeitschancen als auch -risiken. Wenn es gelingt, auf diesem Wege nachhaltigkeitsrelevante Aspekte potenziellen Touristen näherzubringen, ergibt sich selbstverständlich die Chance für eine nachhaltigere Reisegestaltung.

Tabelle 12: Chance: Kommunikation/Verkauf – Transparentere Kundeninformation bei Berücksichtigung von Nachhaltigkeitsaspekten – Nachhaltigere Reisegestaltung

Kategorie: Big Data Analytics											
Skala	0	1	2	3	4	5	6	7	8	9	10
Potenzielle Wirkstärke						●					
Realisierungswahrscheinlichkeit								●			
Realisierungszeit								●			
Sicherheit der Bewertung								●			

Potenzielle Wirkstärke: 0: keine Wirkung, 1: sehr niedrige Wirkung, 10: sehr große Wirkung; Realisierungswahrscheinlichkeit: 0: Ausgeschlossen, 1: sehr unwahrscheinlich, 10: schon da; Realisierungszeit: 0: nie, 1: in ferner Zukunft, 10: schon da; Sicherheit der Bewertung: 0: wir fühlen uns in unserer Bewertung sehr unsicher; 10: Wir fühlen uns in unserer Bewertung sehr sicher.

Geschieht dies nicht und wird seitens der Massenmarkt-Anbieter nur, wie bisher weitgehend üblich, die Beeinflussung im Hinblick auf mehr, weitere oder teurere Reisen ohne Berücksichtigung von Nachhaltigkeitsaspekten unternommen, so ergibt sich die unter Nachhaltigkeitsaspekten eher als Risiko zu betrachtende Wahrscheinlichkeit eines Volumenwachstums (oder einer Verringerung eines Nachfragerückgangs, was per Saldo auf dasselbe hinausläuft). Wir bewerten in dieser Hinsicht das Risiko relevanter als die Chancen. Vermutlich werden die Volumeneffekte auch etwas früher eintreten als die Chancen, weil größere (Plattform-) Unternehmen tendenziell die Potenziale der Big Data-Analyse schneller heben können als Spezialisten und diese großen Plattformen dann die Schnittstelle zu den Nachfragern besetzen.

Tabelle 13: Risiko: Kommunikation/Verkauf – Transparentere Kundeninformation ohne Berücksichtigung von Nachhaltigkeitsaspekten – Nachhaltigere Reisegestaltung

Kategorie: Big Data Analytics											
Skala	0	1	2	3	4	5	6	7	8	9	10
Potenzielle Wirkstärke									●		
Realisierungswahrscheinlichkeit									●		
Realisierungszeit									●		
Sicherheit der Bewertung											●

Potenzielle Wirkstärke: 0: keine Wirkung, 1: sehr niedrige Wirkung, 10: sehr große Wirkung; Realisierungswahrscheinlichkeit: 0: Ausgeschlossen, 1: sehr unwahrscheinlich, 10: schon da; Realisierungszeit: 0: nie, 1: in ferner Zukunft, 10: schon da; Sicherheit der Bewertung: 0: wir fühlen uns in unserer Bewertung sehr unsicher; 10: Wir fühlen uns in unserer Bewertung sehr sicher.

4.3.1.3 Marktforschung und Produktgestaltung

Marktforschung und die darauf basierende touristische Produktgestaltung sind nach unserer Einschätzung noch etwas wirkstärker als die Big Data-basierte Kundenkommunikation. Der Grund ist, dass große, heterogene Datenmengen in der Marktforschung tendenziell effektiver verarbeitet werden können als in der Kommunikation – wenngleich diese Bereiche im digitalen Umfeld nicht komplett getrennt voneinander betrachtet werden können (zum Beispiel im *Real-Time Marketing*, das auf der unmittelbaren Verarbeitung von Daten basiert). In der Folge haben Produktveränderungen tendenziell eine größere Wirkung als die Kommunikation über diese Produktveränderungen.

Auch hier sehen wir ein größeres Wirkpotenzial auf der Risikoseite. Das Argument dafür ist wiederum die Konzentration der Massenmarktanbieter auf die Steigerung von Teilnehmerzahlen und Umsatz. Da gerade die größeren Anbieter (insbesondere Plattformen) Big Data effektiver nutzen können als Spezialisten, erwarten wir auch hier eine etwas frühere Realisierung der Risiken im Vergleich zu den Nachhaltigkeitschancen.

Data Connectivity

Tabelle 14: Chance: Marktforschung/Produktgestaltung – Zielgruppengerechtere nachhaltigere Angebote – Nachhaltigere Reisegestaltung

Kategorie: Big Data Analytics											
Skala	0	1	2	3	4	5	6	7	8	9	10
Potenzielle Wirkstärke								●			
Realisierungswahrscheinlichkeit										●	
Realisierungszeit									●		
Sicherheit der Bewertung								●			

Potenzielle Wirkstärke: 0: keine Wirkung, 1: sehr niedrige Wirkung, 10: sehr große Wirkung; Realisierungswahrscheinlichkeit: 0: Ausgeschlossen, 1: sehr unwahrscheinlich, 10: schon da; Realisierungszeit: 0: nie, 1: in ferner Zukunft, 10: schon da; Sicherheit der Bewertung: 0: wir fühlen uns in unserer Bewertung sehr unsicher; 10: Wir fühlen uns in unserer Bewertung sehr sicher.

Tabelle 15: Risiko: Marktforschung/Produktgestaltung – Zielgruppengerechtere Angebote ohne Nachhaltigkeit – Reisevolumen

Kategorie: Big Data Analytics											
Skala	0	1	2	3	4	5	6	7	8	9	10
Potenzielle Wirkstärke										●	
Realisierungswahrscheinlichkeit										●	
Realisierungszeit										●	
Sicherheit der Bewertung										●	

Potenzielle Wirkstärke: 0: keine Wirkung, 1: sehr niedrige Wirkung, 10: sehr große Wirkung; Realisierungswahrscheinlichkeit: 0: Ausgeschlossen, 1: sehr unwahrscheinlich, 10: schon da; Realisierungszeit: 0: nie, 1: in ferner Zukunft, 10: schon da; Sicherheit der Bewertung: 0: wir fühlen uns in unserer Bewertung sehr unsicher; 10: Wir fühlen uns in unserer Bewertung sehr sicher.

4.3.2 Internet der Dinge und Geo-Intelligence

> *Grundlegendes zur Kategorie „Internet der Dinge und Geo-Intelligence"*
>
> Die Beschreibung dieser Kategorie mit Beispielen erfolgt weiter oben ab Seite 74 in Abschnitt 3.2.2.

In dieser Kategorie haben wir fünf Anwendungsbereiche mit Wirkpotenzial identifiziert (Abbildung 13). Zwei davon, Besucherlenkung und Marktforschung/Produktgestaltung, wurden bereits bei der Kategorie „Big Data Analytics" diskutiert und werden hier nicht wiederholt.

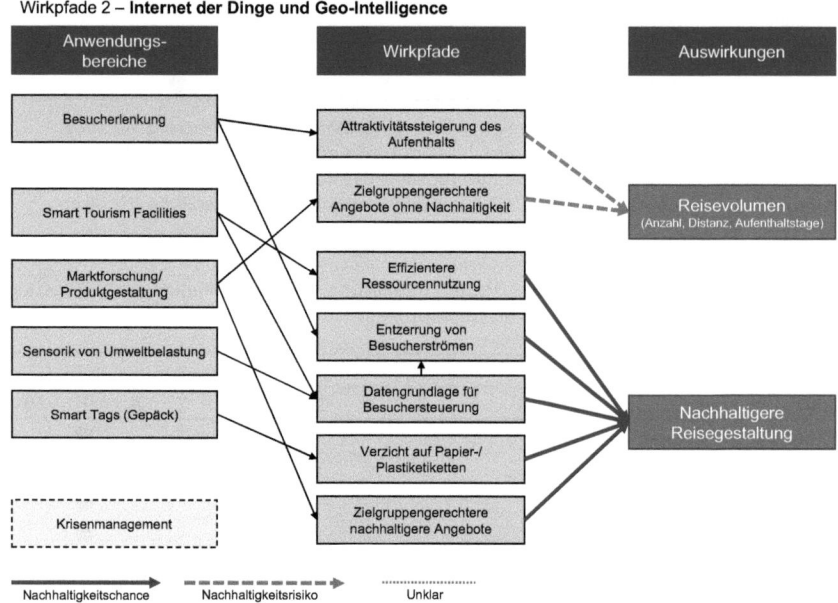

Abbildung 13: Wirkpfade der Kategorie Internet der Dinge und Geo-Intelligence
Quelle: Eigene Darstellung

4.3.2.1 Smart Tourism Facilities

Smart Facilities sind im Allgemeinen vernetzte und „intelligente" Infrastruktureinrichtungen. Smart Tourism Facilities sind solche Einrichtungen für die touristische Nutzung. Das kann sich auf Gebäude (z. B. Unterkunftsbetriebe, Indoor-Freizeitbetriebe) ebenso beziehen wie auf Mobilitätseinrichtungen (etwa Bahnhöfe) und Outdoor-Freizeiteinrichtungen (wie z. B. Skilifte oder Freizeitparks). Momentan sind nach unserer Einschätzung aber meisten Anwendungsbereiche bei Gebäuden zu finden.

In der Gebäudeautomatisierung geht es vor allem um frequenz- und lastabhängige Sensorik und Aktorik, die insbesondere helfen kann, Energieeffizienz zu steigern und Wasserverbräuche zu reduzieren. Die hier von uns identifizierte recht hohe potenzielle Wirkstärke ist zwar nicht besonders tourismusspezifisch, aber eben auch im Tourismus wirksam.

Die vorhandene Sensorik kann auch als Grundlage für eine effizientere Besuchersteuerung und damit Entzerrung, also gleichmäßigere Ressourcenauslastung, genutzt werden. Diesen Aspekt haben wir bereits unter „Big Data Analytics" diskutiert.

Tabelle 16: Chance: Smart Facilities – Effizientere Ressourcennutzung – Nachhaltigere Reisegestaltung

Kategorie: Internet der Dinge und Geo-Intelligence											
Skala	0	1	2	3	4	5	6	7	8	9	10
Potenzielle Wirkstärke									●		
Realisierungswahrscheinlichkeit										●	
Realisierungszeit								●			
Sicherheit der Bewertung										●	

Potenzielle Wirkstärke: 0: keine Wirkung, 1: sehr niedrige Wirkung, 10: sehr große Wirkung; Realisierungswahrscheinlichkeit: 0: Ausgeschlossen, 1: sehr unwahrscheinlich, 10: schon da; Realisierungszeit: 0: nie, 1: in ferner Zukunft, 10: schon da; Sicherheit der Bewertung: 0: wir fühlen uns in unserer Bewertung sehr unsicher; 10: Wir fühlen uns in unserer Bewertung sehr sicher.

4.3.2.2 Sensorik von Umweltbelastung

Die Sensorik von Umweltbelastungen bezieht sich wiederum auf eine effizientere Besuchersteuerung, allerdings auf eine besondere Form der Datengrundlage, weshalb sie hier auch gesondert diskutiert wird.

Umweltdaten können sich auf verschiedene Aspekte beziehen, z. B. das Wettergeschehen oder, langfristig, die Klimaentwicklung. Die vom Umweltbundesamt auf der Website[11] veröffentlichten Umweltdaten oder auch die von der Bundesregierung im Rahmen ihrer KI-Strategie geplante „Umwelt-Datencloud" verdeutlichen die Spannbreite (Bundesregierung 2018, 31). Im touristischen Kontext der Besucherlenkung ist aber insbesondere die Messung von tourismusinduzierten Emissionen und die Möglichkeit, darauf steuernd zu reagieren, relevant. Beispiele sind etwa die Messung von Schiffs- oder Busabgasen.

---

11 www.umweltbundesamt.de/daten, abgerufen am 16.9.2019

Tabelle 17: Chance: Sensorik von Umweltbelastung – Datengrundlage für Besuchersteuerung – Nachhaltigere Reisegestaltung

Kategorie: Internet der Dinge und Geo-Intelligence											
Skala	0	1	2	3	4	5	6	7	8	9	10
Potenzielle Wirkstärke									●		
Realisierungswahrscheinlichkeit										●	
Realisierungszeit								●			
Sicherheit der Bewertung										●	

Potenzielle Wirkstärke: 0: keine Wirkung, 1: sehr niedrige Wirkung, 10: sehr große Wirkung; Realisierungswahrscheinlichkeit: 0: Ausgeschlossen, 1: sehr unwahrscheinlich, 10: schon da; Realisierungszeit: 0: nie, 1: in ferner Zukunft, 10: schon da; Sicherheit der Bewertung: 0: wir fühlen uns in unserer Bewertung sehr unsicher; 10: Wir fühlen uns in unserer Bewertung sehr sicher.

4.3.2.3 Smart Tags

Dauerhafte Smart Tags, insbesondere RFID-Tags an Gepäckstücken, erlauben den Verzicht auf Einmal-Papier- und Plastiketiketten. Solche Tags werden in der Flugindustrie, aber auch von Reiseveranstaltern für alle Reisearten genutzt (Hozak 2012).

Dem steht selbstverständlich ein Ressourcenverbrauch für das Programmieren und Auslesen der Informationen und für die Beschaffung der Hardware gegenüber. Auch ist die Produktion bspw. eines NFC-Chips selbst ressourcenaufwändig. Die einsetzbaren Tags unterscheiden sich je nach Bauart erheblich und die Probleme bei der Rohstoffverwendung und beim Recycling werden schon länger diskutiert (Erdmann und Hilty 2009; Kreibe u. a. 2017). Dieser Aspekt fällt aber in die kategorienübergreifenden Wirkungen (siehe Abschnitt 4.2.3) und wird hier nicht separat diskutiert.

Ob per Saldo überhaupt ein positiver Nachhaltigkeitsbeitrag bei Einsatz von RFID statt Papieretiketten bleibt, ist derzeit fraglich. Es wurde argumentiert, dass ein Einsatz von RFID-Tags überhaupt nur sinnvoll im Rahmen einer Kreislaufwirtschaft zu implementieren sei. Deshalb haben wir die ohnehin niedrige Wirkstärke mit einem weniger starken Symbol gekennzeichnet.

Tabelle 18: Chance: Smart Tag – Verzicht auf Papier-/Plastiketiketten – Nachhaltigere Reisegestaltung

Kategorie: Internet der Dinge und Geo-Intelligence											
Skala	0	1	2	3	4	5	6	7	8	9	10
Potenzielle Wirkstärke						○					
Realisierungswahrscheinlichkeit										●	
Realisierungszeit										●	
Sicherheit der Bewertung											●

Potenzielle Wirkstärke: 0: keine Wirkung, 1: sehr niedrige Wirkung, 10: sehr große Wirkung; Realisierungswahrscheinlichkeit: 0: Ausgeschlossen, 1: sehr unwahrscheinlich, 10: schon da; Realisierungszeit: 0: nie, 1: in ferner Zukunft, 10: schon da; Sicherheit der Bewertung: 0: wir fühlen uns in unserer Bewertung sehr unsicher; 10: Wir fühlen uns in unserer Bewertung sehr sicher.

4.3.3 Künstliche Intelligenz

> *Grundlegendes zur Kategorie „Künstliche Intelligenz"*
>
> Die Beschreibung dieser Kategorie mit Beispielen erfolgt weiter oben ab Seite 74 in Abschnitt 3.2.3.

In dieser Kategorie haben wir sechs Anwendungsbereiche identifiziert, die das Potenzial für eine nachhaltigere Reisegestaltung haben (Abbildung 14). Die meisten dieser Anwendungsbereiche beziehen sich auf autonome Systeme und wurden deshalb in dieser Kategorie eingeordnet.

4.3.3.1 *Customer Service (Robotik/Automated Services)*

Es ist absehbar, dass schon allein wegen des zunehmenden Fachkräftemangels im Gastgewerbe automatisierte Services weitere Verbreitung finden werden. Es ist ebenfalls absehbar, dass heutige mehr oder weniger „intelligente" Check-In-Automaten durch autonome, KI-gestützte Automated Services abgelöst werden.

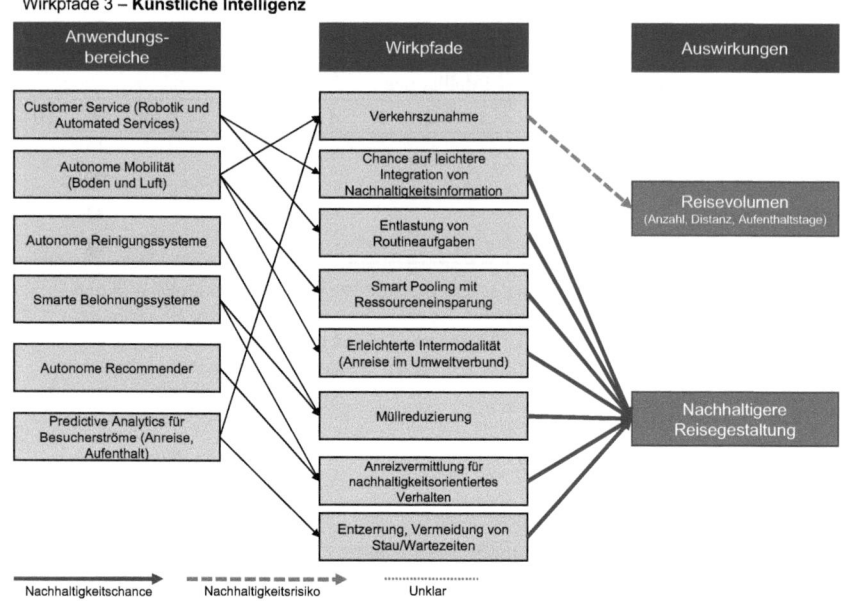

Abbildung 14: Wirkpfade der Kategorie Künstliche Intelligenz
Quelle: Eigene Darstellung

Es besteht die Chance, dass diese Systeme in der autonomen Kundenberatung verstärkt auf nachhaltiges Verhalten in der Destination hinweisen können – wenn sie entsprechend angelernt werden. Diese Chance auf leichtere Integration von Nachhaltigkeitsinformationen schätzen wir allerdings als eher gering ein, denn sie setzt den Willen und die Fähigkeit der Anbieter voraus, entsprechende Inhalte für ein KI-System aufzubereiten und zu priorisieren. Hier gilt wiederum der schon oben besprochene Wirkmechanismus: Es werden vor allem eher große Unternehmen sein, die solche Techniken einsetzen und die Finanzierung sicherstellen können. In deren Prioritätenfolge ist Nachhaltigkeit aber regelmäßig eher untergeordnet. Ob und inwieweit sich dies ändern wird, kann aktuell nicht ermessen werden. Gleichwohl kann durch eine verstärkte gesellschaftliche Debatte zum Thema Nachhaltigkeit auch eine strategische Änderung bei großen Plattformen stattfinden, wenn diese damit den Kundenwünschen besser gerecht werden. Es setzt aber genau diesen Umstand voraus: Kunden müssen an nachhaltigen Alternativen interessiert sein und diese aktiv suchen und deren Vorhandensein auf Plattformen honorieren. Solange dies nicht der Fall ist, werden die großen Plattformen auch nicht darauf reagieren.

Tabelle 19: Chance: Customer Service (Robotik und Automated Services) – Chance auf leichtere Integration von Nachhaltigkeitsinformation – Nachhaltigere Reisegestaltung

Kategorie: Künstliche Intelligenz											
Skala	0	1	2	3	4	5	6	7	8	9	10
Potenzielle Wirkstärke					●						
Realisierungswahrscheinlichkeit							●				
Realisierungszeit							●				
Sicherheit der Bewertung							●				

Potenzielle Wirkstärke: 0: keine Wirkung, 1: sehr niedrige Wirkung, 10: sehr große Wirkung; Realisierungswahrscheinlichkeit: 0: Ausgeschlossen, 1: sehr unwahrscheinlich, 10: schon da; Realisierungszeit: 0: nie, 1: in ferner Zukunft, 10: schon da; Sicherheit der Bewertung: 0: wir fühlen uns in unserer Bewertung sehr unsicher; 10: Wir fühlen uns in unserer Bewertung sehr sicher.

In diesem Anwendungsbereich gibt es noch einen zweiten, eher auf die soziale Dimension abzielenden Wirkpfad, nämlich die Entlastung von Personal von Routineaufgaben. Dieser Aspekt wird vornehmlich im Kontext von Industrie 4.0 diskutiert, kann aber selbstverständlich auch im Tourismus Anwendung finden, etwa in der Kundenberatung oder in der Gebäudepflege. Diesen Wirkpfad schätzen wir als etwas relevanter ein, allerdings ist die Zielgruppe hier nicht „die Touristen", sondern die im Tourismus Beschäftigten.

Wir weisen aber darauf hin, dass dieser Wirkpfad den potenziellen Jobverlust durch Digitalisierung nicht aufhebt. Darauf sind wir bei der Diskussion der Effizienzeffekte als übergreifende Wirkpfade eingegangen (siehe Abschnitt 4.2.2.2 auf Seite 108).

Tabelle 20: Chance: Customer Service (Robotik und Automated Services) – Entlastung von Routineaufgaben – Nachhaltigere Reisegestaltung

Kategorie: Künstliche Intelligenz											
Skala	0	1	2	3	4	5	6	7	8	9	10
Potenzielle Wirkstärke							●				
Realisierungswahrscheinlichkeit									●		
Realisierungszeit								●			
Sicherheit der Bewertung								●			

Potenzielle Wirkstärke: 0: keine Wirkung, 1: sehr niedrige Wirkung, 10: sehr große Wirkung; Realisierungswahrscheinlichkeit: 0: Ausgeschlossen, 1: sehr unwahrscheinlich, 10: schon da; Realisierungszeit: 0: nie, 1: in ferner Zukunft, 10: schon da; Sicherheit der Bewertung: 0: wir fühlen uns in unserer Bewertung sehr unsicher; 10: Wir fühlen uns in unserer Bewertung sehr sicher.

4.3.3.2 Autonome Mobilität (Boden und Luft)

Im Bereich der autonomen Mobilität, sei es im bodengebundenen Bereich (Straße, Schiene) oder bei unbemannten Luftfahrzeugen (ULF), sind zwei Wirkpfade vorstellbar: Zum einen die bessere Auslastung von Verkehrswegen und Vermeidung von Staus, Wartezeiten und – in diesem Sinne unnötigen – Ressourcenverbräuchen und zum zweiten die Erleichterung des intermodalen Verkehrs bei Anreisen, die nicht mit dem eigenen Pkw erfolgen.

Im ersten Fall ergeben sich sowohl Chancen, etwa durch die Möglichkeit, Nachfrage zu poolen oder zu teilen (Carsharing) und damit eine bessere Auslastung von Verkehrswegen und Fahrzeugen zu erreichen, aber auch durch eine Verkehrszunahme, weil die Kapazität von Verkehrswegen und Fahrzeugen per Saldo steigt (Cohen und Hopkins 2019; Kellerman 2018). Wir schätzen hier die Chancen im Vergleich zum Risikopfad als höher ein.

Tabelle 21: Chance: Autonome Mobilität (Boden und Luft) – Smart Pooling mit Ressourceneinsparung – Nachhaltigere Reisegestaltung

Kategorie: Künstliche Intelligenz											
Skala	0	1	2	3	4	5	6	7	8	9	10
Potenzielle Wirkstärke									●		
Realisierungswahrscheinlichkeit										●	
Realisierungszeit					●						
Sicherheit der Bewertung										●	

Potenzielle Wirkstärke: 0: keine Wirkung, 1: sehr niedrige Wirkung, 10: sehr große Wirkung; Realisierungswahrscheinlichkeit: 0: Ausgeschlossen, 1: sehr unwahrscheinlich, 10: schon da; Realisierungszeit: 0: nie, 1: in ferner Zukunft, 10: schon da; Sicherheit der Bewertung: 0: wir fühlen uns in unserer Bewertung sehr unsicher; 10: Wir fühlen uns in unserer Bewertung sehr sicher.

Tabelle 22: Risiko: Autonome Mobilität (Boden und Luft) – Verkehrszunahme – Reisevolumen

Kategorie: Künstliche Intelligenz											
Skala	0	1	2	3	4	5	6	7	8	9	10
Potenzielle Wirkstärke						●					
Realisierungswahrscheinlichkeit						●					
Realisierungszeit						●					
Sicherheit der Bewertung										●	

Potenzielle Wirkstärke: 0: keine Wirkung, 1: sehr niedrige Wirkung, 10: sehr große Wirkung; Realisierungswahrscheinlichkeit: 0: Ausgeschlossen, 1: sehr unwahrscheinlich, 10: schon da; Realisierungszeit: 0: nie, 1: in ferner Zukunft, 10: schon da; Sicherheit der Bewertung: 0: wir fühlen uns in unserer Bewertung sehr unsicher; 10: Wir fühlen uns in unserer Bewertung sehr sicher.

Der Wirkpfad im letzten Fall ist, dass die Anreise im Umweltverbund leichter fällt, wenn die Mobilität in der Destination sichergestellt ist. Dieser letzte Aspekt hat eine enge Verknüpfung mit der Kategorie „Digitale Plattformen" bzw. zum Themenkomplex der Sharing Economy.

Tabelle 23: Chance: Autonome Mobilität (Boden und Luft) – Erleichterte Intermodalität (Anreise im Umweltverbund) – Nachhaltigere Reisegestaltung

Kategorie: Künstliche Intelligenz											
Skala	0	1	2	3	4	5	6	7	8	9	10
Potenzielle Wirkstärke								●			
Realisierungswahrscheinlichkeit								●			
Realisierungszeit						●					
Sicherheit der Bewertung										●	

Potenzielle Wirkstärke: 0: keine Wirkung, 1: sehr niedrige Wirkung, 10: sehr große Wirkung; Realisierungswahrscheinlichkeit: 0: Ausgeschlossen, 1: sehr unwahrscheinlich, 10: schon da; Realisierungszeit: 0: nie, 1: in ferner Zukunft, 10: schon da; Sicherheit der Bewertung: 0: wir fühlen uns in unserer Bewertung sehr unsicher; 10: Wir fühlen uns in unserer Bewertung sehr sicher.

4.3.3.3 Autonome Reinigungssysteme

Anders als im ersten Wirkpfad geht es hier nun nicht primär um Indoor-Anwendungen (etwa die Zimmerreinigung im Hotel), sondern um die Reinigung öffentlicher Infrastruktur. Hier besteht eine Chance darin, dass autonome Systeme etwa Strände, Plätze oder Parks reinigen, indem Müll beseitigt und damit aus der natürlichen Umwelt entnommen wird. Der Anlass wird regelmäßig der eines verbesserten Landschaftserlebens für die Touristen sein, der Umweltnutzen wird gewissermaßen nebenbei erfolgen.

Tabelle 24: Chance: Autonome Reinigungssysteme – Müllreduzierung – Nachhaltigere Reisegestaltung

Kategorie: Künstliche Intelligenz											
Skala	0	1	2	3	4	5	6	7	8	9	10
Potenzielle Wirkstärke						●					
Realisierungswahrscheinlichkeit									●		
Realisierungszeit							●				
Sicherheit der Bewertung									●		

Potenzielle Wirkstärke: 0: keine Wirkung, 1: sehr niedrige Wirkung, 10: sehr große Wirkung; Realisierungswahrscheinlichkeit: 0: Ausgeschlossen, 1: sehr unwahrscheinlich, 10: schon da; Realisierungszeit: 0: nie, 1: in ferner Zukunft, 10: schon da; Sicherheit der Bewertung: 0: wir fühlen uns in unserer Bewertung sehr unsicher; 10: Wir fühlen uns in unserer Bewertung sehr sicher.

4.3.3.4 Smarte Belohnungssysteme

Smarte Belohnungssysteme sind KI-Anwendungen, bei denen das erwünschte Verhalten (z. B. Auswahl der nachhaltigeren Alternative) vom KI-System mit einer Belohnung versehen wird. Ähnlich wie beim *Nudging* (Thaler und Sunstein 2008; Hall 2013; Schmücker u. a. 2018) geht es auch hier um die gewollte Verhaltensbeeinflussung des Kunden. Der Unterschied besteht hier darin, dass dies nicht über eine Veränderung der Informationsarchitektur erfolgt, sondern mithilfe einer Belohnung. Diese Belohnung kann durch unmittelbare Rückmeldung erfolgen („gut gemacht"), aber auch durch eine Erhöhung von Online-Reputation oder des Incentivepunktestandes. Grundsätzlich kann der Belohnungsmechanik ein hohes Potenzial unterstellt werden, auch wenn die tourismus*spezifischen* Anwendungen noch begrenzt erscheinen.

Tabelle 25: Chance: Smarte Belohnungssysteme – Anreizvermittlung für nachhaltigkeitsorientes Verhalten – Nachhaltigere Reisegestaltung

Kategorie: Künstliche Intelligenz											
Skala	0	1	2	3	4	5	6	7	8	9	10
Potenzielle Wirkstärke										●	
Realisierungswahrscheinlichkeit						●					
Realisierungszeit						●					
Sicherheit der Bewertung										●	

Potenzielle Wirkstärke: 0: keine Wirkung, 1: sehr niedrige Wirkung, 10: sehr große Wirkung; Realisierungswahrscheinlichkeit: 0: Ausgeschlossen, 1: sehr unwahrscheinlich, 10: schon da; Realisierungszeit: 0: nie, 1: in ferner Zukunft, 10: schon da; Sicherheit der Bewertung: 0: wir fühlen uns in unserer Bewertung sehr unsicher; 10: Wir fühlen uns in unserer Bewertung sehr sicher.

4.3.3.5 Autonome Recommender

Autonome Recommender setzen, anders als die oben diskutierten Automated Services, bereits bei der Reiseplanung und -information über Websites, Mobile Devices etc. an. Dadurch sind sie prinzipiell leichter zu gestalten, weil sich Design- und Mobilitätsfragen auf ein Graphical User Interface beschränken können und keinen Kundenkontaktpunkt in der realen Welt benötigen (z. B. einen Roboter). Daher ist die potenzielle Wirkstärke hier etwas höher eingeschätzt.

Der Wirkpfad besteht auch hier in der Anreizvermittlung für nachhaltigkeitsorientiertes Verhalten, und es gelten die gleichen Vorbehalte wie bereits oben beschrieben: Die Unternehmen, die solche Systeme implementieren können, haben regelmäßig (noch) andere Prioritäten als die der Nachhaltigkeitsförderung.

Tabelle 26: Chance: Autonome Recommender – Anreizvermittlung für nachhaltigkeitsorientiertes Verhalten – Nachhaltigere Reisegestaltung

Kategorie: Künstliche Intelligenz											
Skala	0	1	2	3	4	5	6	7	8	9	10
Potenzielle Wirkstärke								●			
Realisierungswahrscheinlichkeit							●				
Realisierungszeit								●			
Sicherheit der Bewertung							●				

Potenzielle Wirkstärke: 0: keine Wirkung, 1: sehr niedrige Wirkung, 10: sehr große Wirkung; Realisierungswahrscheinlichkeit: 0: Ausgeschlossen, 1: sehr unwahrscheinlich, 10: schon da; Realisierungszeit: 0: nie, 1: in ferner Zukunft, 10: schon da; Sicherheit der Bewertung: 0: wir fühlen uns in unserer Bewertung sehr unsicher; 10: Wir fühlen uns in unserer Bewertung sehr sicher.

4.3.3.6 Predictive Analytics für Besucherströme (Anreise und Aufenthalt)

Predicitive Analytics ist eine Basistechnik zur Nutzung von Big Data. Sie enthält Elemente von Künstlicher Intelligenz zur Vorhersage von Ereignissen. Im Tourismus betreffen diese Analysen weite Teile der Customer Journey und können das Reiseverhalten stark beeinflussen. Bereits jetzt verändern sich Verkehrsströme deutlich durch bspw. Vorhersagen von Verkehrsströmen. Sie ist geeignet, Verkehrsströme zu entzerren und Staus und Wartezeiten zu vermindern, kann aber durch die Kapazitätserhöhung der Verkehrswege und Fahrzeuge auch zu Verkehrszunahmen führen.

Tabelle 27: Chance: Predicitive Analytics – Entzerrung, Vermeidung von Stau/Wartezeiten – Nachhaltigere Reisegestaltung

Kategorie: Künstliche Intelligenz											
Skala	0	1	2	3	4	5	6	7	8	9	10
Potenzielle Wirkstärke								●			
Realisierungswahrscheinlichkeit								●			
Realisierungszeit								●			
Sicherheit der Bewertung						●					

Potenzielle Wirkstärke: 0: keine Wirkung, 1: sehr niedrige Wirkung, 10: sehr große Wirkung; Realisierungswahrscheinlichkeit: 0: Ausgeschlossen, 1: sehr unwahrscheinlich, 10: schon da; Realisierungszeit: 0: nie, 1: in ferner Zukunft, 10: schon da; Sicherheit der Bewertung: 0: wir fühlen uns in unserer Bewertung sehr unsicher; 10: Wir fühlen uns in unserer Bewertung sehr sicher.

Tabelle 28: Risiko: Predicitive Analytics – Verkehrszunahme – Nachhaltigere Reisegestaltung

Kategorie: Künstliche Intelligenz											
Skala	0	1	2	3	4	5	6	7	8	9	10
Potenzielle Wirkstärke						●					
Realisierungswahrscheinlichkeit							●				
Realisierungszeit							●				
Sicherheit der Bewertung						●					

Potenzielle Wirkstärke: 0: keine Wirkung, 1: sehr niedrige Wirkung, 10: sehr große Wirkung; Realisierungswahrscheinlichkeit: 0: Ausgeschlossen, 1: sehr unwahrscheinlich, 10: schon da; Realisierungszeit: 0: nie, 1: in ferner Zukunft, 10: schon da; Sicherheit der Bewertung: 0: wir fühlen uns in unserer Bewertung sehr unsicher; 10: Wir fühlen uns in unserer Bewertung sehr sicher.

4.4 Data Infrastructure

Im Bereich der Data Infrastructure diskutieren wir mögliche Auswirkungen auf das touristische Reisevolumen und die nachhaltigere Reisegestaltung in den Kategorien „Smart Mobile Devices und Digital Payment", „Erweiterte Realität (AR, VR, MR)", „Sicherheit, Datenschutz und Blockchain" und „Digital Accessibility und Open Data". Für die Kategorie Cloud Computing haben sich keine relevanten Wirkpfade ergeben, da es sich hierbei eher um einen Hygienefaktor handelt, der die Voraussetzung vieler anderer Anwendungen schafft, weshalb in dem Abschnitt statt einer Bewertung lediglich eine Erläuterung erfolgt.

4.4.1 Smart Mobile Devices und Digital Payment

> *Grundlegendes zur Kategorie „Smart Mobile Devices und Digital Payment"*
>
> Die Beschreibung dieser Kategorie mit Beispielen erfolgt weiter oben ab Seite 81 im Abschnitt 3.3.1.

In der Kategorie „Smart Mobile Devices und Digital Payment" wurden neun Anwendungsbereiche identifiziert, von denen sieben im Folgenden bewertet werden.

1. Local Logistics
2. Location Based Recommender

3. Mobile Übersetzungs-App
4. Automatisierte Kundenidentifizierung
5. Digital Payment
6. Citizen Science
7. Information über Alternativen zum motorisierten Individualverkehr
8. Smart Tags (bereits in Abschnitt 4.3.2.3 diskutiert)
9. Ad-hoc-Interessenpooling (Wirkpfad unklar, deshalb nicht bewertet)

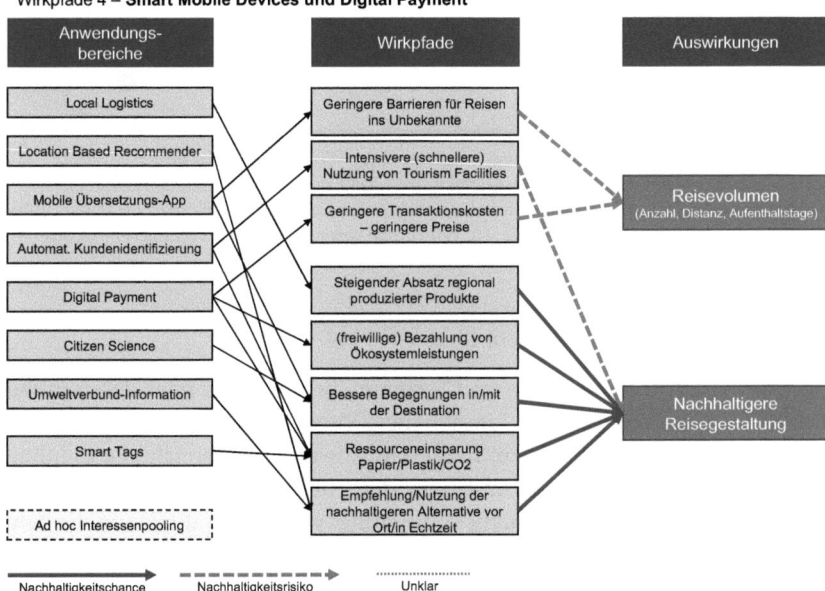

Abbildung 15: Wirkpfade der Kategorie Smart Mobile Devices und Digital Payment
Quelle: Eigene Darstellung

4.4.1.1 Local Logistics

Local Logistics beschreibt die Nutzung mobiler Endgeräte für die Bestellung von lokalen Produkten wie z. B. regionale Lieferservices, die von unterwegs (etwa kurz vor der Ankunft im Ferienhaus, auf dem Campingplatz oder im Sportboothafen) aus geordert werden können.

Da solche Lieferungen aber natürlich nicht auf regionale oder nachhaltig produzierte Produkte beschränkt sind, ist die Wirkstärke dieses Wirkpfades eher begrenzt.

Tabelle 29: Chance: Local Logistics – Steigender Absatz regional produzierter Produkte – Nachhaltigere Reisegestaltung

Kategorie: Smart Mobile Devices und Digital Payment											
Skala	0	1	2	3	4	5	6	7	8	9	10
Potenzielle Wirkstärke					●						
Realisierungswahrscheinlichkeit								●			
Realisierungszeit								●			
Sicherheit der Bewertung									●		

Potenzielle Wirkstärke: 0: keine Wirkung, 1: sehr niedrige Wirkung, 10: sehr große Wirkung; Realisierungswahrscheinlichkeit: 0: Ausgeschlossen, 1: sehr unwahrscheinlich, 10: schon da; Realisierungszeit: 0: nie, 1: in ferner Zukunft, 10: schon da; Sicherheit der Bewertung: 0: wir fühlen uns in unserer Bewertung sehr unsicher; 10: Wir fühlen uns in unserer Bewertung sehr sicher.

4.4.1.2 Location Based Recommender

Location Based Recommender sind Systeme, die Touristen über deren mobile Endgeräte in Echtzeit und positionsabhängig Vorschläge und Empfehlungen für den weiteren Reiseverlauf geben. In diesem Anwendungsbereich gibt es inhaltlich große Überschneidungen mit dem der „Besucherlenkung" in Abschnitt 4.3.1.1 (Kategorie Big Data Analytics), allerdings geht es hier direkt um die Echtzeitbeeinflussung des Touristen.

Die Gestaltungschancen ergeben sich daraus, dass die nachhaltigere Alternative empfohlen werden kann. Dies kann sich insbesondere auf die Vermeidung von negativen sozialen oder ökologischen Folgen (Übernutzung, Emissionen etc.) beziehen. Auch das sogenannte „Geofencing", welches auch im Fachgespräch im Januar 2019 betont wurde, kann hier relevant sein, wenn es bspw. darum geht, Schutzgebiete auch virtuell zu markieren. So, wie es aktuell schon möglich ist, für Drohnen Flugverbotszonen zu markieren (Schrader 2017), könnte dies künftig auch für Touristen gelten: Beim Betreten einer Schutzzone erhält der Besucher eine Nachricht und wird so sensibilisiert oder gelenkt.

Tabelle 30: Chance: Location Based Recommender – Empfehlung der nachhaltigeren Alternative vor Ort/in Echtzeit– Nachhaltigere Reisegestaltung

Kategorie: Smart Mobile Devices und Digital Payment											
Skala	0	1	2	3	4	5	6	7	8	9	10
Potenzielle Wirkstärke									●		
Realisierungswahrscheinlichkeit									●		
Realisierungszeit								●			
Sicherheit der Bewertung						●					

Potenzielle Wirkstärke: 0: keine Wirkung, 1: sehr niedrige Wirkung, 10: sehr große Wirkung; Realisierungswahrscheinlichkeit: 0: Ausgeschlossen, 1: sehr unwahrscheinlich, 10: schon da; Realisierungszeit: 0: nie, 1: in ferner Zukunft, 10: schon da; Sicherheit der Bewertung: 0: wir fühlen uns in unserer Bewertung sehr unsicher; 10: Wir fühlen uns in unserer Bewertung sehr sicher.

4.4.1.3 Mobile Übersetzungs-App

Mobile Übersetzungs-Apps sind bereits im Markt und es ist von einer weitergehenden Verbreitung auszugehen. Diese Apps können im Tourismus zum einen zu besseren Begegnungen führen (weil Menschen miteinander reden können), zum anderen aber auch nachhaltigkeitsrelevante Informationen sowohl soziokultureller als auch ökologischer Art kommunizieren. Es ist davon auszugehen, dass diese Art von Apps breite Anwendung finden wird, wovon auch die touristische Anwendung profitiert.

Tabelle 31: Chance: Mobile Übersetzungs-App – Bessere Begegnungen – Nachhaltigere Reisegestaltung

Kategorie: Smart Mobile Devices und Digital Payment											
Skala	0	1	2	3	4	5	6	7	8	9	10
Potenzielle Wirkstärke							●				
Realisierungswahrscheinlichkeit									●		
Realisierungszeit								●			
Sicherheit der Bewertung								●			

Potenzielle Wirkstärke: 0: keine Wirkung, 1: sehr niedrige Wirkung, 10: sehr große Wirkung; Realisierungswahrscheinlichkeit: 0: Ausgeschlossen, 1: sehr unwahrscheinlich, 10: schon da; Realisierungszeit: 0: nie, 1: in ferner Zukunft, 10: schon da; Sicherheit der Bewertung: 0: wir fühlen uns in unserer Bewertung sehr unsicher; 10: Wir fühlen uns in unserer Bewertung sehr sicher.

Gleichzeitig mag durch diese Art von Apps aber auch ein Volumeneffekt entstehen: Durch die Senkung der Barrieren, in fremde Länder, deren Schrift und Sprache man nicht versteht, zu fahren.

Tabelle 32: Risiko: Mobile Übersetzungs-App – Geringere Barrieren für Reisen ins Unbekannte – Reisevolumen

Kategorie: Smart Mobile Devices und Digital Payment											
Skala	0	1	2	3	4	5	6	7	8	9	10
Potenzielle Wirkstärke								●			
Realisierungswahrscheinlichkeit										●	
Realisierungszeit										●	
Sicherheit der Bewertung							●				

Potenzielle Wirkstärke: 0: keine Wirkung, 1: sehr niedrige Wirkung, 10: sehr große Wirkung; Realisierungswahrscheinlichkeit: 0: Ausgeschlossen, 1: sehr unwahrscheinlich, 10: schon da; Realisierungszeit: 0: nie, 1: in ferner Zukunft, 10: schon da; Sicherheit der Bewertung: 0: wir fühlen uns in unserer Bewertung sehr unsicher; 10: Wir fühlen uns in unserer Bewertung sehr sicher.

4.4.1.4 Automatisierte Kundenidentifizierung

Bei der automatisierten Kundenidentifizierung werden Individuen anhand ihres Mobile Devices erkannt. Das kann zum Beispiel zu einer Erhöhung der Service-Qualität (direkte Ansprache, Wiedererkennen) führen, aber auch zu einer Ressourceneinsparung bei Papier oder Plastik, weil auf Tickets, Voucher etc. verzichtet werden kann. In diesem Anwendungsbereich gibt es inhaltlich große Überschneidungen mit dem Anwendungsbereich „Smart Tags" in Abschnitt 4.3.2.3 (Kategorie Internet der Dinge und Geo Intelligence). Auf die dort vorgenommene Bewertung wird verwiesen.

Ebenso kann die automatisierte Kundenidentifizierung aber zu einer intensiveren („schnelleren") Nutzung von Tourismuseinrichtungen und öffentlichen Attraktionen führen, etwa indem Kunden an Flughäfen, oder allgemein bei Eingangskontrollen schneller erkannt und befördert werden. Dadurch kann es zu einer intensivierten Nutzung und in der Folge zur weiteren Überlastung von Hotspots kommen.

Tabelle 33: Risiko: Automatisierte Kundenidentifizierung – Intensivere (schnellere) Nutzung von Tourism Facilities – Nachhaltigere Reisegestaltung

Kategorie: Smart Mobile Devices und Digital Payment

Skala	0	1	2	3	4	5	6	7	8	9	10
Potenzielle Wirkstärke						●					
Realisierungswahrscheinlichkeit									●		
Realisierungszeit								●			
Sicherheit der Bewertung								●			

Potenzielle Wirkstärke: 0: keine Wirkung, 1: sehr niedrige Wirkung, 10: sehr große Wirkung; Realisierungswahrscheinlichkeit: 0: Ausgeschlossen, 1: sehr unwahrscheinlich, 10: schon da; Realisierungszeit: 0: nie, 1: in ferner Zukunft, 10: schon da; Sicherheit der Bewertung: 0: wir fühlen uns in unserer Bewertung sehr unsicher; 10: Wir fühlen uns in unserer Bewertung sehr sicher.

4.4.1.5 Digital Payment

Digital Payment, also die Zahlung ohne Bargeld und ohne Debit- oder Kreditkarten mit Hilfe des mobilen Endgerätes, erlaubt wiederum eine Ressourceneinsparung bei Metall, Plastik und Papier. In diesem Sinne gibt es inhaltlich große Überschneidungen mit dem Anwendungsbereich „Smart Tags" in Abschnitt 4.3.2.3 (Kategorie Internet der Dinge und Geo Intelligence).

Es ist denkbar, dass digitale Zahlungen im weiteren Sinne (m. a. W.: der Verzicht auf Bargeld) positive Wirkungen auf die CO_2-Emissionen haben können. Aktuelle niederländische Studien beziffern die Umweltwirkung einer Barzahlung anhand der ReCiPe-Methode mit 637 µPt (Hanegraaf u. a. 2018, 15), während die Umweltwirkung einer Debitkartentransaktion mit lediglich 470 µPt (inklusive der notwendigen Infrastruktur in Rechenzentren) angegeben wird (Lindgreen u. a. 2017, 2018). Über nicht-kartengestützte Zahlungsformate liegen uns keine belastbaren Daten vor.

Andererseits kann Digital Payment zu einer Ausgabenerhöhung (geringere Zahlungsbarriere für den Kunden) oder zu einer Verringerung der Transaktionskosten auf Anbieterseite führen und damit, sofern die Einsparungen im Wettbewerb an die Kunden weitergegeben werden, zu sinkenden Preisen. Angesichts der Kostenstrukturen in Tourismusunternehmen wird diesem Wirkpfad aber nur eine relativ geringe Wirkstärke zugeordnet.

Tabelle 34: Risiko: Digital Payment – Geringere Transaktionskosten-geringere Preise – Reisevolumen

Kategorie: Smart Mobile Devices und Digital Payment											
Skala	0	1	2	3	4	5	6	7	8	9	10
Potenzielle Wirkstärke							●				
Realisierungswahrscheinlichkeit									●		
Realisierungszeit									●		
Sicherheit der Bewertung							●				

Potenzielle Wirkstärke: 0: keine Wirkung, 1: sehr niedrige Wirkung, 10: sehr große Wirkung; Realisierungswahrscheinlichkeit: 0: Ausgeschlossen, 1: sehr unwahrscheinlich, 10: schon da; Realisierungszeit: 0: nie, 1: in ferner Zukunft, 10: schon da; Sicherheit der Bewertung: 0: wir fühlen uns in unserer Bewertung sehr unsicher; 10: Wir fühlen uns in unserer Bewertung sehr sicher.

Die Möglichkeit, über digitale Zahlungsverfahren gezielt die Nutzung von (geschützter) Natur abzurechnen, kann als Nachhaltigkeitschance gesehen werden. So könnte im Rahmen von Geofencing ein Tourist beim Betreten von Gebieten, die besondere Ökosystemleistungen zugänglich machen, um einen freiwilligen Beitrag gebeten werden (vgl. hierzu auch Abschnitt 4.4.1.2). Die grundsätzliche Möglichkeit dazu besteht auch heute schon, die digitale Zahlung mit dem mobilen Endgerät würde aber ggf. dazu führen, dass die Zahlungsneigung sinken könnte (weil nicht jede und jeder ein zahlungsfähiges Endgerät dabeihat). Für diejenigen mit solchen Endgeräten könnte die Zahlungsbarriere aber auch sinken. Ebenso ist ein Einsatz im Städtetourismus denkbar. Das Beispiel Venedig zeigt, dass auch Tagestouristen zur Zahlung eines Beitrages verpflichtet werden können, nicht zuletzt, um Besucherströme zu entzerren, wenn diese Zahlungen an Zugangsberechtigung zu bestimmten Orten gebunden sind oder den Zugang zu entsprechenden Zeiten erlauben.

Tabelle 35: Chance: Digital Payment – (freiwillige) Bezahlung von Ökosystemleistungen – Nachhaltigere Reisegestaltung

Kategorie: Smart Mobile Devices und Digital Payment											
Skala	0	1	2	3	4	5	6	7	8	9	10
Potenzielle Wirkstärke									●		
Realisierungswahrscheinlichkeit									●		
Realisierungszeit									●		
Sicherheit der Bewertung									●		

Potenzielle Wirkstärke: 0: keine Wirkung, 1: sehr niedrige Wirkung, 10: sehr große Wirkung; Realisierungswahrscheinlichkeit: 0: Ausgeschlossen, 1: sehr unwahrscheinlich, 10: schon da; Realisierungszeit: 0: nie, 1: in ferner Zukunft, 10: schon da; Sicherheit der Bewertung: 0: wir fühlen uns in unserer Bewertung sehr unsicher; 10: Wir fühlen uns in unserer Bewertung sehr sicher.

4.4.1.6 Citizen Science

Citizen Science beschreibt Maßnahmen, bei denen Laien wissenschaftlich verwertbare Daten generieren. Im weiteren Sinne könnte damit auch die Dokumentation von Natur, Umwelt und Gesellschaft durch Touristen in der Destination beschrieben werden – nicht notwendigerweise für die wissenschaftliche, sondern auch für die rein anwendungsbezogene Forschung vor Ort.

Dabei können insbesondere Fotos und Filme, die mit mobilen Endgeräten aufgenommen und, ggf. mit einer Ortskennzeichung (Geotag) auf eine Plattform hochgeladen werden, genutzt werden. Beispiele gibt es sowohl von großen kommerziellen Plattformen (Instagram, Facebook etc.) als auch von speziell von oder für Destinationen aufgesetzte Plattformen (etwa „Mein Glücksmoment" in Schleswig-Holstein). In Ansätzen ist dies vergleichbar mit dem Blueprinting, wie es in der Qualitäts- und Zufriedenheitsforschung angewendet und auf mobile Endgeräte adaptiert wird (vgl. die Anwendung Experiencefellow[12]).

Unter Nachhaltigkeitsaspekten bietet diese spezielle Art von Crowdsourcing die Chance, Probleme oder besonders positive Aspekte bei Umwelt, Natur und Gesellschaft aus Perspektive der Touristen zu sammeln, um darauf reagieren zu können.

Allerdings erscheint der Nutzen solcher Anwendungen eher punktuell und kaum in der Breite der touristischen Reisetätigkeit zu erwarten, weshalb wir die potenzielle Wirkstärke nur im mittleren Bereich angesiedelt haben.

Tabelle 36: Chance: Citizen Science – Bessere Begegnungen in/mit der Destination – Nachhaltigere Reisegestaltung

Kategorie: Smart Mobile Devices und Digital Payment											
Skala	0	1	2	3	4	5	6	7	8	9	10
Potenzielle Wirkstärke					●						
Realisierungswahrscheinlichkeit								●			
Realisierungszeit									●		
Sicherheit der Bewertung								●			

Potenzielle Wirkstärke: 0: keine Wirkung, 1: sehr niedrige Wirkung, 10: sehr große Wirkung; Realisierungswahrscheinlichkeit: 0: Ausgeschlossen, 1: sehr unwahrscheinlich, 10: schon da; Realisierungszeit: 0: nie, 1: in ferner Zukunft, 10: schon da; Sicherheit der Bewertung: 0: wir fühlen uns in unserer Bewertung sehr unsicher; 10: Wir fühlen uns in unserer Bewertung sehr sicher.

---

12 www.experiencefellow.com, abgerufen am 8. April 2019

4.4.1.7 Umweltverbund-Information

Zum Umweltverbund der Mobilität vor Ort gehören, neben Radfahren und zu Fuß gehen, vor allem die öffentlichen Verkehrsmittel in der Destination. Mobile Apps erleichtern den Zugang zu Tarif- und insbesondere Fahrplaninformationen und können damit eine Nachhaltigkeitschance bewirken, weil motorisierter Individualverkehr (MIV) ersetzt werden könnte. Die Möglichkeiten des intermodalen Personenverkehrs werden hierdurch deutlich verbessert. Apps wie „Free2Move"[13] zeigen bereits jetzt in Städten, wie eine Kombination unterschiedlicher Fortbewegungsmittel koordiniert werden kann.

Allerdings ist trotz dieser Möglichkeiten eine tiefgreifende Änderung speziell beim touristischen Vor-Ort-Verkehr dadurch kaum zu erwarten. Speziell im ländlichen Raum im In- und Ausland dürfte ein wesentliches Hindernis der ÖPNV-Nutzung die Verfügbarkeit der Fahrten sein (und weniger die Verfügbarkeit der Informationen über die Fahrten). Gleichzeitig bleibt bei Touristen – selbst bei einer gut koordinierten Wechselmöglichkeit von einem Verkehrsträger zum nächsten – das Problem, dass das Gepäck umgeladen werden muss, was einen entsprechenden Hemmfaktor darstellt. Perspektivisch wäre eine Ausweitung des bereits heute angebotenen separaten Transports des Gepäcks zwar denkbar (bspw. auch in Kombination mit Smart Tags), eine derartige Entwicklung und auch deren Ressourcenbilanz ist aber aktuell nur schwer abschätzbar.

Daher gehen wir zwar davon aus, dass es zu einem veränderten Mobilitätsverhalten mit einer entsprechenden Wirkstärke dieses Wirkpfades kommen kann, allerdings sind wir uns hinsichtlich der konkreten Gestaltung unsicher, was wir mit einem niedrigen Wert bei der „Sicherheit der Bewertung" deutlich machen.

Tabelle 37: Chance: Umweltverbund-Information – Nutzung der nachhaltigeren Alternative vor Ort – Nachhaltigere Reisegestaltung

Kategorie: Smart Mobile Devices und Digital Payment											
Skala	0	1	2	3	4	5	6	7	8	9	10
Potenzielle Wirkstärke								●			
Realisierungswahrscheinlichkeit										●	
Realisierungszeit										●	
Sicherheit der Bewertung			●								

Potenzielle Wirkstärke: 0: keine Wirkung, 1: sehr niedrige Wirkung, 10: sehr große Wirkung; Realisierungswahrscheinlichkeit: 0: Ausgeschlossen, 1: sehr unwahrscheinlich, 10: schon da; Realisierungszeit: 0: nie, 1: in ferner Zukunft, 10: schon da; Sicherheit der Bewertung: 0: wir fühlen uns in unserer Bewertung sehr unsicher; 10: Wir fühlen uns in unserer Bewertung sehr sicher.

---

13 de.free2move.com/app, abgerufen am 8. April 2019

4.4.2 Erweiterte Realität (AR, VR, MR)

> *Grundlegendes zur Kategorie „Erweiterte Realität (AR, VR, MR)"*
> Die Beschreibung dieser Kategorie mit Beispielen erfolgt weiter oben ab Seite 84 in Abschnitt 3.3.2.

Erweiterte Realität bedeutet die Anwendung von Techniken der Augmented Reality (AR), Virtual Reality (VR) und Mixed Reality (MR) im touristischen Kontext.

Wir haben dazu zwei wesentlichen Anwendungsbereich identifiziert, die jeweils mehrere Wirkpfade beinhalten: VR vor und während der Reise und AR-Anwendungen während der Reise.

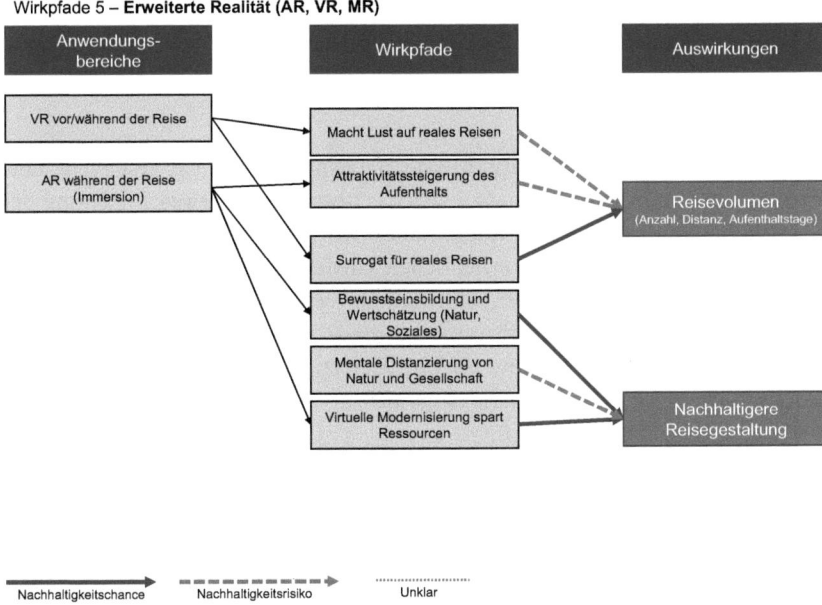

Abbildung 16: Wirkpfade der Kategorie Erweiterte Realität (AR, VR, MR)
Quelle: Eigene Darstellung

4.4.2.1 VR vor/während der Reise

Bei der Nutzung von Virtual Reality-Anwendungen vor (und während) der Reise können zwei Wirkpfade unterschieden werden: Zum einen könnte die

VR-Nutzung dazu führen, dass dann eine reale Reise (bei Nutzung vor der Reise) oder ein realer Ausflug (bei Nutzung während der Reise) nicht stattfinden. In diesem Fall wäre die virtuelle Realität ein Ersatz (Surrogat) für die echte Reise.

Tabelle 38: Chance: VR vor/während der Reise – Surrogat für reales Reisen – Reisevolumen

Kategorie: Erweiterte Realität (AR, VR, MR)											
Skala	0	1	2	3	4	5	6	7	8	9	10
Potenzielle Wirkstärke					●						
Realisierungswahrscheinlichkeit										●	
Realisierungszeit									●		
Sicherheit der Bewertung									●		

Potenzielle Wirkstärke: 0: keine Wirkung, 1: sehr niedrige Wirkung, 10: sehr große Wirkung; Realisierungswahrscheinlichkeit: 0: Ausgeschlossen, 1: sehr unwahrscheinlich, 10: schon da; Realisierungszeit: 0: nie, 1: in ferner Zukunft, 10: schon da; Sicherheit der Bewertung: 0: wir fühlen uns in unserer Bewertung sehr unsicher; 10: Wir fühlen uns in unserer Bewertung sehr sicher.

Andererseits kann die Betrachtung einer Destination per VR erst recht Lust darauf machen, nun das Original zu sehen – und damit zu einer Erhöhung des Reisevolumens führen. Diesen Effekt halten wir für etwas wirkstärker als den Surrogat-Effekt, allerdings mit erheblichen Unsicherheiten. Da es sich bei den VR-Anwendungen, wenn sie zur Informationsvermittlung von Reisedestinationen eingesetzt werden, lediglich um eine modernere und realistischere Form der Darstellung von Reisen (bspw. im Vergleich zu einer Filmreportage) handelt, wird die Wirkstärke als eher gering eingestuft.

Tabelle 39: Risiko: VR vor/während der Reise – Macht Lust auf reales Reisen – Reisevolumen

Kategorie: Erweiterte Realität (AR, VR, MR)											
Skala	0	1	2	3	4	5	6	7	8	9	10
Potenzielle Wirkstärke					●						
Realisierungswahrscheinlichkeit									●		
Realisierungszeit										●	
Sicherheit der Bewertung									●		

Potenzielle Wirkstärke: 0: keine Wirkung, 1: sehr niedrige Wirkung, 10: sehr große Wirkung; Realisierungswahrscheinlichkeit: 0: Ausgeschlossen, 1: sehr unwahrscheinlich, 10: schon da; Realisierungszeit: 0: nie, 1: in ferner Zukunft, 10: schon da; Sicherheit der Bewertung: 0: wir fühlen uns in unserer Bewertung sehr unsicher; 10: Wir fühlen uns in unserer Bewertung sehr sicher.

4.4.2.2 AR während der Reise (Immersion)

Augmented Reality ist spätestens seit *Pokémon Go* im Massenmarkt angekommen. Im Bereich des nachhaltigen Tourismus sehen wir einen Wirkpfad, der über Bewusstseinsbildung und Wertschätzung für Natur und Soziales eine Nachhaltigkeitschance beinhaltet. Die potenzielle Wirkstärke schätzen wir als recht hoch ein, vorausgesetzt, die Anbieterseite kann dazu veranlasst werden, Nachhaltigkeitsinhalte attraktiv zu transportieren.

Tabelle 40: Chance: AR während der Reise (Immersion) – Bewusstseinsbildung und Wertschätzung (Natur, Soziales) – Nachhaltigere Reisegestaltung

Kategorie: Erweiterte Realität (AR, VR, MR)											
Skala	0	1	2	3	4	5	6	7	8	9	10
Potenzielle Wirkstärke								●			
Realisierungswahrscheinlichkeit									●		
Realisierungszeit							●				
Sicherheit der Bewertung										●	

Potenzielle Wirkstärke: 0: keine Wirkung, 1: sehr niedrige Wirkung, 10: sehr große Wirkung; Realisierungswahrscheinlichkeit: 0: Ausgeschlossen, 1: sehr unwahrscheinlich, 10: schon da; Realisierungszeit: 0: nie, 1: in ferner Zukunft, 10: schon da; Sicherheit der Bewertung: 0: wir fühlen uns in unserer Bewertung sehr unsicher; 10: Wir fühlen uns in unserer Bewertung sehr sicher.

Im Gegensatz zu dem chancenorientierten Wirkpfad der Bewusstseinsbildung und Wertschätzung ist auch ein risikoorientierter Wirkpfad der mentalen Entfernung vom authentischen Erlebnis durch den Einsatz von AR oder VR während der Reise denkbar. Durch die Virtualisierung und damit einhergehende „Verkünstlichung" des Erlebnisses könnte die Wertschätzung für das Gute, Wahre und Echte sinken. Die potenzielle Wirkstärke dieses Pfades schätzen wir aber im Vergleich zu den Chancen als geringer ein.

Ein weiterer Wirkpfad beinhaltet die Vermeidung von Ressourcenverbräuchen bei der Reattraktivierung von Freizeitattraktionen, indem die Modernisierung nicht real, sondern virtuell vorgenommen wird. Diesen Wirkpfad sehen wir aber als weniger wirkstark an.

Tabelle 41: Risiko: AR während der Reise (Immersion) – Mentale Distanzierung (Natur, Soziales) – Nachhaltigere Reisegestaltung

Kategorie: Erweiterte Realität (AR, VR, MR)											
Skala	0	1	2	3	4	5	6	7	8	9	10
Potenzielle Wirkstärke					●						
Realisierungswahrscheinlichkeit								●			
Realisierungszeit								●			
Sicherheit der Bewertung							●				

Potenzielle Wirkstärke: 0: keine Wirkung, 1: sehr niedrige Wirkung, 10: sehr große Wirkung; Realisierungswahrscheinlichkeit: 0: Ausgeschlossen, 1: sehr unwahrscheinlich, 10: schon da; Realisierungszeit: 0: nie, 1: in ferner Zukunft, 10: schon da; Sicherheit der Bewertung: 0: wir fühlen uns in unserer Bewertung sehr unsicher; 10: Wir fühlen uns in unserer Bewertung sehr sicher.

Tabelle 42: Chance: AR während der Reise (Immersion) – Virtuelle Modernisierung spart Ressourcen – Nachhaltigere Reisegestaltung

Kategorie: Erweiterte Realität (AR, VR, MR)											
Skala	0	1	2	3	4	5	6	7	8	9	10
Potenzielle Wirkstärke							●				
Realisierungswahrscheinlichkeit									●		
Realisierungszeit									●		
Sicherheit der Bewertung									●		

Potenzielle Wirkstärke: 0: keine Wirkung, 1: sehr niedrige Wirkung, 10: sehr große Wirkung; Realisierungswahrscheinlichkeit: 0: Ausgeschlossen, 1: sehr unwahrscheinlich, 10: schon da; Realisierungszeit: 0: nie, 1: in ferner Zukunft, 10: schon da; Sicherheit der Bewertung: 0: wir fühlen uns in unserer Bewertung sehr unsicher; 10: Wir fühlen uns in unserer Bewertung sehr sicher.

4.4.3 Sicherheit, Datenschutz und Blockchain

Grundlegendes zur Kategorie „Sicherheit, Datenschutz und Blockchain"

Die Beschreibung dieser Kategorie mit Beispielen erfolgt weiter oben ab Seite 87 in Abschnitt 3.3.3.

Die Blockchain wird im touristischen Zusammenhang und mit Blickrichtung Nachhaltigkeit vor allem unter Sicherheitsaspekten zu betrachten sein: Sichere Verträge, sichere Zahlungen, sichere Identifizierung und Datenspeicher sind die Anwendungsbereiche, die wir hier identifiziert haben.

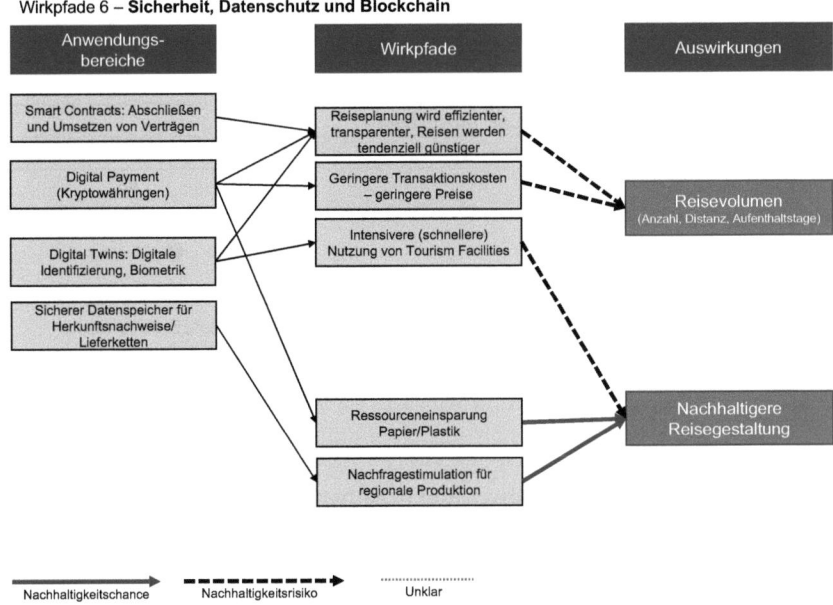

Abbildung 17: Wirkpfade der Kategorie Sicherheit, Datenschutz und Blockchain
Quelle: Eigene Darstellung

Die Frage der Datensicherheit (im Sinne von Security, also insbesondere dem Schutz vor unbefugter Nutzung eigener Daten inklusive Identitätsdiebstählen etc.) ist für die Zukunft der Digitalisierung insgesamt und im Tourismus von großer Bedeutung. Dabei ist unter anderem an die Frage der Netzzugänge (Mobilfunknetze und WLAN-Netzer) unterwegs zu denken. Allerdings fällt es schwer, in diesem Zusammenhang gezielt Nachhaltigkeitschancen oder -risiken zu identifizieren.

4.4.3.1 Smart Contracts

Smart Contracts können zu einer erheblichen Flexibilisierung und damit auch einer potenziellen Effizienzsteigerung in der Tourismusindustrie führen. In der Folge könnten Reisen tendenziell günstiger werden und das Reisevolumen steigen. Dieser Wirkpfad wird hier gesondert aufgeführt, weil er sich von dem in den übergreifenden Wirkungen dargestellten allgemeinen Effizienzgewinn der Tourismusbranche insofern unterscheidet, als hier auch die Perspektive des Kunden explizit einbezogen ist.

Tabelle 43: Risiko: Smart Contracts: Abschließen und Umsetzen von Verträgen – Reiseplanung wird effizienter, transparenter, Reisen werden tendenziell günstiger – Reisevolumen

Kategorie: Sicherheit, Datenschutz und Blockchain											
Skala	0	1	2	3	4	5	6	7	8	9	10
Potenzielle Wirkstärke									●		
Realisierungswahrscheinlichkeit									●		
Realisierungszeit								●			
Sicherheit der Bewertung						●					

Potenzielle Wirkstärke: 0: keine Wirkung, 1: sehr niedrige Wirkung, 10: sehr große Wirkung; Realisierungswahrscheinlichkeit: 0: Ausgeschlossen, 1: sehr unwahrscheinlich, 10: schon da; Realisierungszeit: 0: nie, 1: in ferner Zukunft, 10: schon da; Sicherheit der Bewertung: 0: wir fühlen uns in unserer Bewertung sehr unsicher; 10: Wir fühlen uns in unserer Bewertung sehr sicher.

Ein weiterer Wirkpfad mit positiver und negativer Wirkrichtung betrifft die verbesserten Sharing-Möglichkeiten durch effiziente Smart Contracts. Auf diesen Aspekt gehen wir in Abschnitt 4.5.1 bewertend ein.

4.4.3.2 Digital Payment (Kryptowährungen)

Die hier vorliegenden Wirkpfade (Ressourceneinsparung bei Metall, Papier und Plastik und Preissenkung mit der Folge einer Nachfragestimulation) wurden bereits in den Abschnitten 4.4.1.5 und 4.3.2.3 bewertend behandelt.

4.4.3.3 Digital Twins (Digitale Identifizierung, Biometrik)

Die beiden wesentlichen Wirkpfade der digitalen Identifizierung (bis hin zur Bildung von Digital Twins) wurden bereits im Abschnitt 4.4.1.4 beschrieben und gelten hier analog.

4.4.3.4 Sicherer Datenspeicher für Herkunftsnachweise/Lieferketten

Die Nutzung der Blockchain als sicherer Datenspeicher für Herkunftsnachweise und Lieferketten wird im Zusammenhang mit der Industrie 4.0 diskutiert. Im touristischen Kontext, der unter anderem auch auf (regionale) Produkte und (nachhaltig zu produzierende) Ausrüstungen angewiesen ist, kann eine höchstens indirekte Wirkung unterstellt werden. Zwar sorgt auch hier Transparenz für Vertrauen in die Produktherkunft, aber der unmittelbare touristische

Kontext wird nur sehr begrenzt sichtbar. Die Relevanzbewertung fällt daher eher gering aus.

Tabelle 44: Chance: Sicherer Datenspeicher für Herkunftsnachweise/Lieferketten – Transparenz sorgt für Vertrauen, erhöhte Nachfrage nach regionalen/nachhaltigen Produkten – Nachhaltigere Reisegestaltung

Kategorie: Sicherheit, Datenschutz und Blockchain											
Skala	0	1	2	3	4	5	6	7	8	9	10
Potenzielle Wirkstärke					●						
Realisierungswahrscheinlichkeit									●		
Realisierungszeit										●	
Sicherheit der Bewertung									●		

Potenzielle Wirkstärke: 0: keine Wirkung, 1: sehr niedrige Wirkung, 10: sehr große Wirkung; Realisierungswahrscheinlichkeit: 0: Ausgeschlossen, 1: sehr unwahrscheinlich, 10: schon da; Realisierungszeit: 0: nie, 1: in ferner Zukunft, 10: schon da; Sicherheit der Bewertung: 0: wir fühlen uns in unserer Bewertung sehr unsicher; 10: Wir fühlen uns in unserer Bewertung sehr sicher.

4.4.4 Digital Accessibility und Open Data

> *Grundlegendes zur Kategorie „Digital Accessibility und Open Data"*
>
> Die Beschreibung dieser Kategorie mit Beispielen erfolgt weiter oben ab Seite 91 im Abschnitt 3.3.4.

Die Kategorie „Digital Accessibility und Open Data" ist inhaltlich besonders eng mit der Kategorie „Big Data Analytics" verknüpft, denn die Verfügbarkeit von und Zugänglichkeit zu Daten sind die Grundvoraussetzung der Big Data Analytics. Daher wird hier grundsätzlich auf die Bewertungen in Abschnitt 4.3.1 verwiesen. Gleichwohl ergeben sich einige spezifische Wirkpfade für drei Anwendungsbereiche, die hier diskutiert werden:

1. Offene Daten für die Reiseplanung (vor und während der Reise)
2. Sensorik von Umweltbelastungen
3. Sensorik von Besucherströmen
4. Open Travel Graph

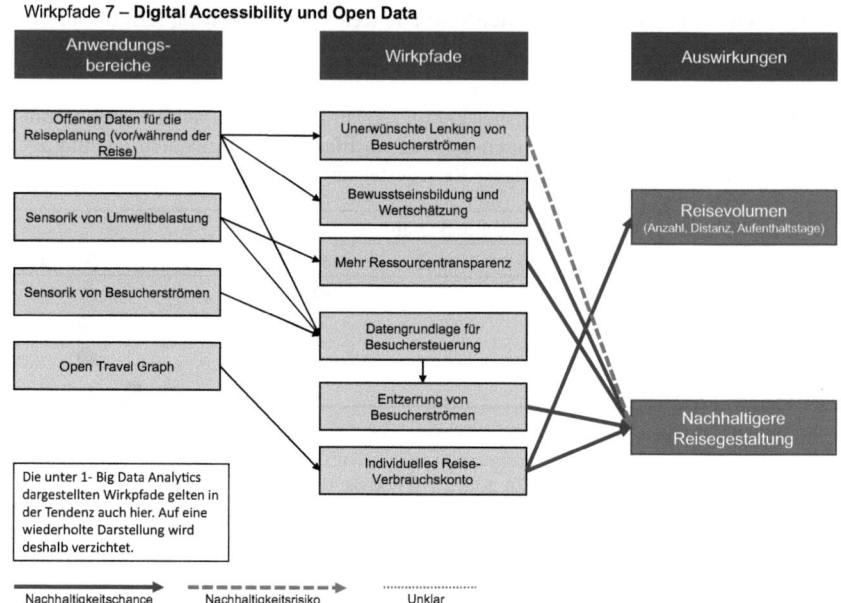

Abbildung 18: Wirkpfade der Kategorie Digital Accessibility und Open Data
Quelle: Eigene Darstellung

4.4.4.1 Offene Daten für die Reiseplanung

Offene Daten für die Reiseplanung werden derzeit vor allem im Destinationsmanagement intensiv diskutiert. Die Anforderung an die Destinationen, alle relevanten Daten frei, strukturiert und digital zugänglich zu machen, kann zu einer im Vorhinein vertieften Auseinandersetzung von potenziellen Touristen mit der Destination und ihren natürlichen und sozialen Spezifika führen, was wiederum zu einer Bewusstseinsbildung und einem Wertschätzungsprozess bezüglich der Destination führen kann.

Diese Wirkung kann aber nur eintreten, wenn die Destinationen entsprechende offene (Umwelt- oder Besuchervolumen) Daten zur Verfügung stellen. Die Generierung dieser Daten kann auch durch mobile Endgeräte von Touristen selbst erfolgen (vgl. Abschnitt „Citizen Science" auf S. 135).

Tabelle 45: Chance: Offene Daten für die Reiseplanung – Bewusstseinsbildung und Wertschätzung (Natur, Soziales) – Nachhaltigere Reisegestaltung

Kategorie: Digital Accessibility und Open Data											
Skala	0	1	2	3	4	5	6	7	8	9	10
Potenzielle Wirkstärke							●				
Realisierungswahrscheinlichkeit								●			
Realisierungszeit								●			
Sicherheit der Bewertung										●	

Potenzielle Wirkstärke: 0: keine Wirkung, 1: sehr niedrige Wirkung, 10: sehr große Wirkung; Realisierungswahrscheinlichkeit: 0: Ausgeschlossen, 1: sehr unwahrscheinlich, 10: schon da; Realisierungszeit: 0: nie, 1: in ferner Zukunft, 10: schon da; Sicherheit der Bewertung: 0: wir fühlen uns in unserer Bewertung sehr unsicher; 10: Wir fühlen uns in unserer Bewertung sehr sicher.

Es kann hier ein Risiko gesehen werden. Die Verfügbarkeit von offenen, nutzergenerierten und nicht (vollständig) *kuratierten* Daten beinhaltet das Risiko der Fehl- oder Falschinformation.

Kuratieren meint hier den Vorgang der Auswahl (insbesondere nach Korrektheit) und Kontextualisierung von Daten aus anderen Quellen. Diese Aufgabe muss auch für offene, nutzergenerierte Daten übernommen, in Geld oder Reputation vergütet und kontinuierlich und im angemessenen Umfang durchgeführt werden. Fehlt diese Aufgabenwahrnehmung, kann es zum Beispiel dazu kommen, dass Touristen Bereiche nutzen, die sie nicht nutzen sollen oder dürfen (gewissermaßen eine Fehllenkung von Reisenden). Beispiele wurden unter anderem auch im Fachgespräch im Januar 2019 etwa aus dem Bereich der nutzergenerierten Informationen auf elektronischen Karten berichtet. Dieses Problem kann insbesondere für den lokalen und regionalen Naturschutz zu einem Problem werden. Auch muss deutlich darauf hingewiesen werden, dass diese Problemlage nicht am Grad der Offenheit der Daten gemessen werden kann, sondern an der unkontrollierten bzw. unkuratierten Nutzergenerierung.

Tabelle 46: Risiko: Offene/nutzergenerierte Daten für die Reiseplanung – Unerwünschte Lenkung von Besucherströmen – Nachhaltigere Reisegestaltung

Kategorie: Digital Accessibility und Open Data											
Skala	0	1	2	3	4	5	6	7	8	9	10
Potenzielle Wirkstärke							●				
Realisierungswahrscheinlichkeit										●	
Realisierungszeit								●			
Sicherheit der Bewertung									●		

Potenzielle Wirkstärke: 0: keine Wirkung, 1: sehr niedrige Wirkung, 10: sehr große Wirkung; Realisierungswahrscheinlichkeit: 0: Ausgeschlossen, 1: sehr unwahrscheinlich, 10: schon da; Realisierungszeit: 0: nie, 1: in ferner Zukunft, 10: schon da; Sicherheit der Bewertung: 0: wir fühlen uns in unserer Bewertung sehr unsicher; 10: Wir fühlen uns in unserer Bewertung sehr sicher.

4.4.4.2 Sensorik von Umweltbelastungen

Bezüglich der Sensorik und offenen Verfügbarkeit von Umweltdaten und deren Verwendung in endnutzerorientierten Onlinesystemen (z. B. in CO_2-Rechnern) schätzen wir die potenzielle Wirkstärke etwas höher ein: Dies betrifft insbesondere die Möglichkeiten des Vergleichs verschiedener An- und Abreisemöglichkeiten, aber auch den Emissionsvergleich von Unterkunftsbetrieben. (Grimm u. a. 2009; Günther, Grimm, und Havers 2013).

Tabelle 47: Chance: Sensorik von Umweltbelastung (CO_2-Rechner) – Mehr Ressourcentransparenz – Nachhaltigere Reisegestaltung

Kategorie: Digital Accessibility und Open Data											
Skala	0	1	2	3	4	5	6	7	8	9	10
Potenzielle Wirkstärke									●		
Realisierungswahrscheinlichkeit										●	
Realisierungszeit							●				
Sicherheit der Bewertung									●		

Potenzielle Wirkstärke: 0: keine Wirkung, 1: sehr niedrige Wirkung, 10: sehr große Wirkung; Realisierungswahrscheinlichkeit: 0: Ausgeschlossen, 1: sehr unwahrscheinlich, 10: schon da; Realisierungszeit: 0: nie, 1: in ferner Zukunft, 10: schon da; Sicherheit der Bewertung: 0: wir fühlen uns in unserer Bewertung sehr unsicher; 10: Wir fühlen uns in unserer Bewertung sehr sicher.

4.4.4.3 Sensorik von Besucherströmen

Der Wirkpfad der Entzerrung von Besucherströmen ist eng verknüpft mit der bereits in Abschnitt 4.3.1.1 diskutierten Besucherlenkung durch Big Data Analytics. Auf die dort vorhandene Bewertung wird verwiesen.

4.4.4.4 Open Travel Graph

Die Grundidee des (bis dato nicht existenten) individuellen Open Travel Graph ist eine auf offenen Daten basierende persönliche Reisebilanz, die sich über die Jahre fortschreibt. Damit würde es dem Verbraucher möglich, sein langfristiges Reiseverhalten an objektiven Maßstäben zu messen. Bspw. wäre es denkbar, dass die urlaubsreisebedingten CO_2-Emissionen (bzw. CO_2-Äquivalente, die auch andere schädliche Gase berücksichtigen) protokolliert und bewertet werden, um so zum Beispiel bei weiteren Reisen auf Alternativen oder Kompensationsmöglichkeiten hinzuweisen.

> *Open Travel Graph*
>
> Das Bewusstsein für den persönlichen Einfluss auf Ressourcenverbrauch, Umweltverschmutzung und Klimawandel scheint in unserer Gesellschaft langsam aber sicher zu wachsen. Dennoch liegen Wahrnehmung und reale Verhaltensänderung bei vielen Menschen noch immer weit auseinander. Ein Grund hierfür scheint auch im hohen Abstraktionsgrad zwischen eigenem Handeln und den hierdurch entstehenden Auswirkungen auf unsere Umwelt zu liegen. Zu selten werden wir direkt mit den Folgen unseres Verhaltens konfrontiert.
>
> Erst wenn man Joghurtbecher, Waschmittelflaschen und diverse Plastiktüten an seinem Lieblingsstrand im Wasser schwimmen sieht, bekommt man eventuell eine Ahnung von den Konsequenzen der eigenen Konsumaktivitäten. Warum fällt es uns bei der real existierenden Umwelt- und Klimakrise so schwer, das eigene Handeln und dessen Folgen in direkte Verbindung mit den bestehenden Bedrohungen zu bringen? Ein Grund hierfür könnte in der fehlenden Transparenz von Ursache und Wirkung liegen, die das Ignorieren noch immer allzu leicht macht.
>
> Beim Nachdenken über diesen Sachverhalt kam mir die Idee des Green Open (Travel) Graph, der analog zum Facebook Open Graph unser Verhalten und unsere Präferenzen in Bezug auf Nachhaltigkeitsaspekte „protokolliert", diesbezüglich kontextuelle Transaktionen ermöglicht und auch auf andere Branchen übertragbar wäre. Mögliche Anwendungsfälle im Tourismus wären bspw. das Führen einer persönlichen „Ökobilanz" zur Messung/Reflektion des eigenen Reiseverhaltens für Konsumenten oder das präferenzbasierte Anbieten von nachhaltigeren Alternativen oder Ausgleichsmaßnahmen für die persönlichen Reiseaktivitäten durch Unternehmen.
>
> Grundlage hierfür würde die Schaffung eines auf objektiven Maßstäben und Kriterien basierenden Datenmodells bilden. Ob ein solches Modell sowie der Green Open (Travel) Graph realistische Umsetzungschancen hat, bleibt abzuwarten. Wichtig scheint mir dabei jedoch vor allem der Fokus auf ein eher anreizbasiertes bzw. motivationsorientiertes Verfahren zu sein, das positive Aspekte und Entwicklungen belohnt, anstatt durch reine Negativbilanzierung oder den Sozialen „Pranger" zu demotivieren.
>
> *Thorsten Reich, Netzvitamine, Hamburg*

Da ein solcher Open Travel Graph zwar denkbar und als Impuls aus dem Fachgespräch im Januar 2019 durch Thorsten Reich adressiert wurde (siehe Infobox), aber noch nicht realisiert wurde, haben wir dessen potenzielle Wirkung nicht bewertet, sondern bringen diese Idee als schriftlichen Impuls hier mit ein.

4.4.5 Cloud Computing

> *Grundlegendes zur Kategorie "Cloud Computing"*
>
> Die Beschreibung dieser Kategorie mit Beispielen erfolgt weiter oben ab Seite 94 in Abschnitt 3.3.5.

Aus der Anwendung von Cloud Computing, also dem verteilten Speichern und Verfügbarmachen von Datenmengen, gehen nach unserer ersten Einschätzung keine touristischen Wirkungen auf das Reisevolumen oder eine nachhaltigere Reisegestaltung aus. Zwar lassen sich über das Vehikel „Datenverfügbarkeit" Wirkpfade konstruieren. Diese sind aber nicht originär für die Kategorie „Cloud Computing", sondern finden sich bereits in den Kategorien 1 – Big Data Analytics respektive 7 – Digital Accessibility und Open Data wieder.

Gleichwohl wirkt hier der übergeordnete Bereich des Strom- und Ressourcenverbrauchs besonders, da Server-Farmen große Mengen an Energie benötigen (vgl. Abschnitt 4.2.3).

4.5 Data Ecosystem

Im Data Ecosystem befassen wir uns mit digitalen Plattformen, mit sozialen Netzwerken und dem darauf basierenden Reputation Management sowie der sogenannten Sharing Economy (die hier den größten Raum einnimmt). Diese drei Kategorien lassen sich nur schwer klar voneinander abgrenzen. Denn digitale Plattformen umfassen Soziale Netzwerke und daraus hervorgehende Geschäftsmodelle sind oftmals und im Besonderen im Kontext der Nachhaltigkeit auch der Sharing Economy zuzuordnen. Dementsprechend haben wir die Kategorien als eine behandelt, diese aber in den Abschnitten 3.4.1 und 3.4.2 separat beschrieben.

> *Grundlegendes zur Kategorie „Data Ecosystem" (Digitale Plattformen, Soziale Netzwerke und Sharing Economy)*
>
> Die Beschreibung dieser Kategorie mit Beispielen erfolgt weiter oben ab Seite 96 in Abschnitt 3.4.

In dieser Sphäre finden wir drei wesentliche Anwendungsbereiche, die aber aufgrund der Tatsache, dass sie auch eine eigene Kategorie hätten sein können, jeweils eine ganze Reihe von Wirkpfaden nach sich ziehen:

1. Green Travel Platforms
2. Soziale Netzwerke und Self Reputation Management
3. Sharing Economy (Unterkunft, Mobilität, Essen, Aktivitäten)

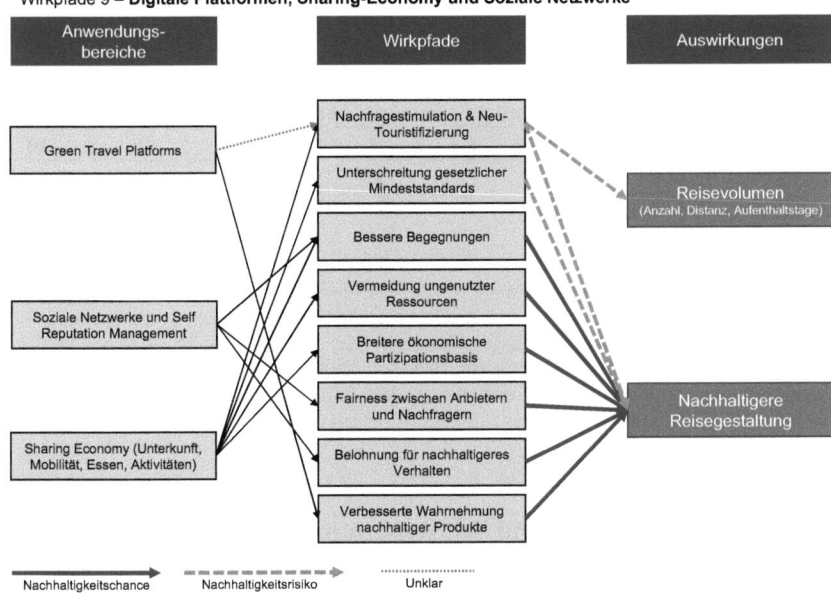

Abbildung 19: Wirkpfade der Kategorie Digitale Plattformen, Sharing Economy und Soziale Netzwerke
Quelle: Eigene Darstellung

4.5.1 Green Travel Platforms

Die Zahl der Online-Plattformen, die versuchen, durch mehr Transparenz eine Nachfragestimulation zu erreichen, nimmt zu (z. B. www.green-travel.de, www.bookitgreen.de, greentravelindex.com, www.bookdifferent.com) und auch etablierte Plattformen legen sich mitunter „grüne" Ableger zu. Die Chancen für die nachhaltige Reisegestaltung liegen auf der Hand. Wir sehen zum einen eine verbesserte Wahrnehmung nachhaltiger Produkte, da diese explizit im Fokus dieser Plattformen stehen. Zum anderen kann aus diesem Nischenangebot aber auch eine verstärkte Nachfrage und ggf. die Touristifizierung bisher eher unbekannter Destinationen resultieren, wenn sich diese auf das Vorhalten eines nachhaltigen Reiseangebotes spezialisiert haben. Da es sich bei diesen Plattformen noch um Angebote für eine sehr spezielle Zielgruppe handelt, sehen wir die Wirkstärke jedoch moderat.

Tabelle 48: Chance: Green Travel Platforms – Verbesserte Wahrnehmung nachhaltiger Produkte – Nachhaltigere Reisegestaltung

Kategorie: Digitale Plattformen, Sharing Economy und Soziale Netzwerke											
Skala	0	1	2	3	4	5	6	7	8	9	10
Potenzielle Wirkstärke							●				
Realisierungswahrscheinlichkeit									●		
Realisierungszeit								●			
Sicherheit der Bewertung									●		

Potenzielle Wirkstärke: 0: keine Wirkung, 1: sehr niedrige Wirkung, 10: sehr große Wirkung; Realisierungswahrscheinlichkeit: 0: Ausgeschlossen, 1: sehr unwahrscheinlich, 10: schon da; Realisierungszeit: 0: nie, 1: in ferner Zukunft, 10: schon da; Sicherheit der Bewertung: 0: wir fühlen uns in unserer Bewertung sehr unsicher; 10: Wir fühlen uns in unserer Bewertung sehr sicher.

4.5.2 Soziale Netzwerke und Self Reputation Management

Das Management der Online-Reputation in sozialen Medien kann für Fairness zwischen Anbietern und Nachfragern und damit für bessere Begegnungen in der sozialen Dimension sorgen. Die Bewertung von Gastgebern und Gästen nach der Reise erfolgt eben nicht mehr anonym, denn sowohl Gastgebende als auch Gäste wissen oftmals, wer dort bewertet. Diesem Umstand sind sich zunehmend mehr Menschen (ganz gleich ob kommerzielle Anbieter, Privatvermieter oder auch Gäste selbst) bewusst. Allein diese Sensibilisierung kann in einem respektvollen Umgang miteinander resultieren. Das kann zu einem Perspektivwechsel und im positiven Falle zu Verständnis statt Beschwerden führen.

Tabelle 49: Chance: Reputation Management – Bessere Begegnungen, Fairness zwischen Anbietern und Nachfragern – Nachhaltigere Reisegestaltung

Kategorie: Digitale Plattformen, Sharing Economy und Soziale Netzwerke											
Skala	0	1	2	3	4	5	6	7	8	9	10
Potenzielle Wirkstärke						●					
Realisierungswahrscheinlichkeit									●		
Realisierungszeit									●		
Sicherheit der Bewertung									●		

Potenzielle Wirkstärke: 0: keine Wirkung, 1: sehr niedrige Wirkung, 10: sehr große Wirkung; Realisierungswahrscheinlichkeit: 0: Ausgeschlossen, 1: sehr unwahrscheinlich, 10: schon da; Realisierungszeit: 0: nie, 1: in ferner Zukunft, 10: schon da; Sicherheit der Bewertung: 0: wir fühlen uns in unserer Bewertung sehr unsicher; 10: Wir fühlen uns in unserer Bewertung sehr sicher.

Ein weiterer Wirkpfad aus diesem Spektrum ist die Chance auf eine soziale Bestrafung für nicht nachhaltiges oder jedenfalls widersprüchliches Verhalten. Die potenzielle Wirkstärke sehen wir aber als eher gering an. Gleichwohl obliegt die Ausgestaltung des Reputationssystems stets der jeweiligen Plattform, auf der die Bewertung abgegeben wurde. Dass diese „digitalen pure Player" Nachhaltigkeitsaspekte in den Fokus der Bewertung rücken, ist heute eher schwer vorstellbar. Insbesondere deshalb, weil sich diese meist noch jungen, aber schnell wachsenden Unternehmen (Airbnb agiert bspw. erst seit 2008 am Markt) oftmals durch eine bedingungslose Kundenorientierung auszeichnen – was voraussetzen würde, dass eine Reaktion der Unternehmen erst dann erfolgt, wenn eine Bewertung des einzelnen Nutzers mit dem Fokus auf Aspekte der Nachhaltigkeit in der breiten Masse der Bevölkerung als *„common sense"* aufgefasst wird.

Tabelle 50: Chance: Reputation Management – Soziale Bestrafung für nicht nachhaltiges Verhalten – Nachhaltigere Reisegestaltung

Kategorie: Digitale Plattformen, Sharing Economy und Soziale Netzwerke											
Skala	0	1	2	3	4	5	6	7	8	9	10
Potenzielle Wirkstärke						●					
Realisierungswahrscheinlichkeit								●			
Realisierungszeit									●		
Sicherheit der Bewertung										●	

Potenzielle Wirkstärke: 0: keine Wirkung, 1: sehr niedrige Wirkung, 10: sehr große Wirkung; Realisierungswahrscheinlichkeit: 0: Ausgeschlossen, 1: sehr unwahrscheinlich, 10: schon da; Realisierungszeit: 0: nie, 1: in ferner Zukunft, 10: schon da; Sicherheit der Bewertung: 0: wir fühlen uns in unserer Bewertung sehr unsicher; 10: Wir fühlen uns in unserer Bewertung sehr sicher.

4.5.3 Sharing Economy (Unterkunft, Mobilität, Essen, Aktivitäten)

In der sogenannten Sharing Economy bündeln sich vier wesentliche touristische Leistungen, Unterkunft (*shared accommodation*), Mobilität (An und Abreise sowie Mobilität in der Destination), Essen (z. B. Eatwith) und Aktivitäten vor Ort, wie etwa die Nutzung von Guides (UNWTO World Tourism Organisation 2017; Busch u. a. 2018).

Grundsätzlich kann unterstellt werden, dass Sharing-Angebote zusätzliche Kapazitäten in den Markt bringen und daher zu einer Nachfrageerhöhung führen können, was im Hinblick auf das Reisevolumen als Nachhaltigkeitsrisiko einzuschätzen ist. Dieses Risiko ist verhältnismäßig hoch zu bewerten, da vor allem *shared accommodation* einen anderen Typ von Reisenden anzusprechen scheint als klassische Unterkunftsangebote (Airbnb 2019; Schmücker, Sonntag, und Wagner 2018; Kagermeier, Köller, und Stors 2015; Sonntag, Schmücker, und Wagner 2018; Orgaz u. a. 2018; Guttentag 2016). Diese Reisenden sind häufig jünger, aufgeschlossener und preissensibler als der Urlauber-Durchschnitt. Es ist zu vermuten, dass diese Gruppe für günstige Flugtarife gut ansprechbar ist. Gerade sogenannte Billigflüge funktionieren stark angebotsgetrieben: Genügend Kapazität für sehr günstige Preise zieht regelmäßig eine höhere Nachfrage nach sich, unabhängig vom konkreten Ziel.

Tabelle 51: Risiko: Sharing Economy – Nachfragestimulation – Reisevolumen

Kategorie: Digitale Plattformen, Sharing Economy und Soziale Netzwerke											
Skala	0	1	2	3	4	5	6	7	8	9	10
Potenzielle Wirkstärke								●			
Realisierungswahrscheinlichkeit											●
Realisierungszeit											●
Sicherheit der Bewertung									●		

Potenzielle Wirkstärke: 0: keine Wirkung, 1: sehr niedrige Wirkung, 10: sehr große Wirkung; Realisierungswahrscheinlichkeit: 0: Ausgeschlossen, 1: sehr unwahrscheinlich, 10: schon da; Realisierungszeit: 0: nie, 1: in ferner Zukunft, 10: schon da; Sicherheit der Bewertung: 0: wir fühlen uns in unserer Bewertung sehr unsicher; 10: Wir fühlen uns in unserer Bewertung sehr sicher.

Ein weiteres Risikopotenzial besteht in der „Neu-Touristifizierung" von bisher nicht oder wenig touristisch genutzten Gegenden. Diese Entwicklung ist bisher mehrfach exemplarisch vor allem im städtischen Raum untersucht worden (Koens 2017), betrifft aber, unter dem Stichwort „Instagramability", auch nicht städtische Räume (vgl. den Strand von Ko Phi Phi Le oder den #Superbloom im Walker Canyon). In diesem Kontext ist auch die touristische Nutzung von – in vielen Städten dringend benötigtem Wohnraum – für die Kurzfristvermietung zu sehen.

Dieses Risiko halten wir für potenziell wirkstärker als die Volumenerhöhung. Allerdings ist davon auszugehen, dass es vor allem Städte und Orte betrifft, die bereits heute stark touristisch nachgefragt sind.

Tabelle 52: Risiko: Sharing Economy – Neu-Touristifizierung – Nachhaltigere Reisegestaltung

Kategorie: Digitale Plattformen, Sharing Economy und Soziale Netzwerke											
Skala	0	1	2	3	4	5	6	7	8	9	10
Potenzielle Wirkstärke									●		
Realisierungswahrscheinlichkeit										●	
Realisierungszeit										●	
Sicherheit der Bewertung									●		

Potenzielle Wirkstärke: 0: keine Wirkung, 1: sehr niedrige Wirkung, 10: sehr große Wirkung; Realisierungswahrscheinlichkeit: 0: Ausgeschlossen, 1: sehr unwahrscheinlich, 10: schon da; Realisierungszeit: 0: nie, 1: in ferner Zukunft, 10: schon da; Sicherheit der Bewertung: 0: wir fühlen uns in unserer Bewertung sehr unsicher; 10: Wir fühlen uns in unserer Bewertung sehr sicher.

Als weiteres Risiko im Rahmen der Sharing Economy wird die mögliche Unterschreitung von gesetzlichen Regelungen und Standards bis hin zur angeblich vermehrt auftretenden Steuerhinterziehung angeführt (UNWTO World Tourism Organisation 2017). Fallberichte über Uber-Fahrer, die sich für ihre Tätigkeit verschulden, illustrieren diese Risikogruppe. Tatsächlich erscheint die Sharing Economy weniger reguliert als andere Unterkunfts- oder Transportbranchen, nicht nur in Deutschland, sondern weltweit (UNWTO World Tourism Organisation 2017). Allerdings fällt es schwer, einen systematischen Zusammenhang zur Digitalisierung herzustellen, denn die Probleme von Scheinselbständigkeit oder Regulierungen für Privatvermietungen sind selbstverständlich nicht erst mit der Plattformökonomie entstanden. Gleichwohl erfährt dieses Thema durch die Möglichkeiten der Vernetzung (zwischen privaten Anbietern und Nachfragern) eine erhöhte Relevanz. Es ist dadurch aber auch davon auszugehen, dass sich die Politik dieses Themas annimmt und entsprechend Rahmenbedingungen schafft. Aufgrund dieser Überlegungen weisen wir diesem Komplex ein eher geringes Wirkpotenzial zu.

Tabelle 53: Risiko: Sharing Economy – Unterschreitung gesetzlicher Mindeststandards– Nachhaltigere Reisegestaltung

Kategorie: Digitale Plattformen, Sharing Economy und Soziale Netzwerke											
Skala	0	1	2	3	4	5	6	7	8	9	10
Potenzielle Wirkstärke						●					
Realisierungswahrscheinlichkeit										●	
Realisierungszeit										●	
Sicherheit der Bewertung									●		

Potenzielle Wirkstärke: 0: keine Wirkung, 1: sehr niedrige Wirkung, 10: sehr große Wirkung; Realisierungswahrscheinlichkeit: 0: Ausgeschlossen, 1: sehr unwahrscheinlich, 10: schon da; Realisierungszeit: 0: nie, 1: in ferner Zukunft, 10: schon da; Sicherheit der Bewertung: 0: wir fühlen uns in unserer Bewertung sehr unsicher; 10: Wir fühlen uns in unserer Bewertung sehr sicher.

Als Chancen finden wir, gleichsam als Kehrseite der Touristifizierung, die Chance auf „bessere Begegnungen". Damit ist gemeint, dass Touristen einer „Ghettoisierung" entgehen können und authentische Begegnungen einen positiven sozialen Effekt für beide Seiten entfalten können (NECSTouR 2016; Mody, Suess, und Dogru 2018).

Tabelle 54: Chance: Sharing Economy – Bessere Begegnungen – Nachhaltigere Reisegestaltung

Kategorie: Digitale Plattformen, Sharing Economy und Soziale Netzwerke											
Skala	0	1	2	3	4	5	6	7	8	9	10
Potenzielle Wirkstärke								●			
Realisierungswahrscheinlichkeit										●	
Realisierungszeit									●		
Sicherheit der Bewertung										●	

Potenzielle Wirkstärke: 0: keine Wirkung, 1: sehr niedrige Wirkung, 10: sehr große Wirkung; Realisierungswahrscheinlichkeit: 0: Ausgeschlossen, 1: sehr unwahrscheinlich, 10: schon da; Realisierungszeit: 0: nie, 1: in ferner Zukunft, 10: schon da; Sicherheit der Bewertung: 0: wir fühlen uns in unserer Bewertung sehr unsicher; 10: Wir fühlen uns in unserer Bewertung sehr sicher.

Ebenfalls als Chance ist die Vermeidung ungenutzter Ressourcen bzw. die effizientere Nutzung vorhandener Ressourcen durch Mechanismen der Sharing Economy zu sehen. Statt immer neue Fahrzeuge, Wohnungen oder Restaurants zu beschaffen und zu bauen, kann die Sharing Economy dazu beitragen, dass die ohnehin vorhandenen Ressourcen intensiver genutzt werden. Dazu gehören auch das Pooling von Transportnachfrage und die damit einhergehende Ressourceneinsparung, etwa durch Mitfahrbörsen wie Blablacar. Eine weitere Folge der Sharing Economy, sofern sie sich tatsächlich auf die private Zurverfügungstellung von touristischen Angeboten bezieht, ist die breitere ökonomische Partizipationsbasis. Die geringeren Eintrittsbarrieren erlauben es Menschen, ökonomisch und sozial am Tourismus zu partizipieren, denen das bisher unmöglich war (UNWTO World Tourism Organisation 2017; Busch u. a. 2018).

Tabelle 55: Chance: Sharing Economy – Vermeidung ungenutzter Ressourcen/Breitere ökonomische Partizipationsbasis – Nachhaltigere Reisegestaltung

Kategorie: Digitale Plattformen, Sharing Economy und Soziale Netzwerke											
Skala	0	1	2	3	4	5	6	7	8	9	10
Potenzielle Wirkstärke								●			
Realisierungswahrscheinlichkeit										●	
Realisierungszeit									●		
Sicherheit der Bewertung										●	

Potenzielle Wirkstärke: 0: keine Wirkung, 1: sehr niedrige Wirkung, 10: sehr große Wirkung; Realisierungswahrscheinlichkeit: 0: Ausgeschlossen, 1: sehr unwahrscheinlich, 10: schon da; Realisierungszeit: 0: nie, 1: in ferner Zukunft, 10: schon da; Sicherheit der Bewertung: 0: wir fühlen uns in unserer Bewertung sehr unsicher; 10: Wir fühlen uns in unserer Bewertung sehr sicher.

5 Fazit und Handlungsoptionen

5.1 Analyse der Wirkpfade und Relevanzbewertungen

Wir haben in dieser Untersuchung insgesamt 51 Wirkpfade beschrieben, von denen wir 49 hinsichtlich potenzieller Wirkstärke, Realisierungswahrscheinlichkeit, Realisierungszeit bewertet haben.

Die beiden übergreifenden negativen Wirkpfade zum Energie- und Ressourcenverbrauch (vgl. Abschnitt 4.2.3 auf Seite 110) und zur Nachfragesteigerung aufgrund eines digitalisierungsinduzierten Effizienzeffektes (vgl. Abschnitt 4.2.2.1 auf Seite 108) konnten von uns aufgrund zu unsicherer Datenlage nicht bewertet werden. Außerdem wurden für die Kategorie „Cloud Computing" keine Bewertungen vorgenommen (vgl. Abschnitt 4.4.5 aus Seite 148).

Die folgenden Übersichten zeigen zusammengefasst die Ergebnisse der Bewertungen für die verbliebenen 50 Wirkpfade.

Insgesamt wurden deutlich mehr positive (34) als negative (16) Wirkpfade identifiziert. Hinsichtlich der beiden großen Zielgrößen „Reisevolumen" und „Reisegestaltung" sehen wir mehr negative Wirkpfade beim Volumen und mehr positiven Wirkpfade bei der Reisegestaltung (Tabelle 56).

Tabelle 56: Anzahl Wirkpfade je Zielgröße

Kategorie	Reisevolumen	Reisegestaltung	Gesamt
Anzahl positive Wirkpfade	2	32	34
Anzahl negative Wirkpfade	9	7	16
Anzahl Wirkpfade gesamt	**11**	**39**	**50**

Datengrundlage: Kapitel 4

Die meisten Wirkpfade wurden in den Kategorien „künstliche Intelligenz", „Smart Mobile Devices und Digital Payment", „Digitale Plattformen" sowie „Big Data Analytics" identifiziert (Tabelle 57).

Betrachtet man nicht nur die Zahl der Wirkpfade, sondern deren Relevanzbewertung, so sind die positiven mittleren Bewertungen mit durchschnittlich 6,4 etwas wirkstärker als die negativen Bewertungen mit durchschnittlich 6,2 (Tabelle 58), allerdings ist der Unterschied nicht sehr ausgeprägt. Bildet man über die negativen bzw. positiven Relevanzbewertungen die Summe je Kategorie

(„Score" in Tabelle 58), so finden wir den höchsten positiven Wert (54) in der Kategorie „künstliche Intelligenz" und den höchsten negativen Wert (23) in der Kategorie „Big Data Analytics".

Die Darstellung in Abbildung 20 zeigt die Bewertung aller 50 Wirkpfade noch einmal im Überblick. Es wird deutlich, dass sich die positiven Wirkpfade vor allem in der Kategorie Reisegestaltung finden, während beim Volumen negative Wirkpfade überwiegen. Hinsichtlich der Wirkstärke ist das Bild aber ausgeglichener. Deutlich wird auch, dass die sehr geringen und sehr großen Wirkstärken wenig bis gar nicht besetzt sind. Bei den sehr geringen Werten (0–3) liegt das daran, dass die Autoren Aspekte, die von vornherein irrelevant zu sein schienen, im Rahmen des *Horizon Scanning* (vgl. Abschnitt 2) von der Betrachtung ausgeschlossen haben.

Tabelle 57: Anzahl Wirkpfade je Kategorie

Kategorie	Anzahl Wirkpfade	Anzahl positive Wirkpfade	Anzahl negative Wirkpfade
0 Übergreifende Wirkungen	2 (+2)	1	1 (+2)
1 Big Data Analytics	7	4	3
2 Internet der Dinge und Geo-Intelligence	3	3	0
3 Künstliche Intelligenz	10	8	2
4 Smart Mobile Devices und Digital Payment	9	6	3
5 Erweiterte Realität (AR, VR, MR)	5	3	2
6 Sicherheit, Datenschutz und Blockchain	2	1	1
7 Digital Accessibility und Open Data	3	2	1
8 Cloud Computing	-	-	-
9 Digitale Plattformen, Sharing Economy und soziale Netzwerke	9	6	3
Alle Kategorien zusammen	49	34	15

Datengrundlage: Kapitel 4

Analyse der Wirkpfade und Relevanzbewertungen

Tabelle 58: Negative und positive Wirkstärken je Kategorie

Kategorie	Mittlere positive Wirkstärke	Mittlere negative Wirkstärke	Score positiv	Score negativ
0 Übergreifende Wirkungen	4,0	8,0	4	8
1 Big Data Analytics	6,3	7,7	25	23
2 Internet der Dinge und Geo-Intelligence	7,3	-	22	0
3 Künstliche Intelligenz	6,8	5,0	54	10
4 Smart Mobile Devices und Digital Payment	6,7	6,0	40	18
5 Erweiterte Realität (AR, VR, MR)	5,7	4,0	17	8
6 Sicherheit, Datenschutz und Blockchain	4,0	6,0	4	6
7 Digital Accessibility und Open Data	8,0	6,0	16	6
8 Cloud Computing	-	-	-	-
9 Digitale Plattformen, Sharing Economy und soziale Netzwerke	6,2	6,7	37	20
Alle Kategorien zusammen	**6,4**	**6,2**	**219**	**99**

Datengrundlage: Kapitel 4

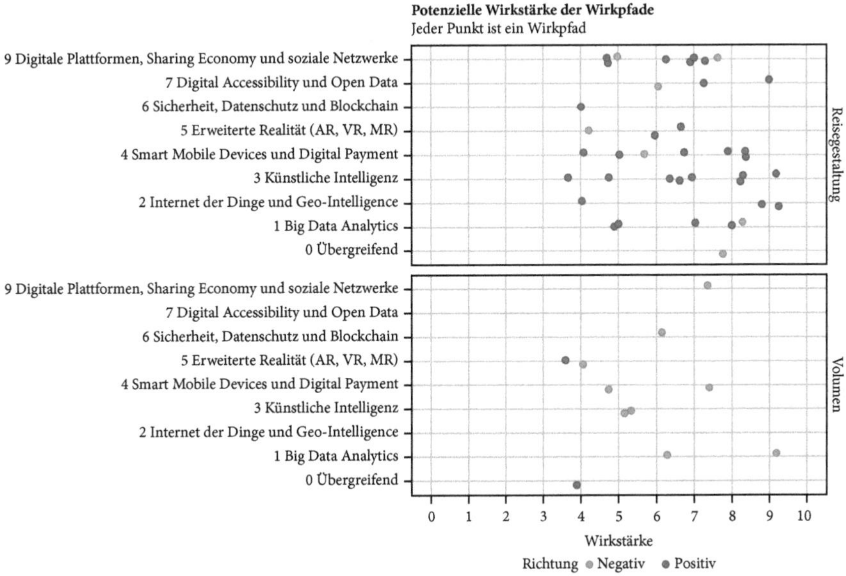

Abbildung 20: Potenzielle Wirkstärke der Wirkpfade
Quelle: Eigene Darstellung, Datengrundlage: Kapitel 4

Im Hinblick auf die Reisegestaltung sind die *durchschnittlichen* Wirkstärken der positiven und negativen Wirkpfade zwar etwa ausgeglichen, allerdings gibt es deutlich mehr positive als negative Wirkpfade. Im Hinblick auf das Reisevolumen sind die negativen Wirkpfade nicht nur Wirkstärker, sondern auch zahlreicher (Tabelle 59).

Tabelle 59: Mittlere negative und positive Wirkstärke je Zielgröße

Kategorie	Reisevolumen		Reisegestaltung		Zusammen	
	Anzahl Wirkpfade	Durchschn. Wirkstärke	Anzahl Wirkpfade	Durchschn. Wirkstärke	Anzahl Wirkpfade	Durchschn. Wirkstärke
Positive Wirkpfade	2	4,0	32	6,6	34	6,4
Negative Wirkpfade	9	6,0	7	6,5	16	6,2

Datengrundlage: Kapitel 4

Die Wirkpfade mit der größten potenziellen Wirkstärke sind nach unserer Einschätzung auf der positiven Seite die effizientere Ressourcennutzung durch *Smart Facilities* und die Möglichkeiten, mit Hilfe digitaler Methoden das Konsumverhalten zu verändern – sei es durch Steuerung und Lenkung oder durch Anreizsysteme (*Nudging*). Die 34 positiven Wirkpfade sind, nach Wirkstärke sortiert, in Tabelle 60 dargestellt, die 16+2 negativen Wirkpfade dann im Anschluss in Tabelle 61.

Tabelle 60: Die 34 positiven Wirkpfade

Kategorie	Anwendungsbereich/ Wirkpfad	Zielgröße	potenzielle Wirkstärke
2 Internet der Dinge und Geo-Intelligence	Smart Facilities – Effizientere Ressourcennutzung	Reisegestaltung	9,0
2 Internet der Dinge und Geo-Intelligence	Sensorik von Umweltbelastungen – Besuchersteuerung	Reisegestaltung	9,0
3 Künstliche Intelligenz	Smarte Belohnungssysteme – Anreizvermittlung	Reisegestaltung	9,0
7 Digital Accessibility und Open Data	Sensorik von Umweltbelastungen – Ressourcentransparenz	Reisegestaltung	9,0

Kategorie	Anwendungsbereich/ Wirkpfad	Zielgröße	potenzielle Wirkstärke
1 Big Data Analytics	Besucherlenkung – Entzerrung	Reisegestaltung	8,0
3 Künstliche Intelligenz	Autonome Mobilität – Leichterer Intermodalität in der Destination	Reisegestaltung	8,0
3 Künstliche Intelligenz	Autonome Mobilität – Smart Pooling	Reisegestaltung	8,0
4 Smart Mobile Devices und Digital Payment	Location Based Recommender – Empfehlung nachhaltigere Alternative	Reisegestaltung	8,0
4 Smart Mobile Devices und Digital Payment	Mobile Übersetzungs-App – Bessere Begegnungen	Reisegestaltung	8,0
4 Smart Mobile Devices und Digital Payment	Freiwillige Bezahlung von Ökosystemleistungen	Reisegestaltung	8,0
1 Big Data Analytics	Marktforschung/ Produktgestaltung – Nachhaltigere Angebote	Reisegestaltung	7,0
3 Künstliche Intelligenz	Autonome Recommender – Anreizvermittlung	Reisegestaltung	7,0
3 Künstliche Intelligenz	Predicitve Analytics – Entzerrung, Stau, Wartezeiten	Reisegestaltung	7,0
4 Smart Mobile Devices und Digital Payment	Umweltverbund-Information – Nutzung der nachhaltigeren Alternative vor Ort	Reisegestaltung	7,0
5 Erweiterte Realität (AR, VR, MR)	AR während der Reise (Immersion) – Bewusstseinsbildung	Reisegestaltung	7,0
7 Digital Accessibility und Open Data	Open Data – Bewusstseinsbildung	Reisegestaltung	7,0
9 Digitale Plattformen, Sharing Economy und soziale Netzwerke	Sharing Economy – Bessere Begegnungen	Reisegestaltung	7,0
9 Digitale Plattformen, Sharing Economy und soziale Netzwerke	Sharing Economy – Vermeidung ungenutzter Ressourcen	Reisegestaltung	7,0
9 Digitale Plattformen, Sharing Economy und soziale Netzwerke	Sharing Economy – Breitere ökonomische Partizipation	Reisegestaltung	7,0

(fortgeführt)

Tabelle 60: Fortsetzung

Kategorie	Anwendungsbereich/ Wirkpfad	Zielgröße	potenzielle Wirkstärke
3 Künstliche Intelligenz	Customer Service – Entlastung von Routineaufgaben	Reisegestaltung	6,0
5 Erweiterte Realität (AR, VR, MR)	AR während der Reise (Immersion) – Virtuelle Modernisierung	Reisegestaltung	6,0
9 Digitale Plattformen, Sharing Economy und soziale Netzwerke	Green Travel Platforms – Verbesserte Wahrnehmung nachhaltiger Produkte	Reisegestaltung	6,0
1 Big Data Analytics	Kommunikation/ Verkauf – Transparentere Kundeninformation	Reisegestaltung	5,0
1 Big Data Analytics	Besucherlenkung – Neue Begegnungen	Reisegestaltung	5,0
3 Künstliche Intelligenz	Autonome Reinigungssysteme – Müllreduzierung	Reisegestaltung	5,0
4 Smart Mobile Devices und Digital Payment	Local Logistics – Regionale Produkte	Reisegestaltung	5,0
9 Digitale Plattformen, Sharing Economy und soziale Netzwerke	Reputation Management – Bessere Begegnungen	Reisegestaltung	5,0
9 Digitale Plattformen, Sharing Economy und soziale Netzwerke	Reputation Management – Soziale Bestrafung	Reisegestaltung	5,0
0 Übergreifend	Surrogateffekt	Volumen	4,0
2 Internet der Dinge und Geo-Intelligence	Smart Tags – Verzicht auf Papier- und Plastiketiketten	Reisegestaltung	4,0
3 Künstliche Intelligenz	Customer Service – Integration von NH-Informationen	Reisegestaltung	4,0
4 Smart Mobile Devices und Digital Payment	Citizen Science – Bessere Begegnungen in/mit der Destination	Reisegestaltung	4,0
5 Erweiterte Realität (AR, VR, MR)	VR vor/während der Reise – Surrogat	Volumen	4,0
6 Sicherheit, Datenschutz und Blockchain	Herkunftsnachweise – Nachfrage nach regoinalen Produkten	Reisegestaltung	4,0

Tabelle 61: Die 16+2 negativen Wirkpfade

Kategorie	Anwendungsbereich/ Wirkpfad	Zielgröße	potenzielle Wirkstärke
0 Übergreifend	Effizienzeffekt Nachfragesteigerung	Volumen	nicht quantifiziert
0 Übergreifend	Energie- und Ressourcenverbrauch	unmittelbare Umweltwirkung	nicht quantifiziert
1 Big Data Analytics	Marktforschung/ Produktgestaltung – Weniger nachhaltige Angebote	Volumen	9,0
0 Übergreifend	Personalproduktivität und Jobs	Reisegestaltung	8,0
1 Big Data Analytics	Kommunikation/ Verkauf – Transparentere Kundeninformation	Reisegestaltung	8,0
9 Digitale Plattformen, Sharing Economy und soziale Netzwerke	Sharing Economy – Neu-Touristifizierung	Reisegestaltung	8,0
4 Smart Mobile Devices und Digital Payment	Mobile Übersetzungs-App – Geringere Barrieren	Volumen	7,0
9 Digitale Plattformen, Sharing Economy und soziale Netzwerke	Sharing Economy – Nachfragestimulation	Volumen	7,0
1 Big Data Analytics	Besucherlenkung – Attraktivitätssteigerung	Volumen	6,0
4 Smart Mobile Devices und Digital Payment	Autom. Kundenidentifizierung – Intensivere Nutzung von Tourism Facilities	Reisegestaltung	6,0
7 Digital Accessibility und Open Data	Offene/nutzergeneriert Daten für die Reiseplanung – Unerwünschte Lenkung von Besucherströmen	Reisegestaltung	6,0
6 Sicherheit, Datenschutz und Blockchain	Smart Contracts – effizientere Reiseplanung	Volumen	6,0
3 Künstliche Intelligenz	Predictive Analytics – Verkehrszunahme	Volumen	5,0
3 Künstliche Intelligenz	Autonome Mobilität – Verkehrszunahme	Volumen	5,0
4 Smart Mobile Devices und Digital Payment	Sinkende Transaktionskosten – sinkende Preise	Volumen	5,0

(fortgeführt)

Tabelle 61: Fortsetzung

Kategorie	Anwendungsbereich/ Wirkpfad	Zielgröße	potenzielle Wirkstärke
9 Digitale Plattformen, Sharing Economy und soziale Netzwerke	Sharing Economy – Unterschreitung gesetzlicher Mindeststandards	Reisegestaltung	5,0
5 Erweiterte Realität (AR, VR, MR)	VR vor/während der Reise – Lust aufs Reisen	Volumen	4,0
5 Erweiterte Realität (AR, VR, MR)	AR während der Reise (Immersion) – Mentale Distanzierung	Reisegestaltung	4,0

5.2 Zusammenfassende Beurteilung der Wirkpfade und Relevanzbewertungen

Fasst man die Analyse der 49 Wirkpfade und Relevanzbewertungen (+ zwei nichtbewertete übergreifende Wirkpfade) zusammen, so ergeben sich folgende zentrale Schlussfolgerungen:

1. Wir konnten im Hinblick auf die Nachhaltigkeitswirkung deutlich mehr positive als negative Wirkpfade identifizieren. Ein positiver Wirkpfad wird als Nachhaltigkeitschance, ein negativer Wirkpfad als Nachhaltigkeitsrisiko interpretiert (vgl. Abschnitt 2.4.3 auf Seite 59). Daraus folgt: **Die Digitalisierung hat für eine nachhaltige Entwicklung des Tourismus mehr Chancen als Risiken.**

2. Wir haben zwei wesentliche Zielgrößen für eine Wirkung der Digitalisierung identifiziert: Die Veränderung des Reisevolumens und die Veränderung der Reisegestaltung (vgl. Abbildung 5 auf Seite 58). Die von uns identifizierten **Nachhaltigkeitschancen beziehen sich ganz überwiegend auf die Reisegestaltung** und nur in (zwei) Ausnahmefällen auf das Reisevolumen.

3. Die von uns identifizieren **Nachhaltigkeitsrisiken beziehen sich sowohl auf das Reisevolumen als auch auf die Reisegestaltung.** Der von uns nicht bewertbare übergeordnete Effizienzeffekt der Digitalisierung (vgl. Abschnitt 4.2.2.1 auf Seite 108) ist ebenfalls der Kategorie „Nachhaltigkeitsrisiko für das Reisevolumen" zuzuordnen.

4. Zu den Risiken gehört auch der, ebenfalls nicht bewertbare, Energie- und Ressourcenverbrauch durch digitale Netze und Geräte als weiteres Nachhaltigkeitsrisiko, dessen Relevanz eher höher denn niedriger einzustufen ist (vgl. Abschnitt 4.2.3 auf Seite 110).

5. Die **größten Nachhaltigkeitschancen liegen in der Kategorie „Künstliche Intelligenz"**: Sie weist die meisten positiven Wirkpfade auf (8), die zudem mit einer hohen durchschnittlichen Relevanz versehen wurden (7,0). Die **größten Nachhaltigkeitsrisiken liegen in der Kategorie „Big Data Analytics"** mit 3 Wirkpfaden und einer durchschnittlichen Relevanz von 7,7. Es muss bei dieser Betrachtung aber betont werden, dass die Zuordnung einzelner Anwendungen zu den Kategorien nicht immer trennscharf ist (vgl. Abschnitt 3.1.3 auf Seite 63). Die Kategorien sind so stark verschränkt, dass kaum eine Anwendung nur einer Kategorie zuzuordnen wäre.
6. **Viele Anwendungen bergen Chance und Risiko zugleich.** Ein wenig wirkmächtiges Beispiel ist die Anwendung von Virtueller Realität vor der Reise: Sie kann dazu führen, dass Reisen gar nicht erst angetreten werden, weil die virtuelle Welt als Ersatz dient. Ebenso gut ist es aber denkbar, dass die Auseinandersetzung mit der virtuellen Destination erst recht Lust aufs Reisen macht, um nicht nur das Surrogat, sondern auch das Original zu erleben. In ähnlicher Weise, aber wirkstärker, sind Big Data-Anwendungen etwa in der Produktgestaltung oder in der Verkaufskommunikation zu sehen: Sie können dazu genutzt werden, nachhaltigere Reisen zu gestalten und zu verkaufen. Sie können aber auch genutzt werden, um weniger nachhaltige Reisen, und davon mehr, zu gestalten und zu verkaufen (Letzteres sehen wir als wahrscheinlicher an).
7. Wesentliche **Nachhaltigkeitsrisiken** resultieren daraus, dass nicht besonders auf Nachhaltigkeit ausgerichtete **große Unternehmen der Tourismusbranche die Potenziale der Digitalisierung für eine Volumenzunahme (mehr und weitere Reisen) schneller nutzen** als die Branche insgesamt die Nachhaltigkeitschancen der Digitalisierung bei der Reisegestaltung realisieren kann. Diese Potenziale liegen vor allem in der effizienteren Produktion und Vermarktung von Reisen durch Big Data-getriebene Anwendungen (Wirkpfade über Marktforschung und Produktgestaltung sowie effizientere Kundeninformation). Unternehmen, die vor allem aufgrund ihrer Größe solche Technologie effizient und effektiv nutzen können, sind in der Lage, die Bedürfnisse ihrer Kunden besser und schneller zu erkennen und zu monetarisieren. Hinzu tritt ein Risiko für die (heute noch) Beschäftigten der Tourismusbranche durch **Arbeitsplatzverlust aufgrund von digital gesteuerter Automatisierung** von Kundenberatung und -service.

8. Durch die Digitalisierung wird das Reisen zum einen übergangslos (*Seamless Travel*), denn Abfertigungen am Flughafen sind durch digitale Eincheck-Technologien angenehm durchführbar, digitale Bezahlsysteme lassen umständliche Geldwechsel entfallen und mittels *Translation on Demand Services* können selbst Sprachbarrieren überwunden werden. Zum anderen können über digitale Plattformen Angebot und Nachfrage sehr einfach verbunden werden. Nischenangebote können einfach wahrgenommen und durch Angebote der Sharing Economy sogar Dienste von Privatpersonen in Anspruch genommen werden. **All diese Entwicklungen führen in ihrer Tendenz eher zu mehr denn weniger Reisen und damit per Saldo zu einer höheren Belastung für die Umwelt**, was wir auch mit dem übergreifenden Effizienzeffekt betont haben.
9. Den Risiken stehen aber **zahlreichere Chancen** gegenüber. Zu den Chancen gehören unter anderem die Möglichkeiten, die sich in der **digitalisierten Mobilität** finden lassen, etwa selbst-regulierende, entzerrte Verkehrssysteme. In diesem Zusammenhang sind auch mögliche Einsparungen durch die **optimierte Nutzung von Mobilitäts-, Unterkunfts- und Freizeitressourcen** (*sharing*) zu nennen. Eine weitere Chance der Digitalisierung sehen wir in der Verbreitung **von ressourcenschonenden Smart Facilities** (Hotels und andere Unterkunftsbetriebe, Freizeitbetriebe). Aber auch hier gilt die bereits betonte Ambivalenz: Eine effizientere Nutzung und damit verbundene neue Konzepte können, müssen aber nicht in einer Reduktion des Verbrauchs münden. So bleibt durch neue Mobilitätskonzepte derzeit noch abzuwarten, ob dies per Saldo zu Einsparungen oder einfach zu noch mehr Mobilität führt, weil der Zugang zu Mobilität einfacher und vielfältiger wird.
10. Die nach unserer Einschätzung wirkkräftigsten Chancen resultieren aus den Möglichkeiten, welche die Digitalisierung für eine **Verhaltensänderung der Nachfrager** enthält. **Transparentere real-time Informationen** (etwa über die Auslastung von Attraktionen oder die aktuelle Wetter- und Umweltsituation) **in Verbindung mit intelligenten Empfehlungen (Recommender) für die nachhaltigere Alternative** haben das Potenzial, Verhaltensänderungen zu stimulieren. Digitalisierung bietet zahlreiche Chancen, Anreize für die Wahl der nachhaltigeren Alternative zu setzen – durch Belohnungssysteme, Echtzeit-Nutzenversprechen, transparente Information, Bewusstseinsbildung oder Veränderung des Informationsumfeldes (*Nudging*). Mit dem Internet der Dinge wird zum einen die Erhebung von Daten mittels Sensoren sowie deren Vernetzung betont. Im Umkehrschluss bedeutet dies zum anderen, dass in der Messung unterschiedlichster Variablen sowie deren Auswertung ein enormes Potenzial auch für die nachhaltige Entwicklung im Tourismus liegt. Bei den

identifizierten Beispielen, die diesem Bereich zuzuordnen sind, wird insbesondere die Auswertung des aktionsräumlichen Verhaltens deutlich. Besucherströme sowie der mit diesen Bewegungen und den Aktivitäten der Gäste verbundene Ressourcenverbrauch kann künftig einfacher gemessen werden und es lassen sich daraus Maßnahmen zur Einsparung von Ressourcen ableiten. Innerhalb der Beispiele wurde dabei deutlich, dass zum einen über die Transparenz des Verbrauchs eine Sensibilisierung der Gäste stattfinden kann. Zum anderen können Touristen dann aber auch zu einem alternativen Verhalten animiert werden. Dies ist aus unserer Sicht der **größte Chancenkomplex für die nachhaltige Tourismusentwicklung** durch Digitalisierung.

5.3 Handlungsoptionen

Ziel dieser Studie ist es, eine Orientierung dahingehend zu geben, welche Themenfelder im Spannungsfeld von Digitalisierung und nachhaltiger Tourismusentwicklung besonders relevant sind und die weitere Untersuchung lohnenswert erscheinen lassen. Ziel dieser Studie ist es nicht, unmittelbare Handlungsoptionen abzuleiten. Gleichwohl sollen einige Perspektiven aufgezeigt werden.

Die in dieser Studie aufgezeigten **Nachhaltigkeitschancen und -risiken sind keine Automatismen**. Bei vielen, wenn nicht allen angeführten Anwendungen gibt es Gestaltungsmöglichkeiten. Letztlich kommt es auch darauf an, ob die Möglichkeiten der Digitalisierung positiv im Sinne der Nachhaltigkeit genutzt werden, oder ob Aspekte der Nachhaltigkeit keine Berücksichtigung finden. **Die Digitalisierung als solche ist a priori weder positiv oder negativ**. Vielmehr handelt es sich um Technologien, die durch ihre Überführung in Anwendungen stärker positiv oder negativ im Sinne einer touristischen Nachhaltigkeit genutzt bzw. vom Gast angenommen werden können. Diese Perspektive folgt einer Leitlinie des WBGU-Gutachtens „Unsere gemeinsame digitale Zukunft": *„Die digitalen Ressourcen und Projekte werden jedoch bisher überwiegend für konventionelles Wachstum auf etablierten Märkten im internationalen Wettbewerb eingesetzt. Sinn und Zweck des digitalen Fortschritts in diesen Zusammenhängen ist nicht in erster Linie die Nachhaltigkeit; Aspekte wie Unterhaltung, Bequemlichkeit, Sicherheit und nicht zuletzt kurzfristige finanzielle Gewinne dominieren. Im Großen wirken Digitalisierungsprozesse heute eher als Brandbeschleuniger bestehender nicht nachhaltiger Trends, also der Übernutzung natürlicher Ressourcen und wachsender sozialer Ungleichheit in vielen Ländern."* (WBGU 2019)

Grundsätzlich eröffnen sich durch den technologischen Fortschritt neue Möglichkeiten zur Gestaltung der Reisen und des Managements der Reiseprozesse. Im Grundsatz wird es jedoch immer darauf ankommen, inwieweit bei den einzelnen

Prozessen Nachhaltigkeitsaspekte bewusst Berücksichtigung finden. Grundvoraussetzung ist entsprechend, dass das Thema Nachhaltigkeit eine gesellschaftlich relevantere Stellung erhält, denn nur dann werden sowohl Politik, Forschung als auch Unternehmen bei der Entwicklung und Nutzung digitaler Techniken ökologische und soziale Aspekte der Nachhaltigkeit hinreichend berücksichtigen.

Die angeführten Beispiele zeigen, dass der Tourismus eine Vielzahl digitaler Entwicklungen nutzt, die ursprünglich **nicht originär für den Tourismus entwickelt** wurden. Beispielhaft seien hier die vielfältigen Themen der Mobilität genannt. Viele dieser Themen werden vor allem im Hinblick auf die Nutzung in Ballungsräumen entwickelt und diskutiert, ohne touristische Belange und Anwendungsmöglichkeiten zu berücksichtigen. So ist es bis heute kaum gelungen im Rahmen von Fragen der Stadtentwicklung (Fokus Einwohner und Gewerbe) touristische Fragestellungen mit zu behandeln. Entsprechend ist deutlich mehr Koordination und Zusammenarbeit erforderlich. Andererseits sollten touristische Akteure sich deutlich mehr in die Diskussion digitaler Themen in anderen Bereichen einbringen.

Die touristischen Anbieter, insbesondere die **tourismusrelevanten Unternehmen** in den Branchen Mobilität, Unterkunft, Freizeitgestaltung sowie Tourismusmarketing, können aber die aufgeführten Chancen nutzen. Dabei kommt den **digitalen Plattformen als *Gatekeeper* zum Kunden** besondere Bedeutung zu. Es ist also entscheidend, wie sich diese Plattformen entwickeln und welche Konsequenzen sich daraus ergeben. Auffällig ist, dass derartige Plattformen durch Netzwerk- und Lock In-Effekte eine Tendenz zur Monopolbildung haben und ihre Entwicklung stark an den Nutzererwartungen ausrichten. Aufgrund der regelmäßig nicht-altruistischen und einseitig ökonomisch ausgerichteten unternehmerischen Zielsetzung ist aber nicht zu erwarten, dass Unternehmen von sich aus, also ohne ökonomischen Anreiz, nachhaltigere Produkte anbieten.

Ein zentraler Baustein für solche ökonomischen Anreize ist ein sich veränderndes Nachfrageverhalten. Eine solche Veränderung ist im Markt zu beobachten, spielt sich aber momentan sehr langsam ab (vgl. Abschnitt 1.3 ab Seite 37). Gleichwohl können Unternehmen, die diese Nachfrageveränderung für sich nutzen wollen, alle hier untersuchten und in der Digitalisierung begründeten Chancen nutzen. Daraus kann einerseits ein sich selbst verstärkender Prozess resultieren. Andererseits können große wie kleine Unternehmen die entstehenden Nachfragepotenziale abschöpfen und – sei es im Longtail oder Mainstream – durch nachhaltigkeitsorientierte Nachfrage prosperieren. Es ist aber anzunehmen, dass die (gewerblichen) Tourismusanbieter kaum ein inhärentes Interesse an einer spezifisch nachhaltigen Entwicklung des Tourismus haben und die Digitalisierung kurz- bis mittelfristig (nur) für die kommerzielle Weiterentwicklung ihrer Unternehmen nutzen werden.

Auf betrieblicher Ebene sind in diesem Zusammenhang vor allem Smart Facility-Anwendungen zu nennen, durch die sich insbesondere für die Hotellerie und Gastronomie enorme Einsparpotenziale ergeben, die unabhängig von Nachhaltigkeitsinteressen, allein schon aus wirtschaftlicher Perspektive genutzt werden sollten. Diese Potenziale – insbesondere bei Heizungsanlagen und deren Aufrüstung durch selbstlernende Temperaturregelung oder auch „smarte" Duschen, die den Wasserverbrauch verringern – werden oftmals jedoch noch nicht ausreichend erkannt, bzw. sind die anfänglichen Investitionen entsprechender Systeme noch hoch. Hinzu kommt, dass derartige Innovationen von Gästen nicht unmittelbar wahrgenommen werden können, so dass ein direktes Feedback der Gäste kein Anreiz ist.

Damit rücken zwei Gruppen in den Fokus, die ein eigenständiges Interesse an einer nachhaltigen Tourismusentwicklung haben (können), nämlich **Politik und Verwaltung** einerseits und das **Destinationsmanagement** andererseits. Beide sind in gewissem Maße dem Allgemeinwohl verpflichtet und für beide bietet sich die Möglichkeit, die in dieser Untersuchung aufgezeigten Chancen zu nutzen.

Dazu zählen insbesondere die **Unterstützung und Implementierung von (Pilot-) Vorhaben** aus den hier aufgezeigten Kategorien, insbesondere im Bereich **Besuchersteuerung und -lenkung**. Die Nutzung von Big Data (etwa aus Mobilfunknetzen und anderen Sensoren der Mobile Devices) und die Übersetzung in Steuerungs- und Lenkungsmaßnahmen durch Nutzung von Mobile Devices stehen noch ganz am Anfang. Dazu zählen auch Erprobungen von touristischen Anreiz- und Belohnungssystemen, Poolingsysteme im Bereich der (intermodalen) Mobilität, Anreizverfahren für freiwillige Zahlungen für Ökosystemleistungen oder die Nutzungspotenziale von Open Data.

Insgesamt stehen wir erst am Anfang einer Entwicklung. Bezogen sich Überlegungen, welche die Digitalisierung betreffen bisher überwiegend auf den Bereich vor und nach der Reise, so ist hier eine klare Veränderung zu erkennen: Fragestellungen, welche die Digitalisierung betreffen, sind jetzt verstärkt auch während der Reise sichtbar. Dementsprechend kommt es aktuell zu vielen Umwälzungen in den Destinationen und Tourismusbetrieben selbst. Nun kommt es also darauf an, wie diese Fragestellungen beantwortet und damit die Destinationen und Betriebe selbst ausgestaltet werden. Diese Studie hält dafür Grundlage bereit, auf die es aufzubauen gilt. Aus den Erkenntnissen, die diese Studie aufzeigt, sollte die Einsicht entstehen, alle Digitalisierungs-schritte auch im Sinne der Nachhaltigkeit zu überdenken, bevor es in die Umsetzung geht.

A Anhang: Teilnehmende des Fachgesprächs im Januar 2019

Das Fachgespräch fand am 16. Januar 2019 im Standort Berlin des Umweltbundesamtes statt.

- Busche, Dorothea, DRV Deutscher ReiseVerband e.V., Berlin
- Ceron Baumann, Susana, Ventura TRAVEL GmbH, Berlin
- Herrmann, Hans-Joachim, Umweltbundesamt, Dessau-Roßlau
- Inninger, Wolfgang, Fraunhofer IML, Prien
- Jäger, Laura, Tourism Watch, Brot für die Welt e.V., Berlin
- Köhn, Marina, Umweltbundesamt, Dessau-Roßlau
- Krack, Juri, Umweltbundesamt, Dessau-Roßlau
- Kuczmierczyk, Gabriele, Bundesministerium für Umwelt, Naturschutz und nukleare Sicherheit, Berlin
- Neff, Dr. Christian, DB Regio Bus, Ingolstadt
- Quack, Prof. Dr. Heinz-Dieter, Kompetenzzentrum Tourismus des Bundes, Salzgitter
- Reich, Thorsten, Netzvitamine GmbH, Hamburg
- Schäfer, Cornelius, DRV Deutscher ReiseVerband e.V., Berlin
- Soutschek, Martin, Outdooractive GmbH & Co. KG, Immenstadt
- Strasser, Maritta, NaturFreunde Deutschlands e.V., Berlin
- Thomas, Petra, Forum Anders Reisen e.V., Hamburg
- Veenhoff, Sylvia, Umweltbundesamt, Dessau-Roßlau
- Wachotsch, Ulrike, Umweltbundesamt, Dessau-Roßlau
- Zeiss, Prof. Dr. Harald, Futouris e.V., Berlin

B Anhang: Beispielanwendungen und Anwendungsbeispiele

B.1 Big Data Analytics

B.1.1 Stadtkarte zeigt Geheimtipps von Einwohnern

Der Datenkünstler Eric Fischer verwendet Geomarkierungen in Fotos, um auf Stadtplänen farblich zu zeigen, wo sich hauptsächlich Touristen und wo sich Einheimische aufhalten. Macht eine Person etwa in ein und derselben Stadt über mehrere Monate hinweg Fotos, wird er als Einheimischer eingestuft und seine Geomarkierungen daher in Blau dargestellt. Markierungen von Touristen erhalten die Farbe Rot. Eric Fischer stellt diese Farbmarkierungen auf Stadtkarten zusammen, sodass sichtbar wird, was Einheimische in ihrer Stadt wirklich interessiert. Die interaktiven Karten können von Urlaubern als Reiseführer genutzt werden, um Geheimtipps zu finden.

- Kategorie: 1-Big Data Analytics
- Anwendungsbereich: Besucherlenkung, Besuchermanagement (Verbesserung der Vorbereitung auf die Besucher sowie der Vorhersage der Nachfrage, des Besucherverhalten und der Besucherströme)
- Phase der Customer Journey: Übergreifend für alle Phasen
- Primäre Segmente: Destination/B2B, B2C Anwendung
- Positive Wirkpotenziale: Verbesserte Bsucherlenkung zur Entlastung der Städte/Umwelt
- Negative Wirkpotenziale: Touristifizierung unbekannter Orte (Geheimtipps der Einheimischen sind nicht mehr geheim)
- Entwicklungsstand: Adoption im Tourismus (C)
- Entwicklungsperspektive: Hoher Kundennutzen und Potenzial für C und D
- Laufende Nummer und Code: 1/BD-2
- Quelle: https://www.mapbox.com via www.trendexplorer.com der Trend-One GmbH

Stoßzeiten und Besuchsdauern bei Restaurants, Geschäften etc.
Google hat die Funktion „Beliebte Zeiten" erweitert, sodass Besuchsdauern und Stoßzeiten nun in Echtzeit aktualisiert werden. Bisher zeigte Google mit Hilfe von aggregierten, anonymisierten Nutzerdaten und anhand eines Stoßzeitendiagramms an, zu welchen Zeiten Restaurants und Geschäfte gut besucht sind. Auf Basis des Google-Standortverlaufs von dafür aktivierten Smartphones hebt das

Diagramm jetzt farbig hervor, wie viele Besucher den Ort aktuell – verglichen mit der üblichen Besucherzahl – aufsuchen. Die Betreiber von Geschäften können selbst entscheiden, ob sie entsprechende Standortdaten freigeben und die Besucherzahl weitergeben möchten.

- Kategorie: 1-Big Data Analytics
- Anwendungsbereich: Besucherlenkung, Besuchermanagement (Verbesserung der Vorbereitung auf die Besucher sowie der Vorhersage der Nachfrage, des Besucherverhalten und der Besucherströme)
- Phase der Customer Journey: Während der Reise
- Primäre Segmente: Destination/B2C Anwendung
- Positive Wirkpotenziale: Vermeidung von Stau; Effizienzsteigerung
- Negative Wirkpotenziale: Verhinderung von Ruhezeiten mit geringer Auslastung (Erholung)
- Entwicklungsstand: Hohe Verbreitung (D)
- Entwicklungsperspektive: Hoher Kundennutzen und Potenzial für C und D
- Laufende Nummer und Code: 2/BD-3
- Quelle: support.google.com via www.trendexplorer.com der TrendOne GmbH

Amsterdam City Card: Analyse des Verhaltens von Touristen um Warteschlangen an Attraktionen zu managen
Um die weiterhin stark wachsenden Besucherströme in Amsterdam besser zu verstehen und zu managen, sammelt die Stadt über die Amsterdam City Card Besucherdaten zum Verhalten der Touristen, welche in Kombination mit der App ‚Discover the City' dazu genutzt werden, um Warteschlangen vor Attraktionen zu managen, die Produktangebote basierend auf den Kundenwünschen zu erweitern, sowie Vorschläge zu alternativen Attraktionen anzubieten. Durch weitere Entwicklungen wie einer zukünftigen AI Lösung versucht die Stadt, den Herausforderung des Phänomen ‚Overtourism' ohne Einschränkungen für Touristen entgegenzukommen.

- Kategorie: 1-Big Data Analytics
- Anwendungsbereich: Besucherlenkung, Besuchermanagement (Verbesserung der Vorbereitung auf die Besucher sowie der Vorhersage der Nachfrage, des Besucherverhalten und der Besucherströme)
- Phase der Customer Journey: Während der Reise
- Primäre Segmente: Destination/B2C Anwendung
- Positive Wirkpotenziale: Vermeidung von Wartezeiten; Effizienzsteigerung
- Negative Wirkpotenziale: Verstärktes Gesamtaufkommen von Touristen
- Entwicklungsstand: Adoption im Tourismus (C)

- Entwicklungsperspektive: Hoher Kundennutzen und Potenzial für C und D
- Laufende Nummer und Code: 3/BD-4
- Quelle: https://www.independent.co.uk/travel/news-and-advice/amsterdam-overtourism-solution-tourists-technology-van-gogh-museum-canal-boat-rides-a8015811.html

B.1.2 Google Maps unterstützt Pendler mit Echtzeiten

Google Maps bietet Pendlern in weltweit 80 Städten mit seinem „Commute Tab" die Möglichkeit, direkten Zugriff auf Echtzeit-Verkehrsinformationen und -Transitinformationen sowie Benachrichtigungen über Verzögerungen und Staus zu erhalten. Auch Pendler, die ihr eigenes Fahrzeug in Kombination mit einem öffentlichen Verkehrsmittel nutzen, können für jede Teilstrecke Informationen einschließlich Verkehrsbehinderungen, Zugabfahrtszeiten und Gehzeiten angezeigt bekommen. Sie können ferner in Echtzeit nachverfolgen, wo sich der Zug oder Bus befindet. Die Bewohner Sydneys werden sogar erfahren können, wie voll ein bestimmter Bus oder Zug ist.

- Kategorie: 1-Big Data Analytics
- Anwendungsbereich: Besucherlenkung, Besuchermanagement (Verbesserung der Vorbereitung auf die Besucher sowie der Vorhersage der Nachfrage, des Besucherverhalten und der Besucherströme)
- Phase der Customer Journey: Vor und während der Reise
- Primäre Segmente: Transport/B2C Anwendung
- Positive Wirkpotenziale: Vermeidung von Staus und Wartezeiten; Effizienzsteigerung; Zufriedenheit der Verkehrsteilnehmer
- Negative Wirkpotenziale: Unterstützung des Automobil – und öffentlichen Verkehrs auch auf kurzen Strecken (in der Stadt) anstelle von nachhaltigen Alternativen wie z. B. Fahrradwege etc.
- Entwicklungsstand: Erste Pilotprojekte (B ggf. schnell C)
- Entwicklungsperspektive: Absolut transformativ (C+D)
- Laufende Nummer und Code: 4/BD-12
- Quelle: https://www.blog.google via www.trendexplorer.com der TrendOne GmbH

B.1.3 Uber teilt anonyme Nutzerdaten mit Städten

Der Mitfahrtaxidienst Uber bietet Boston und damit erstmals einer Stadt anonymisierte Datensätze zu den aktuellen Bewegungsmustern seiner Kunden an, die zur Entwicklung von Verkehrskonzepten genutzt werden sollen. Die Daten umfassen Informationen wie Zeit, Dauer und Länge der Fahrten sowie die Postleitzahl des Start- und Endpunktes. Die Verwaltungen können die Daten auf Auffälligkeiten hin analysieren und die gewonnenen Erkenntnisse in die Planung der Verkehrswege und des öffentlichen Nahverkehrs einbeziehen. Die Kooperation soll auf andere Städte ausgeweitet werden und Lokalpolitiker gegenüber Ubers Geschäftskonzept freundlicher stimmen.

- Kategorie: 1-Big Data Analytics
- Anwendungsbereich: Besucherlenkung, Besuchermanagement (Verbesserung der Vorbereitung auf die Besucher sowie der Vorhersage der Nachfrage, des Besucherverhalten und der Besucherströme)
- Phase der Customer Journey: Übergreifend für alle Phasen
- Primäre Segmente: Destination/Transport/B2B Anwendung
- Positive Wirkpotenziale: Besseres Verständnis von Kundenbedürfnisse; Entwicklung eines nachhaltigen Verkehrskonzeptes
- Negative Wirkpotenziale: Unterstützung des Automobil – und öffentlichen Verkehrs auch auf kurzen Strecken (in der Stadt) anstelle von nachhaltigen Alternativen wie z. B. Fahrradwege etc.
- Entwicklungsstand: Erste Pilotprojekte (B)
- Entwicklungsperspektive: Absolut transformativ (D)
- Laufende Nummer und Code: 5/BD-14
- Quelle: http://www.bostonherald.com via www.trendexplorer.com der TrendOne GmbH

B.1.4 Visualizing our National Parks

In seinem letzten Jahr an der NY University untersuchte John Farrell mithilfe von Instagram Posts die drei bekanntesten Nationalparks der USA – Yellowstone, Grand Canyon und Great Smoky Mountains. Dazu machte er die meistverwendeten Hashtags für die Parks ausfindig und zog sich insgesamt 40.000 Dateien aus der Instagram API. Diese analysierte er auf die Anzahl der Posts pro Tag, sowie die konkreten Standorte und erstellte Maps und Diagramme mit seinen Ergebnissen. Was John durch seine Untersuchung eindrucksvoll zeigen konnte war, zu welchen Zeiten es viele Parkbesucher gibt und wo die Besucher sich die meiste Zeit aufhalten. Was die Daten jedoch nicht hergaben war die Herkunft einzelner Besuchergruppen, was sich John zu Beginn erhofft hatte.

- Kategorie: 1-Big Data Analytics
- Anwendungsbereich: Besucherlenkung, Besuchermanagement (Verbesserung der Vorbereitung auf die Besucher sowie der Vorhersage der Nachfrage, des Besucherverhalten und der Besucherströme)
- Phase der Customer Journey: Während der Reise
- Primäre Segmente: Destination/B2B Anwendung
- Positive Wirkpotenziale: Nutzungsgrad der Ressourcen verstehen und nachhaltigere Alternativen anbieten
- Negative Wirkpotenziale: Verbesserungen locken mehr Besucher
- Entwicklungsstand: Erste Versuche/Prototyp (A)
- Entwicklungsperspektive: Hoher Kundennutzen und Potenzial für C und D
- Laufende Nummer und Code: 6/BD-19
- Quelle: https://medium.com/i-data/visualizing-our-national-parks-2e47efc0dfb4

B.1.5 Surfbrettflosse sammelt Daten

Die Initiative Smartfin hat gleichnamige Flossen mit integrierten Sensoren entwickelt, die an Surfbrettern befestigt werden, um die Wasserqualität zu überprüfen. Hierfür erheben sie Daten zum Salz- und Säuregehalt sowie zum Wellengang. Aus diesen Daten lassen sich Rückschlüsse auf den Gesamtzustand eines Gewässers ziehen. Die Daten werden via Bluetooth auf ein Smartphone übertragen und von dort an die „Smartfin"-Cloud gesendet. Die Initiative kooperiert mit Scripps Institution of Oceanography, wobei alle Informationen in eine Datenbank eingepflegt werden, um einen Langzeitüberblick über einzelne Gewässer zu bekommen.

- Kategorie: 1-Big Data Analytics
- Anwendungsbereich: Krisenmanagement (Beobachtungen von Umweltkonditionen und Auswirkungen von Naturkatasptrophen zur Identifizierung von Handlungsbedarf sowie zur Planung von Kapazitäten & Ressourcen)
- Phase der Customer Journey: Übergreifend für alle Phasen
- Primäre Segmente: Destination/B2B Anwendung
- Positive Wirkpotenziale: Identifizierung des Gewässerzustandes und Ableitung von Handlungsbedarf; Verbesserte Informationslage für Touristen (in Prozess integriert)
- Negative Wirkpotenziale: Störung der Wasserwelt durch die Sensoren
- Entwicklungsstand: Erste Anwendungen (B)

- Entwicklungsperspektive: Hoher Kundennutzen und Potenzial für C und D
- Laufende Nummer und Code: 7/BD-15
- Quelle: http://smartfin.org via www.trendexplorer.com der TrendOne GmbH

B.1.6 Automatisierte Reiserecherche für Reisebüros

Das in Seattle ansässige Start-up Qalendra hat eine Technologie entwickelt, die Reiserecherchen automatisieren soll, indem sie Daten aus zahlreichen Quellen sammelt, Reiseziele vergleicht und dadurch bis zu vier Monate im Voraus die besten Konditionen für Reisen ermittelt. Dabei spricht Qalendra nicht direkt den Verbraucher an, sondern im B2B-Bereich Onlinereisebüros, die die Technologie via Programmierschnittstelle nutzen können. Reisebewertungsportale wie TripAdvisor hingegen basieren nicht auf der Auswertung gesammelter Daten, sondern lediglich auf Rezensionen von Nutzern, die oft unzuverlässig sind.

- Kategorie: 1-Big Data Analytics
- Anwendungsbereich: Marketing, Verkauf und Reiseplanung (Verbesserung der Planbarkeit von Reisen mit hohem Leistungsversprechen (günstigstes Angebot))
- Phase der Customer Journey: Vor der Reise (Beeinflussung der Reiseentscheidung)
- Primäre Segmente: Reisevermittler/B2B Anwendung
- Positive Wirkpotenziale: Vermeidung von Wartezeiten; Effizienzsteigerung
- Negative Wirkpotenziale: Verstärktes Gesamtaufkommen von Touristen
- Entwicklungsstand: Adoption im Tourismus (C)
- Entwicklungsperspektive: Hoher Kundennutzen und Potenzial für C und D
- Laufende Nummer und Code: 8/BD-1
- Quelle: www.qalendra.com via www.trendexplorer.com der TrendOne GmbH

B.1.7 Londoner Start-up Whimsy: Urlaubsziel unter Berücksichtigung des Wetters wählen

Das Londoner Start-up Whimsy findet mit Hilfe eines Algorithmus, der die günstigsten Flüge mit den Daten zu Witterungsverläufen in der Vergangenheit kombiniert, die besten Reiseziele. So finden Nutzer vor allem außergewöhnliche Destinationen abseits des touristischen Verkehrs und stellen dabei sicher, dass dort kein schlechtes Wetter auf sie wartet. Sie müssen lediglich ihre Heimatstadt angeben, woraufhin Whimsy ihnen günstige Flugverbindungen zu verschiedenen Reisezielen anzeigt. Ziel ist es, den Nutzern Orte näherzubringen, die sie zuvor möglicherweise noch nicht kannten, und ihnen gleichzeitig eine einfache Buchung zu ermöglichen.

- Kategorie: 1-Big Data Analytics
- Anwendungsbereich: Marketing, Verkauf und Reiseplanung (Verbesserung der Vorbereitung auf die Besucher sowie der Vorhersage der Nachfrage, des Besucherverhalten und der Besucherströme)
- Phase der Customer Journey: Vor der Reise (Beeinflussung der Reiseentscheidung)
- Primäre Segmente: Reisevermittler/B2C Anwendung
- Positive Wirkpotenziale: Verbesserte Besucherlenkung; Stärkung nachhaltiger Alternativen
- Negative Wirkpotenziale: Touristifizierung bisher relativ unbekannter Orte
- Entwicklungsstand: Adoption im Tourismus (C)
- Entwicklungsperspektive: Hoher Kundennutzen und Potenzial für C und D
- Laufende Nummer und Code: 9/BD-9
- Quelle: http://signup.whimsy.travel via www.trendexplorer.com der Trend-One GmbH

B.1.8 Smarte Billboards spielen gezielt Werbung aus

Uber hat in Kooperation mit BBDO in Russland mit digitalen Billboards für seine Dienste geworben und mit Hilfe von Geotargeting seine Zielgruppe angesprochen. Eingesetzt wurden die Billboards in Nowosibirsk und Jekaterinburg. Hier wurden Daten von Mobilfunkunternehmen genutzt, um Personen zu identifizieren, die oft Taxidienste in Anspruch nehmen, und diese Personen über eine patentierte Lösung für programmatische Werbung zu erreichen. Infolgedessen wurden die identifizierten Personen anhand ihrer Smartphones von den Billboards erkannt, woraufhin automatisch Uber-Werbung gezeigt wurde.

- Kategorie: 1-Big Data Analytics
- Anwendungsbereich: Marketing, Verkauf und Reiseplanung (Verbesserte Positionierung und Promotion von Marken durch gezielte, individualisierte Marketingaktivitäten)
- Phase der Customer Journey: Übergreifend für alle Phasen
- Primäre Segmente: Transport/B2C Anwendung
- Positive Wirkpotenziale: Gezielte Marketingaktivitäten nachhaltiger Angebote; Kommunikation von Trends bezüglich Nachhaltigkeit
- Negative Wirkpotenziale: Energieverbrauch der Billboards; Verlust natürlicher Gegebenheiten durch Errichtung der Billboards (besser wäre mobile Werbung über das Internet)
- Entwicklungsstand: Erste Pilotprojekte (B)
- Entwicklungsperspektive: Mittleres Potenzial (B)

- Laufende Nummer und Code: 10/BD-11
- Quelle: https://www.uber.com via www.trendexplorer.com der TrendOne GmbH

B.1.9 Neuseeländisches Start-up PredictHQ: Wie globale Ereignisse das Geschäft beeinflussen

Das neuseeländische Start-up PredictHQ ermittelt anhand großer Datenmengen zu lokalen und globalen Ereignissen, wie sich diese voraussichtlich auf das Geschäft seiner Kunden auswirken werden. So sammelt die Plattform Informationen zu Feiertagen, kleinen Events, Großveranstaltungen und Umweltkatastrophen. Basierend auf zusätzlichen Informationen zum jeweiligen Unternehmen werden diese Informationen eingestuft und passende Schlüsse daraus gezogen. Die Kunden erhalten neben der Aussicht auf die Zukunft auch die Möglichkeit, zu erfahren, welche Folgen vergangene Ereignisse für die Entwicklung ihres Unternehmens gehabt haben können.

- Kategorie: 1-Big Data Analytics
- Anwendungsbereich: Marketing, Verkauf und Reiseplanung (Identifizierung von Fehlern/Verbesserungsmöglichkeiten; Planung von Kapazitäten & Ressourcen; Effizienzsteigerung; Kosteneinsparungen)
- Phase der Customer Journey: Übergreifend für alle Phasen
- Primäre Segmente: Destination/Unterkunft/Transport/B2B Anwendung
- Positive Wirkpotenziale: Bessere Planung/Minimierung von Ressourcen
- Negative Wirkpotenziale: Überlastung der Umwelt durch das verstärkte Aufkommen von Touristen zu bestimmten Zeiten
- Entwicklungsstand: Erste Anwendungen (B)
- Entwicklungsperspektive: Hoher Kundennutzen und Potenzial für C und D
- Laufende Nummer und Code: 11/BD-21
- Quelle: https://www.predicthq.com via www.trendexplorer.com der TrendOne GmbH

B.1.10 Boosting Peru's Tourism Industry with Big Data

Promperú ist eine spezialisierte Agentur, die sich mit der Promotion des Landes in den Bereichen Export, Image und Tourismus beschäftigt. Mithilfe der LUCA Tourism Technologie werden dazu mobile Datensätze des Anbieters Movistar analysiert und ausgewertet. Die Ergebnisse enthalten detaillierte Informationen zu demografischen Merkmalen, Aufenthaltsdauer, Herkunft der Touristen und beliebten Touristenattraktionen. Mit diesem Wissen kann sich die Destination nun deutlich besser auf dem Markt positionieren.

- Kategorie: 1-Big Data Analytics
- Anwendungsbereich: Marktforschung (Sammlung und Analyse von Informationen über Kundenprofile (z. B. durch Ausgabenanalysen); Grundlage für Kundenzufriedenheitsanalysen (z. B. Sentiment Analysis) und Wettbewerbsanalysen)
- Phase der Customer Journey: Vor und während der Reise
- Primäre Segmente: Destination/B2B Anwendung
- Positive Wirkpotenziale: Umweltbewusstsein der Kunden identifizieren und Angebot dementsprechend anpassen; Nachhaltige Alternativen steigern die Umweltfreundlichkeit der Region(-en)
- Negative Wirkpotenziale: Verstärktes Gesamtaufkommen von Touristen durch optimal an Interessen angepasstes Angebot
- Entwicklungsstand: Adoption im Tourismus (C)
- Entwicklungsperspektive: Hoher Kundennutzen und Potenzial für C und D
- Laufende Nummer und Code: 12/BD-16
- Quelle: https://data-speaks.luca-d3.com/2017/10/peru-tourism-Big-Data.html?m=1

B.1.11 Patterns of Use: New Research with Big Data Reveals Popularity of Federal Lands for Overnight Trips

Naturparks sind ein sehr beliebtes Reiseziel in den USA. Damit diese weiterhin nachhaltig genutzt werden können, ist eine strategische Planung seitens des Parkmanagements notwendig. Stacy Supac von der NC State University analysierte dazu einen gigantischen Datensatz der Website www.recreation.gov, welche seit 1999 Nutzerdaten sammelt. Es war das erste Mal, dass die Daten für Analysezwecke genutzt wurden und Stacy konnte interessante Ergebnisse präsentieren. Vor allem konnte sie zeigen, wann und wo für Manager eine hohe touristische Nachfrage zu erwarten ist. Aber auch wie lange im Voraus ein Trip gebucht wird, wie weit die Touristen fahren und in welchen Regionen am häufigsten gereist wird. Die gewonnenen Erkenntnisse können nun vor allem für die nachhaltige Entwicklung der Parks genutzt werden.

- Kategorie: 1-Big Data Analytics
- Anwendungsbereich: Marktforschung (Sammlung und Analyse von Informationen über Kundenprofile (z. B. durch Ausgabenanalysen); Grundlage für

Kundenzufriedenheitsanalysen (z. B. Sentiment Analysis) und Wettbewerbsanalysen)
- Phase der Customer Journey: Übergreifend für alle Phasen
- Primäre Segmente: Destination/B2B Anwendung
- Positive Wirkpotenziale: Entstehung eines nachhaltigen Angebots
- Negative Wirkpotenziale:
- Entwicklungsstand: Adoption im Tourismus (C)
- Entwicklungsperspektive: Mittleres Potential (B)
- Laufende Nummer und Code: 13/BD-17
- Quelle: https://cnr.ncsu.edu/geospatial/news/2016/10/20/Big-Data-reveals-popularity-of-federal-lands/

B.1.12 Big Data and Tourism: How this Girona Festival became Data-Driven

Jedes Jahr im May findet in Catalonien das 10-tägige „Temps de Flors" Blumen-Festival statt. Seit zwei Jahren werden hier mithilfe von LUCA's Technologie (Smart Steps) Daten aus mobilen Netzwerken analysiert und ausgewertet. Was zuvor nur mithilfe sehr aufwändiger Befragungen vor Ort möglich war, ist dank Big Data und der neuen Analysemethode nun viel einfacher und präziser geworden. Die Auswertung liefert detaillierte Informationen bezüglich Anzahl, Herkunft, Alter, Geschlecht und weiteren Merkmalen der Festivalbesucher.

- Kategorie: 1-Big Data Analytics
- Anwendungsbereich: Marktforschung (Sammlung und Analyse von Informationen über Kundenprofile (z. B. durch Ausgabenanalysen); Grundlage für Kundenzufriedenheitsanalysen (z. B. Sentiment Analysis) und Wettbewerbsanalysen)
- Phase der Customer Journey: Übergreifend für alle Phasen
- Primäre Segmente: Destination/B2B Anwendung
- Positive Wirkpotenziale: Umweltbewusstsein der Kunden identifizieren und Angebot dementsprechend anpassen; Nachhaltige Alternativen steigern die Umweltfreundlichkeit der Region(-en)
- Negative Wirkpotenziale: Verstärktes Gesamtaufkommen von Besucher
- Entwicklungsstand: Adoption im Tourismus (C)
- Entwicklungsperspektive: Hoher Kundennutzen und Potenzial für C und D
- Laufende Nummer und Code: 14/BD-18
- Quelle: https://data-speaks.luca-d3.com/2016/12/Big-Data-and-tourism-how-this-girona.html

B.1.13 The Bank BBVA shows how Big Data can boost tourism in Mexico

Für eine Studie zum Thema touristische Aktivität in Mexico analysierten Experten im Auftrag des mexikanischen Ministeriums für Tourismus Zahlungsdaten der BBVA Bank. Die Studie kam unter anderem zu folgenden Ergebnissen: 35% der Ausgaben internationaler Touristen und 27% der Ausgaben nationaler Touristen werden in Playa del Carmen getätigt. 25% der Ausgaben nationaler Touristen gehen nach Cancun. In beiden Orten sind die Ausgaben freitags und samstags am Höchsten. Die größten Einnahmen werden durch Touristen aus den USA gefolgt von Touristen aus Argentinien generiert. Diese und weitere Erkenntnisse können nun genutzt werden, um die Tourismusdestinationen im Land weiter zu verbessern und zu promoten. Außerdem können die Analysen Trends frühzeitig aufdecken, um entsprechende Maßnahmen zu entwickeln.

- Kategorie: 1-Big Data Analytics
- Anwendungsbereich: Marktforschung (Sammlung und Analyse von Informationen über Kundenprofile (z. B. durch Ausgabenanalysen); Grundlage für Kundenzufriedenheitsanalysen (z. B. Sentiment Analysis) und Wettbewerbsanalysen)
- Phase der Customer Journey: Übergreifend für alle Phasen
- Primäre Segmente: Destination/B2B Anwendung
- Positive Wirkpotenziale: Umweltbewusstsein der Kunden identifizieren und Angebot dementsprechend anpassen; Nachhaltige Alternativen steigern die Umweltfreundlichkeit der Region(-en)
- Negative Wirkpotenziale: Verstärktes Gesamtaufkommen von Touristen, da Angebot an ihr Umweltbewusstsein angepasst = Region attraktiv
- Entwicklungsstand: Adoption im Tourismus (C)
- Entwicklungsperspektive: Hoher Kundennutzen und Potenzial für C und D
- Laufende Nummer und Code: 15/BD-20
- Quelle: https://www.bbva.com/en/bbva-shows-Big-Data-can-boost-tourism-mexico/

B.1.14 Smart Destination Management System in Buenos Aires

Die Stadt Buenos Aires hat in 2017 sein erstes Intelligentes Management System (basierend auf Big Data) speziell für den Tourismus aufgebaut. Dieses Projekt entstand aus einer Vereinbarung zwischen der Tourismusbehörde von Buenos Aires; die staatliche Gesellschaft für Management von Innovation und Tourismus-Technologien von Spanien (SEGITTUR); und das Ministerium für

Tourismus der Nation von Argentinien. Die Plattform ist interaktiv und beinhaltet viele verschiedene Variablen und Indikatoren, die die Entscheidungsfindung sowohl für den öffentlichen als auch für den privaten Sektor erleichtern sollen. Im Gegensatz zu einer ähnlichen, nationalen Initiativen in Portugal (TravelBI Portugal), ist die Buenos Aires Plattform bisher noch nicht öffentlich zugänglich und wird derzeit noch hauptsächlich zur internen Entscheidungsfindung im Destinationsmanagement genutzt.

- Kategorie: 1-Big Data Analytics
- Anwendungsbereich: Marktforschung, Produktgestaltung (Verbesserung der Performance von Dienstleistern und Angeboten innerhalb einer Destination)
- Phase der Customer Journey: Übergreifend für alle Phasen
- Primäre Segmente: Destination/B2B, B2C Anwendung
- Positive Wirkpotenziale: Verbesserte, nachhaltigere Performance von Dienstleistern/Angeboten
- Negative Wirkpotenziale: Verstärktes Gesamtaufkommen von Touristen (Marketing weckt/verstärkt Interesse vieler Touristen)
- Entwicklungsstand: Erste Versuche (A+B)
- Entwicklungsperspektive: Hoher Kundennutzen und Potenzial für C und D
- Laufende Nummer und Code: 16/BD-5
- Quelle: http://cf.cdn.unwto.org/sites/all/files/docpdf/segitturpresentation.pdf

B.1.15 Analyse von Besucherverhalten in Madrid

Das erste Pilotprojekt, um durch Big Data bessere Informationen über Touristenverhalten in Madrid und Barcelona zu erhalten, wurde in 2014 durch Telefónica und die Bank BBVA (siehe auch B.1.13) durchgeführt und über die vergangenen Jahre mit weiteren Partnern und in weiteren Destinationen weltweit erweitert. Durch die bereitgestellten Telefon- und Zahlungsinformationen, können die folgenden Informationen durch Big Data-Analysen herausgearbeitet werden, um den Akteuren vor Ort eine bessere Entscheidungsgrundlage bereit zu stellen: Hauptherkunftsland der Besucher, Herkunftsland von Touristen, die sich für Madrid entscheiden, und diejenigen, die sich für Barcelona entscheiden; Aufenthaltsdauer nach Herkunftsland; Reisen zwischen den beiden Destinationen Barcelona und Madrid; Tage und Bereiche, in denen ausländische Besucher bleiben möchten; Durchschnittliche tägliche Ausgaben und kumulative Ausgaben während des gesamten Aufenthalts.

- Kategorie: 1-Big Data Analytics
- Anwendungsbereich: Marktforschung, Produktgestaltung, Qualitätsmanagement (Sammlung und Analyse von Informationen über Kundenprofile (z. B. durch Ausgabenanalysen); Grundlage für Kundenzufriedenheitsanalysen (z. B. Sentiment Analysis); Grundlage für Wettbewerbsanalysen)
- Phase der Customer Journey: Während der Reise
- Primäre Segmente: Destination/Unterkunft/B2B Anwendung
- Positive Wirkpotenziale: Umweltbewusstsein der Kunden identifizieren und Angebot dementsprechend anpassen; Nachhaltige Alternativen steigern die Umweltfreundlichkeit der Region(-en)
- Negative Wirkpotenziale: Verstärktes Gesamtaufkommen von Touristen, da Angebot an ihr Umweltbewusstsein angepasst = Region attraktiv
- Entwicklungsstand: Erste Anwendungen (B+C)
- Entwicklungsperspektive: Hoher Kundennutzen und Potenzial für C und D
- Laufende Nummer und Code: 17/BD-6
- Quelle: https://www.bbvadata.com/urbandiscovery/

B.1.16 Winter Olympiade 2018 Südkorea: Analyse der Korrelation zwischen Besucherströme, Temperatur und Wochentage

Über den gesamten Winter (Januar bis März 2018) zeigte die Datenanalyse, dass sich die Temperatur auf die Entscheidung für einen Spaziergang auf der touristischen Brücke ‚Seoullo' ausgewirkt hatte. Die Ergebnisse belegten, dass sich das Verhalten der Menschen von Wochenenden und Wochentagen unterscheidet, wobei zusätzliche Faktoren wie Arbeit und Freizeit als Entscheidungsträger in Betracht gezogen wurden. Darüber hinaus schienen wärmere Temperaturen die Menschen auf der Seoullo-Brücke einzuladen, was die Besucherzahl im Durchschnitt um 50% erhöhte (55% an Wochenenden, 45% an Wochentagen).

Basierend auf diesen Ergebnissen können Vorhersagen erstellt werden, um Tourismusunternehmen wie Festivalveranstaltern detaillierte Wetter-/Crowd-Vorhersagen zu liefern.

- Kategorie: 1-Big Data Analytics
- Anwendungsbereich: Marktforschung, Produktgestaltung, Qualitätsmanagement (Sammlung und Analyse von Informationen über Kundenprofile (z. B. durch Ausgabenanalysen); Grundlage für Kundenzufriedenheitsanalysen (z. B. Sentiment Analysis) und Wettbewerbsanalysen)
- Phase der Customer Journey: Vor und während der Reise

- Primäre Segmente: Destination/B2B Anwendung
- Positive Wirkpotenziale: Verbesserte Vorhersage der Besucherströme; Möglichkeit alternative Angebote zu gestalten, um die Umwelt durch Verteilung der Besucher zu entlasten (je nach Wetterlage verschieden)
- Negative Wirkpotenziale: Eingriffe in die Natur/Verlust natürlicher Gegebenheiten durch Maßnahmen zur Verteilung der Besucher an guten und schlechten Tagen (weitere Attraktionen, Überdachung der Brücke für Regentage)
- Entwicklungsstand: Adoption im Tourismus (C)
- Entwicklungsperspektive: Hoher Kundennutzen und Potenzial für C und D
- Laufende Nummer und Code: 18/BD-7
- Quelle: http://www.dfrc.com.sg/Big-Data-weather-tourist-destinations/

B.1.17 Analyse der Kundenzufriedenheit in NH Hotels

Die Hotelkette 'NH Hotels' hat weltweit rund 400 Hotels. Um die Kundenzufriedenheit ihrer Gäste besser und in Echtzeit zu sehen und verstehen, hat das Unternehmen ein eigenes Online-Tracking-Tool für Ratings entwickelt. Durch dieses, auf Big Data basierendes Tool, wird jede Erwähnung über die Hotels lokalisiert und mit fünf Konkurrenten verglichen, um in Echtzeit zu wissen, was gesagt wird, welche Dienstleistungen am meisten geschätzt werden (Kundenservice, Einrichtungen, Standort, Reinigung, Restaurierung, ...), welche Angebote die in Betracht gezogen werden, wo es Unzufriedenheiten gibt und welche Details von den Gästen wertgeschätzt werden. Das Unternehmen ergänzt die Online-Reputationsmessung mit klassischen Zufriedenheitsumfragen, die NH an die Kunden gesendet werden, ebenso werden Finanzkennzahlen integriert, um Ressourcen in Hotels zu priorisieren, die Auswirkungen von Investitionen zu bewerten und deren ROI zu messen. Der Schlüssel des Erfolges liegt hierbei in der Geschwindigkeit, mit der mögliche Probleme erkannt und in kürzester Zeit gelöst werden können, da sie von den Kunden übermittelt werden.

- Kategorie: 1-Big Data Analytics
- Anwendungsbereich: Marktforschung, Produktgestaltung, Qualitätsmanagement (Sammlung und Analyse von Informationen über Kundenprofile (z. B. durch Ausgabenanalysen); Grundlage für Kundenzufriedenheitsanalysen (z. B. Sentiment Analysis) und Wettbewerbsanalysen)
- Phase der Customer Journey: Übergreifend für alle Phasen
- Primäre Segmente: Unterkunft/B2B Anwendung
- Positive Wirkpotenziale: Identifizierung des Umweltbewusstseins der Kunden; Erstellung eines/-r nachhaltigen Angebotes/Ausstattung

- Negative Wirkpotenziale: Angebot wird an Umweltbewusstsein angepasst = Kundenzufrieden = Nachfrage steigt = Expansion erfordert Fläche natürlicher Gegebenheiten, die verloren geht
- Entwicklungsstand: Hohe Verbreitung (D)
- Entwicklungsperspektive: Absolut transformativ (D)
- Laufende Nummer und Code: 19/BD-8
- Quelle: http://www.thinktur.org/media/Big-Data.-Retos-y-oportunidades-para-el-turismo.pdf

B.1.18 Website FiveThirtyEight: besten Flughafen und schnellsten Flüge finden

Ein neues Tool auf der Webseite „FiveThirtyEight" von ESPN zeigt Fluglinien und Flughäfen in den USA an und gibt den Nutzern Informationen hinsichtlich der einzuplanenden Verspätungen und Wartezeiten. Im Vorfeld wurden sechs Millionen Flüge ausgewertet, um zu ermitteln, welche Airlines im Durchschnitt wie viel Verspätung haben oder wie schnell sie in der Regel auf bestimmten Routen fliegen. Zudem können Kunden auf der Seite verschiedene Flughäfen miteinander vergleichen. So können sie etwa die durchschnittliche Wartezeit einsehen, die am jeweiligen Flughafen vor dem Abflug oder nach der Ankunft einzuplanen ist.

- Kategorie: 1-Big Data Analytics
- Anwendungsbereich: Marktforschung, Produktmanagement, Qualitätsmanagement (Sammlung und Analyse von Informationen über Kundenprofile (z. B. durch Ausgabenanalysen); Grundlage für Kundenzufriedenheitsanalysen (z. B. Sentiment Analysis) und Wettbewerbsanalysen)
- Phase der Customer Journey: Vor der Reise (Beeinflussung der Reiseentscheidung)
- Primäre Segmente: Transport/Reisevermittler/B2C Anwendung
- Positive Wirkpotenziale: Stärkung bzw. Vermittlung nachhaltigerer Flughäfen/Airlines
- Negative Wirkpotenziale: Reine Unterstützung des Luftverkehrs anstelle von nachhaltigeren Alternativen des Transports
- Entwicklungsstand: Adoption im Tourismus (C)
- Entwicklungsperspektive: Hoher Kundennutzen und Potenzial für C und D
- Laufende Nummer und Code: 20/BD-10
- Quelle: http://fivethirtyeight.com via www.trendexplorer.com der TrendOne GmbH

B.1.19 Software erzeugt Objekte aus Plastikflaschen

Forscher des Hasso-Plattner-Instituts haben die Software „TrussFab" entwickelt, die aus digitalen 3D-Modellen mit Hilfe von Algorithmen Anordnungen aus Plastikflaschen erstellen kann. Nutzer können mit der Software digitale 3D-Modelle von unterschiedlichen Objekten wie Möbeln, Gebäuden oder Booten entwerfen. Unter Verwendung von Algorithmen wandelt die Software diese 3D-Modelle dann automatisch in Konstruktionen um, die aus Plastikflaschen zusammengesetzt werden können. Mit „TrussFab" können per 3D-Druck auch die passenden Verbindungsteile hergestellt werden, die mehrere Plastikflaschen schnell und sicher miteinander verbinden.

- Kategorie: 1-Big Data Analytics
- Anwendungsbereich: Unternehmensinterne Prozessoptimierung, Qualitätsmanagement (Identifizierung von Fehlern/Verbesserungsmöglichkeiten; Planung und Minimierung von Ressourcen; Effizienzsteigerung)
- Phase der Customer Journey: Übergreifend für alle Phasen
- Primäre Segmente: Destination/Transport/Unterkunft/B2B Anwendung
- Positive Wirkpotenziale: Umweltfreundlichkeit durch Wiederverwertung von Plastik
- Negative Wirkpotenziale: Andauernde bzw. neue Produktion von Plastikflaschen, da sie durch Nutzung für andere Zwecke nicht wiederverwertet werden können
- Entwicklungsstand: Erste Pilotprojekte (B)
- Entwicklungsperspektive: Mittleres Potential (B)
- Laufende Nummer und Code: 21/BD-13
- Quelle: https://hpi.de via www.trendexplorer.com der TrendOne GmbH

B.2 Internet der Dinge und Geo-Intelligence

B.2.1 Disney Magic Band

Nach mehrjähriger Planung hat Disney 2017 sein MagicBand eingeführt. Das Armband ermöglicht Parkbesuchern, verschiedene Dinge wie Parktickets, Kreditkarteninformationen und Zimmerschlüssel digital zu konsolidieren. Es enthält einen RFID-Chip und ein Radio mit einer Reichweite von 40 Fuß in jede Richtung und wird von Bandlesern gelesen, die an verschiedenen Stellen im Park aufgestellt sind, insbesondere an Parkeinfahrten und Fahrgeschäften. Disney mailt die MagicBands zu den Besucher vor ihrem Besuch, nicht lange nachdem sie Tickets online gekauft und sich auf eine Reiseroute festgelegt haben.

In diesem Moment werden die Armbänder ausschließlich im Park in Orlando verwendet, mit der Absicht, sie im Laufe der Zeit auf die anderen Disney-Parks auszudehnen.

- Kategorie: 2-Internet der Dinge und Geo-Intelligence
- Anwendungsbereich: Besuchermanagement (Informationsverteilung; (Echtzeit) Identifizierung von Bewegungsmustern und Verhalten der Touristen)
- Phase der Customer Journey: Vor und während der Reise
- Primäre Segmente: Destination/B2C Anwendung
- Positive Wirkpotenziale: Echtzeit Identifizierung stark besuchter Orte
- Negative Wirkpotenziale: Energieverbrauch der Bandleser; Ressourcenverbrauch bei Herstellung der Bänder
- Entwicklungsstand: Adoption im Tourismus (C)
- Entwicklungsperspektive: Absolut transformativ (D)
- Laufende Nummer und Code: 22/IoT-2
- Quelle: https://innovationatwork.ieee.org/disney-internet-of-things-magic-band/

B.2.2 Aloft Santa Clara Hotel: Intelligente Hotelräumen mit Sprachsteuerungssystemen

Das Aloft Santa Clara Hotel in San Jose ermutigt die Gäste, sprachaktivierte Zimmer zu buchen, die mit einem iPad ausgestattet sind, auf dem die Gäste eine völlig neue Art der Interaktion mit ihrem Zimmer erhalten. Mit Siri kann der Gast das Gerät einschalten, um lila zu schalten und blaue Beleuchtung, spiele ein Musikvideo auf YouTube oder eine Serie über Netflix oder stelle eine gewünschte Temperatur ein – was auch immer einen Gast glücklich machen kann.

- Kategorie: 2-Internet der Dinge und Geo-Intelligence
- Anwendungsbereich: Customer Service (+ Smart Home), (Intelligente Gebäude und Attraktionen)
- Phase der Customer Journey: Während der Reise
- Primäre Segmente: Unterkunft/B2C Anwendung
- Positive Wirkpotenziale: Kommunikation nachhaltiger Angebote durch vorhandene Geräte (iPad etc.); Beeinflussung der Gäste in Richtung Nachhaltigkeit z. B. durch Informationen auf Geräten über nachhaltiges Verhalten (Wasser- und Stromverbrauch, Ressourcenverbrauch allgemein)
- Negative Wirkpotenziale: Energieverbrauch der Geräte
- Entwicklungsstand: Erste Anwendungen (B)
- Entwicklungsperspektive: Absolut transformativ (D)

- Laufende Nummer und Code: 23/IoT-1
- Quelle: https://www.telegraph.co.uk/travel/destinations/north-america/united-states/articles/aloft-launches-the-worlds-first-voice-activated-hotel-room/

B.2.3 Hotelzimmer passt sich Bedürfnissen der Gäste an

Die US-amerikanische Hotelkette Marriott entwickelt gemeinsam mit Samsung das Hotelzimmer der Zukunft, in dem Internet-of-Things-Systeme in Kombination mit Sprachsteuerung zum Einsatz kommen. Dafür werden im „IoT Guestroom Lab" Konzepte ausprobiert, bei denen Gäste ihre persönliche Wohlfühlatmosphäre kreieren und das Zimmer ihren Bedürfnissen entsprechend nutzen können. So besteht etwa die Möglichkeit, sich von einer virtuellen Assistentin wecken zu lassen, in einem großen Spiegel eine Yogasitzung samt Anleitung zu starten und den Zimmerservice anzufordern. All dies kann per Sprachbefehl oder per App in Auftrag gegeben werden.

- Kategorie: 2-Internet der Dinge und Geo-Intelligence
- Anwendungsbereich: Customer Service (+ Smart Home), (Intelligente, effizientere Gebäude und Attraktionen (z. B. Hotels, Flughäfen, öffentliche Einrichtungen…); Effizienzsteigerung: Einsparung von Kosten und Ressourcen)
- Phase der Customer Journey: Während der Reise
- Primäre Segmente: Unterkunft/B2C Anwendung
- Positive Wirkpotenziale: Kommunikation/Promotion nachhaltiger Angebote/Aktivitäten in direkter Umgebung (regional); Bewusstseinlenkung der Gäste in Richtung Nachhaltigkeit; Kommunikation nachhaltigen Umgangs (Reduktion Wasser- und Energieverbrauch); Anpassung an Kundenwünsche um
- Negative Wirkpotenziale: Erhöhter Energieverbrauch durch die Geräte
- Entwicklungsstand: Erste Anwendungen (B)
- Entwicklungsperspektive: Hoher Kundennutzen und Potenzial für C und D
- Laufende Nummer und Code: 24/IoT-9
- Quelle: http://news.marriott.com via www.trendexplorer.com der Trend-One GmbH

B.2.4 Smarte Dusche reduziert Wasserverbrauch

Das Start-up Livin Life hat mit „Livin Shower" ein smartes und einfach zu installierendes Duschsystem vorgestellt. In der dazugehörigen App lassen sich zunächst verschiedene Duschprofile mit der jeweils bevorzugten Duschtemperatur einstellen. Beabsichtigt ein Nutzer, duschen zu gehen, erwärmt sich das Wasser der Dusche bereits vorab auf die zuvor definierte Temperatur, sodass der Duschprozess direkt und ohne unnötigen Wasserverbrauch starten kann. Darüber hinaus lässt sich das Duschsystem auch per Sprachbefehl ansteuern und über Bluetooth mit Musikstreamingdiensten verbinden, damit der Nutzer beim Duschen Musik hören kann.

- Kategorie: 2-Internet der Dinge und Geo-Intelligence
- Anwendungsbereich: Customer Service (+Smart Home), (Intelligente, effizientere Gebäude und Attraktionen (z. B. Hotels, Flughäfen, öffentliche Einrichtungen…); Effizienzsteigerung: Einsparung von Kosten und Ressourcen)
- Phase der Customer Journey: Während der Reise
- Primäre Segmente: Unterkunft/B2C Anwendung
- Positive Wirkpotenziale: Reduzierung des Wasserverbrauchs; Beeinflussung des Konsums in Richtung Nachhaltigkeit; Anpassung an Kundenwünsche um Zufriedenheit zu generieren
- Negative Wirkpotenziale: Energieverbrauch (für Verbindung mit App, Musik abspielen etc.)
- Entwicklungsstand: Erste Anwendungen (B)
- Entwicklungsperspektive: Hoher Kundennutzen und Potenzial für C und D
- Laufende Nummer und Code: 25/IoT-10
- Quelle: https://www.livinshower.com via www.trendexplorer.com der Trend-One GmbH

B.2.5 Vertikal startendes Taxi

Das Münchener Unternehmen Lilium hat ein vollelektrisches Flugzeug entwickelt, das vertikal startet und landet. Der Zweisitzer wird von 36 Triebwerken angetrieben, von denen einige schwenkbar sind, was den vertikalen Start ermöglicht. Ist das Flugzeug erst einmal in der Luft, geht es in den Vorwärtsflug über und nutzt den natürlichen Auftrieb der Tragflächen. Das Gefährt ist somit bei nahezu gleicher Wendigkeit um 90 Prozent energieeffizienter als vergleichbare Quadrokopterdrohnen und soll im Stadtverkehr eine schnellere Fortbewegung ermöglichen. Dabei soll es sogar günstiger sein als eine Taxifahrt.

- Kategorie: 2-Internet der Dinge und Geo-Intelligence
- Anwendungsbereich: Destination Management, Transport, Verkehr (Intelligente Fahrzeuge)
- Phase der Customer Journey: Während der Reise
- Primäre Segmente: Transport/B2C Anwendung

192 Anhang: Beispielanwendungen und Anwendungsbeispiele

- Positive Wirkpotenziale: Verminderung des Straßenverkehrs in Städten; Verbesserung der Luftqualität durch weniger Kraftfahrzeuge; Effizienzsteigerung
- Negative Wirkpotenziale: Störung der Tierwelt (Vögel)
- Entwicklungsstand: Erste Versuche (A)
- Entwicklungsperspektive: Niedriges Potenzial (A)
- Laufende Nummer und Code: 26/IoT-14
- Quelle: https://lilium.com via www.trendexplorer.com der TrendOne GmbH

B.2.6 RFID-Tags werden zu Sensoren

Forscher des Auto-ID Lab am MIT haben RFID-Aufkleber entwickelt, die als Sensor fungieren und unter anderem gefährliche Gase in ihrer Umgebung wahrnehmen. Dafür wurden Chips verwendet, die zwischen einem passiven, energiebasierten Modus und einem lokalen, energiegestützten Modus wechseln können. Die Chips wurden in RFID-Tags mit einer herkömmlichen Hochfrequenzantenne integriert, und um die Speicherchips wurde ein einfacher Schaltkreis gebaut, der nur dann den energiegestützten Modus aktiviert, wenn ein Stimulus in der Umgebung festgestellt wird. In diesem Modus übermittelt der Chip einen neuen Protokollcode, der ausgelesen werden kann.

- Kategorie: 2-Internet der Dinge und Geo-Intelligence
- Anwendungsbereich: Krisenmanagement (Beobachtungen von Umweltkonditionen zur Identifizierung von Handlungsbedarf)
- Phase der Customer Journey: Während der Reise
- Primäre Segmente: Destination/B2B Anwendung
- Positive Wirkpotenziale: Analyse von Umweltbelastungen; Umweltfreundlichkeit
- Negative Wirkpotenziale: Störung des Ökosystems durch die Sensoren (Befestigung an Bäumen??)
- Entwicklungsstand: Erste Versuche (A+B)
- Entwicklungsperspektive: Hoher Kundennutzen und Potenzial für C und D
- Laufende Nummer und Code: 27/IoT- 17
- Quelle: http://news.mit.edu via www.trendexplorer.com der TrendOne GmbH

B.2.7 Taxi-Billboard informiert je nach Standort

Das australische Telekommunikationsunternehmen Telstra und das Start-up Cab Digital Media haben gemeinsam „TaxiLive", ein vernetztes Billboard für Taxis, gelauncht. „TaxiLive" wird an der Rückseite des Fahrzeugs installiert und zeigt ortsbasierte Informationen an. Die IoT-Lösung nutzt das Mobilnetzwerk von Telstra und liefert per GPS je nach Tageszeit und Standort des Fahrzeugs Verkehrsinformationen, Unwetterwarnungen und Werbebotschaften. Zunächst sollen 300 Taxis in Sydney mit den Billboards ausgestattet werden und auf diese Weise auch Daten für Smart-City-Anwendungen liefern können.

- Kategorie: 2-Internet der Dinge und Geo-Intelligence
- Anwendungsbereich: Krisenmanagement (+ Customer Service) (Intelligente Fahrzeuge:)
- Phase der Customer Journey: Während der Reise
- Primäre Segmente: Destination/Transport/B2C Anwendung
- Positive Wirkpotenziale: Kommunikation nachhaltiger Themen; Information über Umweltkonditionen (Wetter, Gefahren, Krisen etc.)
- Negative Wirkpotenziale: Erhöhter Ressourcenverbrauch (Sprit- oder Energieverbrauch zur Versorgung der Tafeln); Gefahr im Straßenverkehr durch Ablenkung
- Entwicklungsstand: Erste Anwendungen (B)
- Entwicklungsperspektive: Niedriges Potenzial (A)
- Laufende Nummer und Code: 28/IoT-13
- Quelle: https://www.telstra.com.au via www.trendexplorer.com der Trend-One GmbH

B.2.8 Waldbrand Detection und Alarmsystem

Das Edith Cowan University (ECU) Zentrum für Kommunikationstechnikforschung (CCER) hat Sensoren gebaut, die Waldbrände ausspähen und dann WiFi nutzen, um relevante Akteure (inkl. Tourismusakteure) zu informieren. Die Sensoren verwenden Solarpanel-Batterien und das Netzwerk ist selbstheilend. Ähnliche Systeme wurden bspw. von der University of California gebaut, welche Akteure durch ein System modernster Sensoren und Analysesoftware zur Minimierung von Fehlalarmen unterstützt.

- Kategorie: 2-Internet der Dinge und Geo-Intelligence
- Anwendungsbereich: Krisenmanagement (+Besuchermanagement) (Informationsverteilung; (Echtzeit) Identifizierung von Bewegungsmustern und Verhalten der Touristen)
- Phase der Customer Journey: Während der Reise
- Primäre Segmente: Destination/B2C Anwendung
- Positive Wirkpotenziale: Verbesserung der Sicherheit in gefährdeten Regionen

- Negative Wirkpotenziale: Störung des Ökosystems durch die Sensoren; Strahlung (WiFi); Wie kommt WiFi in den Wald?
- Entwicklungsstand: Adoption im Tourismus (C)
- Entwicklungsperspektive: Absolut transformativ (D)
- Laufende Nummer und Code: 29/IoT-12
- Quelle: https://researchspace.csir.co.za/dspace/bitstream/handle/10204/8674/Gcaba_2016.pdf?sequence=1&isAllowed=y

B.2.9 Rotterdamer Hafen wird zum smarten IoT-Port

Der Rotterdamer Hafen hat eine Digitalisierungsinitiative in Kooperation mit IBM bekannt gegeben. Ziel der Zusammenarbeit ist es, den Hafen mit IoT-Technologien und einer Anbindung an die Cloud auszustatten, um den Hafen in Zukunft auf die Abfertigung vernetzter Schiffe vorzubereiten. Unter Zuhilfenahme von smarten Kaimauern und mit Sensoren ausgestatteten Bojen sollen in Echtzeit Wasser-, Wetter- und Liegeplatzdaten erfasst werden, die dann von IBMs IoT-Plattform analysiert werden. Anschließend sollen die aufbereiteten Daten in Dashboard-Anwendungen für den operativen Betrieb bereitgestellt werden.

- Kategorie: 2-Internet der Dinge und Geo-Intelligence
- Anwendungsbereich: Logistik (Intelligente, effizientere Ausstattungen/Services zur Effizienzsteigerung: Einsparung von Kosten und Ressourcen)
- Phase der Customer Journey: Übergreifend für alle Phasen
- Primäre Segmente: Transport/B2B Anwendung
- Positive Wirkpotenziale: Analyse der Wasserkonditionen
- Negative Wirkpotenziale: Umweltbelastungen durch erhöhten Schiffsverkehr
- Entwicklungsstand: Erste Anwendungen (B)
- Entwicklungsperspektive: Hoher Kundennutzen und Potenzial für C und D
- Laufende Nummer und Code: 30/IoT-6
- Quelle: https://www.portofrotterdam.com via www.trendexplorer.com der TrendOne GmbH

B.2.10 Elektronisches Etikett für Reisegepäck

Das niederländische Start-up Bagtag hat ein elektronisches Etikett entwickelt, das Reisende nutzen können, um ihr Gepäck online aufzugeben. Das Gerät ersetzt herkömmliche Papieretiketten am Flughafen und erspart Reisenden somit lange Wartezeiten beim Check-in am Flughafenschalter. Es wird am Koffer angebracht und verbindet sich per Bluetooth mit dem Smartphone. Reisende können dann unter anderem über die Lufthansa-App ihr Reisegepäck einchecken. Das elektronische Etikett zeigt anschließend auf einem energiesparenden E-Paper-Display die Gepäckinformationen an.

- Kategorie: 2-Internet der Dinge und Geo-Intelligence
- Anwendungsbereich: Logistik (Intelligente, effizientere Ausstattungen/Services zur Effizienzsteigerung: Einsparung von Kosten und Ressourcen)
- Phase der Customer Journey: Während der Reise
- Primäre Segmente: Transport/B2B Anwendung
- Positive Wirkpotenziale: Reduzierung des Ressourcenverbrauchs (Wegfall von Papieretiketten); Vermeidung von Wartezeiten
- Negative Wirkpotenziale: Energieverbrauch der Etikette
- Entwicklungsstand: Erste Versuche (A)
- Entwicklungsperspektive: Hoher Kundennutzen und Potenzial für C und D
- Laufende Nummer und Code: 31/IoT-11
- Quelle: https://bagtag.com via www.trendexplorer.com der TrendOne GmbH

B.2.11 Intelligente Bushaltestelle

Der Maschinenbaukonzern ST Engineering hat in Singapur eine intelligente Bushaltestelle errichtet, die verdächtiges Verhalten identifiziert und die Luftqualität verbessert. Die Haltestelle ist mit einem eingebauten Luftreinigungssystem ausgestattet und saugt warme Luft ein, die sich bei geringem Energieverbrauch auf bis zu 24 Grad Celsius abkühlt. Die frische Luft erreicht die an der Haltestelle Wartenden über an der Decke befestigte Düsen. Mit Hilfe von Sensoren und einem Computersystem werden verdächtige Aktivitäten identifiziert und der Verkehrsfluss nachvollzogen. Zudem liefern interaktive Bildschirme Umweltinformationen in Echtzeit.

- Kategorie: 2-Internet der Dinge und Geo-Intelligence
- Anwendungsbereich: Marktforschung (Intelligente, effizientere Gebäude und Attraktionen (z. B. Hotels, Flughäfen, öffentliche Einrichtungen…); Effizienzsteigerung: Einsparung von Kosten und Ressourcen)
- Phase der Customer Journey: Während der Reise
- Primäre Segmente: Transport/Destination/B2B Anwendung
- Positive Wirkpotenziale: Verbesserung der Luftqualität innerhalb von Ballungsräumen mit hohem Verkehr
- Negative Wirkpotenziale: Energieverbrauch
- Entwicklungsstand: Erste Anwendungen (B)

- Entwicklungsperspektive: Mittleres Potential (B)
- Laufende Nummer und Code: 32/IoT-5
- Quelle: https://www.stengg.com via www.trendexplorer.com der Trend-One GmbH

B.2.12 Sitzbänke generieren Umweltdaten und Strom

Audi Italien hat während des Cortina Fashion Weekend in Cortina d'Ampezzo gemeinsam mit Point Architects das Projekt „Digital Points" präsentiert. Im Rahmen dessen wurden spezielle Sitzbänke mit integrierten Sensoren vorgestellt, die Umweltdaten in Echtzeit sammelten und anzeigten. Jede Bank überwachte hierbei das Klima, die Lärmbelästigung und die Sonnenaktivität. Mit Hilfe integrierter Solarpaneele generierten die Bänke ihren eigenen Strom und zeigten die gesammelte Energie anhand einer Installation mit Leuchtstäben an. Hierbei wechselten die Leuchtstäbe abhängig von der Energiemenge ihre Farbe.

- Kategorie: 2-Internet der Dinge und Geo-Intelligence
- Anwendungsbereich: Marktforschung (Intelligente, effizientere Gebäude und Attraktionen (z. B. Hotels, Flughäfen, öffentliche Einrichtungen…); Effizienzsteigerung: Einsparung von Kosten und Ressourcen)
- Phase der Customer Journey: Während der Reise
- Primäre Segmente: Transport/B2B Anwendung
- Positive Wirkpotenziale: Beobachtung von Umweltkonditionen und Ableitung nachhaltiger Handlungsmöglichkeiten für eine gesündere Umwelt
- Negative Wirkpotenziale: Störung des Ökosystems durch Leuchtstäbe
- Entwicklungsstand: Erste Anwendungen (B)
- Entwicklungsperspektive: Mittleres Potential (B)
- Laufende Nummer und Code: 33/IoT-7
- Quelle: http://www.pointarchitects.it via www.trendexplorer.com der Trend-One GmbH

B.2.13 Sensoren prüfen Umweltbelastung durch Tourismus

Die Internet-of-Things-Sensorplattform des Unternehmens Libelium hilft der spanischen Insel Mallorca dabei, die Umweltauswirkungen auf den Hafen von Palma zu analysieren und zu einem nachhaltigen Reiseziel zu werden. Dabei geht es insbesondere um die Luftverschmutzung und den Lärm, die durch die vielen Schiffe, die die Insel anlaufen, verursacht werden. Insgesamt 27 drahtlose Sensoren sollen im Hafengebiet installiert werden, um die Belastungen zu

messen. Die Analyse der Messergebnisse soll helfen, Entscheidungen zu treffen, die zu einer Verbesserung der Lebensbedingungen auf der Insel beitragen.
- Kategorie: 2-Internet der Dinge und Geo-Intelligence
- Anwendungsbereich: Marktforschung (Verbessertes Wissen über relevante Entwicklungen; Identifizierung von Handlungsbedarf; Planung von Kapazitäten & Ressourcen)
- Phase der Customer Journey: Während der Reise
- Primäre Segmente: Destination/B2B Anwendung
- Positive Wirkpotenziale: Steigerung der Umweltverträglichkeit; Umweltschutz (Wasserwelt)
- Negative Wirkpotenziale: Energieverbrauch der Sensoren
- Entwicklungsstand: Adoption im Tourismus (C)
- Entwicklungsperspektive: Absolut transformativ (D)
- Laufende Nummer und Code: 34/IoT-15
- Quelle: http://www.libelium.com via www.trendexplorer.com der TrendOne GmbH

B.2.14 Smarter Schirm folgt der Sonne

Das US-amerikanische Start-up ShadeCraft hat den smarten Sonnenschirm „Sunflower" entwickelt, der sich automatisch optimal zur Sonne ausrichtet. Integrierte Solarzellen speichern zudem Energie, um drei Elektromotoren, einen Lautsprecher, eine 360-Grad-Kamera, eine Lampe, ein Mikrofon sowie ein Bluetooth- und ein WLAN-Modul zu versorgen. Außerdem kann der Nutzer sein Smartphone oder andere Geräte an einem USB-Port aufladen. Die eingebauten Sensoren messen die Windstärke, die Luftqualität und die Temperatur. Diese Daten kann der Nutzer über die zugehörige App „SmartShade" auch aus der Ferne abrufen.

- Kategorie: 2-Internet der Dinge und Geo-Intelligence
- Anwendungsbereich: Marktforschung, Produktgestaltung (Intelligente, effizientere Attraktionen; Effizienzsteigerung: Einsparung von Kosten und Ressourcen z. B. durch Solar)
- Phase der Customer Journey: Während der Reise
- Primäre Segmente: Destination/B2B, B2C Anwendung
- Positive Wirkpotenziale: Beobachtung von Umweltkonditionen zur Ableitung von Handlungsbedarf; Kommunikation nachhaltiger Themen und Empfehlungen über Lautsprecher
- Negative Wirkpotenziale: Energieverbrauch

- Entwicklungsstand: Erste Anwendungen (B)
- Entwicklungsperspektive: Mittleres Potential (B)
- Laufende Nummer und Code: 35/IoT-8
- Quelle: http://shadecraft.com via www.trendexplorer.com der TrendOne GmbH

B.2.15 Hotelkette launcht Pop Up-Innovationslabor

Das Hotelunternehmen Marriott International hat das erste Pop-up-Hotelinnovationslabor eröffnet und damit ein interaktives Hotelerlebnis in der Innenstadt von Los Angeles geschaffen, um von den Besuchern Echtzeitfeedback zu erhalten. Industrieexperten, Hotelgäste, Mitarbeiter und die Öffentlichkeit sind dazu eingeladen, in dem Labor Entwicklungen, die für die Zukunft der Marken Aloft und Element in Betracht gezogen werden, zu sehen, zu fühlen, zu schmecken und zu hören. Indem sie in Echtzeit Feedback geben, können die Besucher alle Entwicklungen unmittelbar bewerten und so ihre zukünftigen Hotelerfahrungen mitgestalten.

- Kategorie: 2-Internet der Dinge und Geo-Intelligence
- Anwendungsbereich: Marktforschung, Produktmanagement (Erfassung von Kundenfeedback, um Produkt/Service den Kundenwünsche anzupassen; Steigerung der Kundenzufriedenheit)
- Phase der Customer Journey: Während der Reise
- Primäre Segmente: Unterkunft/B2C Anwendung
- Positive Wirkpotenziale: Bewusstseinsbildung nachhaltiger Ausstattungen
- Negative Wirkpotenziale:
- Entwicklungsstand: Erste Anwendungen (B)
- Entwicklungsperspektive: Hoher Kundennutzen und Potenzial für C und D
- Laufende Nummer und Code: 36/IoT-4
- Quelle: http://news.marriott.com via www.trendexplorer.com der TrendOne GmbH

B.2.16 Mobilitätsservice mit Bezahl – und Ortungstechnologien

Mastercard und HERE Technologies bauen ihre digitalen Bezahl- und Ortungstechnologien gemeinsam aus, um vernetzte Fahrzeugservices anzubieten. Das Mobility-as-a-Service-Konzept für Verbraucher soll die Datenanalysefunktionen der beiden Unternehmen einschließlich HEREs Open-Location-Plattform nutzen, um Kunden standortbasierte, personalisierte Informationen und Angebote anzuzeigen, die zur jeweiligen Zeit am relevantesten sind. Zur Bereitstellung der Daten sollen auch Mobilitäts- und Logistikanbieter, Städte und Tourismusbehörden, Handelsmarken und Finanzinstitutionen beitragen.

- Kategorie: 2-Internet der Dinge und Geo-Intelligence
- Anwendungsbereich: Marktforschung, Produktmanagement (Intelligente, effizientere Services zur Effizienzsteigerung: Einsparung von Kosten und Ressourcen)
- Phase der Customer Journey: Übergreifend für alle Phasen
- Primäre Segmente: Destination/Transport/B2C Anwendung
- Positive Wirkpotenziale: Effizienzsteigerung; Vermeidung von Wartezeiten und Staus; Verbesserte Besucherlenkung in Ballungsräumen
- Negative Wirkpotenziale: Intensivierung des Verkehrs durch Vereinfachung
- Entwicklungsstand: Erste Anwendungen (B)
- Entwicklungsperspektive: Absolut transformativ (D)
- Laufende Nummer und Code: 37/IoT- 16
- Quelle: https://www.here.com via www.trendexplorer.com der TrendOne GmbH

B.2.17 Bewegungen von Menschen in Gebäuden messen

Forscher des Rensselaer Polytechnic Institute und der University of New Mexico entwickeln gemeinsam mit dem Industriepartner ABB eine kosteneffiziente Sensortechnologie zur Überwachung von Personen in Gewerbegebäuden. Auf diese Weise soll verhindert werden, dass große Mengen an Energie mit dem Heizen und Kühlen von leer stehenden Gebäuden vergeudet werden. Die Technologie unterstützt die Gebäudeautomatisierung und nutzt Infrarot-LEDs und Fotodioden, um das von einer Szene ausgehende Lichtfeld zu messen. So wird die Aktivität im Inneren sichtbar, ohne dass die Privatsphäre verletzt wird.

- Kategorie: 2-Internet der Dinge und Geo-Intelligence
- Anwendungsbereich: Smart Home (Intelligente, effizientere Gebäude und Attraktionen (z. B. Hotels, Flughäfen, öffentliche Einrichtungen...); Effizienzsteigerung: Einsparung von Kosten und Ressourcen)
- Phase der Customer Journey: Während der Reise
- Primäre Segmente: Unterkunft/Destination/B2B Anwendung
- Positive Wirkpotenziale: Senkung des Energieverbrauchs durch Abschaltung bei Abwesenheit von Personen; Effizienzsteigerung und Umweltfreundlichkeit (nicht kundenorientiert)

- Negative Wirkpotenziale: Energieverbrauch durch Überwachung des Gebäudes
- Entwicklungsstand: Erste Versuche (A)
- Entwicklungsperspektive: Hoher Kundennutzen und Potenzial für C und D
- Laufende Nummer und Code: 38/IoT-3
- Quelle: https://lesa.rpi.edu via www.trendexplorer.com der TrendOne GmbH

B.3 Künstliche Intelligenz

B.3.1 Reinigungsroboter entfernt Müll am Strand

Das italienische Start-up Dronyx hat den „Solarino Beach Cleaner" entwickelt, der Strände von angespültem Müll befreit. Der Roboter wird über integrierte Batterien mit Strom versorgt, wobei die ebenfalls integrierten Solarzellen die Batterielaufzeit bei Bedarf verlängern können. Der Roboter ist relativ geräuschlos und reinigt bis zu 3000 Quadratmeter pro Stunde. Er kann zudem dazu verwendet werden, Schiffe aus dem Meer an den Strand zu ziehen. Da immer mehr Müll aus dem Meer angespült wird, könnten autonome Reinigungsroboter schon bald immer häufiger zum Einsatz kommen.

- Kategorie: 3-Künstliche Intelligenz
- Anwendungsbereich: Autonome Fahrzeuge (Beobachtungen von Umweltkonditionen; Identifizierung von Handlungsbedarf; Planung von Kapazitäten und Ressourcen
- Verbesserte Informationslage für Touristen und Kundenzufriedenheit)
- Phase der Customer Journey: Während der Reise
- Primäre Segmente: Destination/B2B Anwendung
- Positive Wirkpotenziale: Steigende Umweltfreundlichkeit; Sauberkeit; Vermittlung (bei den Touristen/Locals) eines nachhaltigen Umgangs mit der Umwelt als Selbsverständlichkeit
- Negative Wirkpotenziale: Störung des Ökosystems; Kann Roboter zwischen Lebewesen und Abfall unterscheiden?; Energieverbrauch des Roboters; Verstärktes Gesamtaufkommen von Touristen in Regionen, die den Roboter nutzen (in den Anfängen außergewöhnlich, neu und interessant)
- Entwicklungsstand: Erste Versuche/Prototyp (A)
- Entwicklungsperspektive: Hohes Potenzial C
- Laufende Nummer und Code: 39/KI-13
- Quelle: http://www.dronyx.com via www.trendexplorer.com der TrendOne GmbH

B.3.2 AI im öffentlichen Transport – Beispiel Stockholm

In Europa experimentieren viele Städte mit autonomen Fahrzeugen im öffentlichen Verkehr. Ein jüngstes Beispiel einer Großstadtverwaltung, die mit autonomem öffentlichen Verkehr experimentiert, ist die schwedische Hauptstadt Stockholm. Das Projekt, welches eine Partnerschaft zwischen dem Busunternehmen Nobina, dem Telekommunikationsunternehmen Ericsson, sowie dem Stockholmer Verkehrsbetrieb, dem königlich Schwedisches Institut für Technologie (KTH), Klövern, Urban ICT Arena und Stockholm City ist, startete im Januar 2018 mit zwei autonomen Shuttle-Bussen, die bis zu 24 km durch Fußgängerzonen, Fahrradwege und Straßen fahren. Im Mittelpunkt des Projekts steht die Plattform Connected Urban Transport (CUT) von Ericsson. CUT ist ein virtueller Busfahrer für die Stockholmer Shuttles. Es kommuniziert mit sensorintensiven intelligenten Bushaltestellen, Ampeln und Straßeninfrastrukturen und verbindet alles und jeden auf und neben der Straße. Die Cloud-basierte Lösung bildet somit ein intelligentes Ökosystem, in dem alle vernetzten Stakeholder ihre Daten nutzen und monetarisieren sowie ihre Endnutzerdienste verbessern können.

- Kategorie: 3-Künstliche Intelligenz
- Anwendungsbereich: Autonome Fahrzeuge und Mobilität (Intelligente/Autonome Fahrzeuge; Intelligente Verkehrsplanung/Infrastruktur; Nahtlose Reisewege; Intermodalität; Ressourcenmanagment)
- Phase der Customer Journey: Während der Reise
- Primäre Segmente: Transport, Destination/B2C Anwendung
- Positive Wirkpotenziale: Steigende Umweltfreundlichkeit und Sicherheit
- Negative Wirkpotenziale:
- Entwicklungsstand: Erste Anwendungen (B)
- Entwicklungsperspektive: Hohes Potenzial C
- Laufende Nummer und Code: 40/KI-6
- Quelle: https://www.forbes.com/sites/heatherfarmbrough/2018/01/31/ugly-but-useful-stockholm-introduces-driverless-busses/#3443ae0060f4

B.3.3 Bahn startet Shuttleservice

Die Deutsche Bahn hat im rheinland-pfälzischen Wittlich den fahrerbasierten Shuttleservice „ioki" mit zwei Bussen erstmals in den öffentlichen Personennahverkehr integriert. In Zukunft sollen dann E-Shuttles mit Fahrer, autonome Elektrobusse und dreirädrige eTukTuks zum Einsatz kommen. Ziel ist es, den öffentlichen Verkehr, die Logistik der Stadt und die Bahnhöfe mit Hilfe neuer

Technologien und innovativer Ideen komfortabler und umweltfreundlicher zu gestalten.

- Kategorie: 3-Künstliche Intelligenz
- Anwendungsbereich: Autonome Fahrzeuge und Mobilität (Intelligente/Autonome Fahrzeuge; Intelligente Verkehrsplanung/Infrastruktur; Nahtlose Reisewege; Intermodalität; Ressourcenmanagment)
- Phase der Customer Journey: Während der Reise
- Primäre Segmente: Destination, Transport/B2C Anwendung
- Positive Wirkpotenziale: Nachhaltigere Alternative des Transports; Effizienzsteigerung; Minimierung des Ressourcenverbrauchs; Komfortabilität
- Negative Wirkpotenziale: Steigender Energieverbrauch für Personentransport (Menschen sind bequem und werden zukünftig vermehrt auf solche Verkehrsmittel zurück greifen, anstatt zu laufen oder mit dem Fahrrad zu fahren); Kurze Wege in Bahnhöfen, deshalb keine höhere Komfortabilität
- Entwicklungsstand: Erste Anwendungen (B)
- Entwicklungsperspektive: Absolut transformativ (D)
- Laufende Nummer und Code: 41/KI-15
- Quelle: http://www.ioki.com via www.trendexplorer.com der TrendOne GmbH

B.3.4 Autonomes Fahrzeug passt sich seinem Zweck an

Toyota, Amazon, Pizza Hut und Uber haben die gemeinsame Entwicklung des Konzeptfahrzeugs „e-Palette" bekannt gegeben, das modular je nach Zweck angepasst werden kann und sich somit für Fahrgemeinschaften, Kleintransporte oder Lieferungen on demand eignet. Da im Inneren weder Säulen noch strukturelle Barrieren fest verbaut sind und die Größe dem Zweck angepasst werden kann, ließe sich das Fahrzeug sogar in ein mobiles Hotelzimmer oder einen Pop-up-Shop verwandeln. Das autonome E-Fahrzeug soll erstmalig im Jahre 2020 bei den Olympischen Spielen in Tokio zum Einsatz kommen.

- Kategorie: 3-Künstliche Intelligenz
- Anwendungsbereich: Autonome Fahrzeuge und Mobilität (Intelligente/Autonome Fahrzeuge; Intelligente Verkehrsplanung/Infrastruktur; Nahtlose Reisewege; Intermodalität; Ressourcenmanagment)
- Phase der Customer Journey: Während der Reise
- Primäre Segmente: Destination, Unterkunft, Transport/B2B Anwendung
- Positive Wirkpotenziale: Steigende Umweltfreundlichkeit und Sicherheit; Effizienzsteigerung

- Negative Wirkpotenziale: Verlust wichtiger Fläche innerhalb der Ballungsräume durch vermehrte Fahrzeuge als Hotelzimmer
- Entwicklungsstand: Erste Versuche/Prototyp (A)
- Entwicklungsperspektive: Geringes Potenzial bzw. schwer einzuschätzen (A-C)
- Laufende Nummer und Code: 42/KI-16
- Quelle: http://corporatenews.pressroom.toyota.com via www.trendexplorer.com der TrendOne GmbH

B.3.5 Autonomes Boot überquert den Atlantik

Die Ingenieure Christopher Sam Soon und Isaac Penny lassen erstmals ein solarbetriebenes, autonomes Boot von den USA aus den Atlantischen Ozean überqueren. Das Boot mit dem Namen „Solar Voyager" verfügt über zwei Solarpaneele, die 240 Watt an Energie generieren. Diese wird in Batterien gespeichert, um das Boot auch nachts zu betreiben. Anhand von Satellitenkonstellationen navigiert sich das Boot von einer vorprogrammierten Zwischenstation zur nächsten. Es bewegt sich mit einer Geschwindigkeit von fünf Kilometern pro Stunde und soll sein Ziel – Frankreich oder Spanien – innerhalb von vier Monaten erreichen.

- Kategorie: 3-Künstliche Intelligenz
- Anwendungsbereich: Autonome Fahrzeuge und Mobilität (Intelligente/Autonome Fahrzeuge; Intelligente Verkehrsplanung/Infrastruktur sort für nahtlose Reisewege; Intermodalität; Ressourcenmanagment)
- Phase der Customer Journey: Während der Reise
- Primäre Segmente: Transport/B2B, B2C Anwendung
- Positive Wirkpotenziale: Umweltfreundliche Alternative des Überseetransports
- Negative Wirkpotenziale: Geringe Effizienz, lange Dauer (durch größere Solarzelle und Batterie sehr zukunftsfähig)
- Entwicklungsstand: Erste Versuche (A+B)
- Entwicklungsperspektive: Absolut transformativ (D)
- Laufende Nummer und Code: 43/KI-19
- Quelle: http://www.solar-voyager.com via www.trendexplorer.com der TrendOne GmbH

B.3.6 Autonome Fähre auf Knopfdruck bestellbar

Ingenieure der Technisch-Naturwissenschaftlichen Universität Norwegens haben eine autonome elektrische Fähre entwickelt, die Personen und Fahrräder über den Trondheimkanal zwischen Ravnkloa und Vestre Kanalhavn transportiert. Die Fähre kann per Knopfdruck angefordert werden und umgeht den Verkehr auf dem Fluss mit Hilfe von Sensoren, Lidar und Kameras. Eine Fahrt der „Autoferry" dauert aktuell nur eine Minute und erspart bis zu zwölf Personen einen viertelstündigen Spaziergang. Durch den Einsatz der „Autoferry" sollen teure Brücken und bemannte Fähren auf langfristige Sicht überflüssig werden.

- Kategorie: 3-Künstliche Intelligenz
- Anwendungsbereich: Autonome Fahrzeuge und Mobilität (Intelligente/Autonome Fahrzeuge; Intelligente Verkehrsplanung/Infrastruktur sort für nahtlose Reisewege; Intermodalität; Ressourcenmanagment)
- Phase der Customer Journey: Während der Reise
- Primäre Segmente: Destination, Transport/B2C Anwendung
- Positive Wirkpotenziale: Umweltfreundlichere Alternative zu Brücken und bemannten Fähren
- Negative Wirkpotenziale: Energieverbrauch für Transport (aus Bequemlichkeit 15min Fußweg); Störung der Wasserwelt
- Entwicklungsstand: Adoption im Tourismus (C)
- Entwicklungsperspektive: Absolut transformativ (D)
- Laufende Nummer und Code: 44/KI-20
- Quelle: https://www.ntnu.edu via www.trendexplorer.com der TrendOne GmbH

B.3.7 AI-Mülleimer belohnt richtiges Recycling

Das britische Unternehmen Cambridge Consultants hat ein smartes Recyclingsystem für Mülleimer entwickelt, das den Nutzern mit Hilfe künstlicher Intelligenz anzeigt, welcher Abfall recycelt werden kann und in welchen Behälter er gehört. Nutzer stellen dafür den Artikel auf die Ablagefläche, wo er dann von einer Kamera mit Bilderkennung gescannt wird. Ein grünes Licht zeigt im Anschluss den richtigen Behälter an. Das System schafft für Marken Möglichkeiten der Interaktion mit den Kunden: So könnten Kunden etwa über eine dazugehörige App für jeden richtig entsorgten Artikel mit Punkten belohnt werden und diese Punkte dann im Geschäft einlösen.

- Kategorie: 3-Künstliche Intelligenz
- Anwendungsbereich: Besuchermanagement, Besucherlenkung (Beobachtungen von Umweltkonditionen; Identifizierung von Handlungsbedarf; Planung von Kapazitäten & Ressourcen
- Verbesserte Informationslage für Touristen & Kundenzufriedenheit)

- Phase der Customer Journey: Übergreifend für alle Phasen
- Primäre Segmente: Destination/B2C Anwendung
- Positive Wirkpotenziale: Steigende Umweltfreundlichkeit; Sauberkeit; Außergewöhnlichkeit und Wettbewerb (Punkte sammeln) wirkt attraktiv auf Touristen und erhöht dadurch die Nutzung und somit auch die Entsorgung des eigenen Abfalls
- Negative Wirkpotenziale: Energieverbrauch; Erhöhtes Aufkommen von Abfall durch Gefühl eines Wettbewerbs (verstärkter Kauf von Produkten mit möglichst viel Abfall, um möglichst viele Punkte zu sammeln); Umweltfreundlichkeit geht verloren (auch wenn Umwelt sauber erscheint)
- Entwicklungsstand: Erste Anwendungen (B)
- Entwicklungsperspektive: Absolut transformativ (D)
- Laufende Nummer und Code: 45/KI-11
- Quelle: https://www.cambridgeconsultants.com via www.trendexplorer.com der TrendOne GmbH

B.3.8 Künstliche Intelligenz optimiert den Verkehr

Forscher der Carnegie Mellon University haben das System „Surtrac" entwickelt, das auf künstlicher Intelligenz basiert und Kreuzungen die Ampelschaltung in Echtzeit anpassen lässt. Das System wird bereits erfolgreich in Pittsburgh eingesetzt, wo Kameras und Radarsysteme den Verkehr überwachen und in Echtzeit einen Zeitplan erstellen, damit Autos die Kreuzung so schnell wie möglich überqueren können. Die Daten werden dann an andere Kreuzungen weitergeleitet. Nach und nach sollen zudem alle Kreuzungen mit DSRC-Sendern ausgestattet werden, die mit den Radios in verbundenen Fahrzeugen kommunizieren und Navigationsinformationen mit ihnen teilen. DSRC (Dedicated Short Range Communication) ist ein Verfahren, das die Kommunikation zwischen den Ampelkreuzungen („Baken") und Fahrzeugen ermöglicht.

- Kategorie: 3-Künstliche Intelligenz
- Anwendungsbereich: Besuchermanagement, Besucherlenkung (Intelligente/ Autonome Fahrzeuge; Intelligente Verkehrsplanung/Infrastruktur; Nahtlose Reisewege; Intermodalität; Ressourcenmanagment)
- Phase der Customer Journey: Vor und während der Reise
- Primäre Segmente: Destination/Transport/B2C Anwendung
- Positive Wirkpotenziale: Vermeidung von Staus; Effizienzsteigerung
- Negative Wirkpotenziale: Unterstützung des Automobilverkehrs anstelle nachhaltiger Alternativen z. B. Ausbau von Fahrradwegen

- Entwicklungsstand: Erste Anwendungen (B)
- Entwicklungsperspektive: Absolut transformativ (D)
- Laufende Nummer und Code: 46/KI-21
- Quelle: https://rapidflowtech.com via www.trendexplorer.com der TrendOne GmbH

B.3.9 Skyscanner Facebook Messenger Bot

Seit 2016 können Kunden durch den Facebook Messenger Bot bei Skyscanner bei ihrer Flugsuche unterstützt werden. Mit einem Durchschnitt von 50 Millionen Reisenden, die jeden Monat Flüge auf Skyscanner suchen, war Skyscanner die erste Reisesuchmaschine, die offiziell einen Facebook Messenger Bot einführte. Kunden können seitdem über den Facebook Messenger eine Nachricht an Skyscanner schicken, um dann durch den Bot bei der Suche unterstützt zu werden. Neben der Möglichkeit, ein Ziel, einen Abflughafen und Daten einzugeben, um nach Flügen zu suchen, erhalten Kunden auch Informationen zu den günstigsten Zielen vom nächstgelegenen Flughafen. Der Bot ist gesprächig und reagiert sehr schnell.

- Kategorie: 3-Künstliche Intelligenz
- Anwendungsbereich: Customer Service ((Direkte) Interaktion mit dem Kunden; Kundenberatung und Betreuung durch Direkt Messaging; Persönliche Assistenten/Chatbots/Roboter)
- Phase der Customer Journey: Vor der Reise (Beeinflussung der Reiseentscheidung)
- Primäre Segmente: Reisevermittler/B2C Anwendung
- Positive Wirkpotenziale: Beratung und Verkauf von nachhaltigen Angeboten/Produkten
- Negative Wirkpotenziale: Vereinfachung und Bequemlichkeit sorgen für vermehrte Flugbuchungen
- Entwicklungsstand: Hohe Verbreitung (D)
- Entwicklungsperspektive: Hohes Potenzial C
- Laufende Nummer und Code: 47/KI-1
- Quelle: https://www.skyscanner.net/news/tools/skyscanner-facebook-messenger-bot

B.3.10 AI unterstützt KLM's Kundenservice

Im Mai 2016 hat KLM in Zusammenarbeit mit dem in San Francisco ansässigen Technologieunternehmen DigitalGenius eine KI-Plattform eingeführt, die Kundenfragen in Vorschläge umwandelt, die direkt auf dem Arbeitsbildschirm der Kundendienstmitarbeiter angezeigt werden. KLM beschäftigt ca. 250 Social Media-Service-Agenten, welche wöchentlich etwa 30.000 Kundengespräche über Twitter, WhatsApp und Facebook Messenger führen. Die Plattform, die als erste ihrer Art in der Luftfahrtindustrie eingesetzt wurde, unterstützt derzeit mehr als 50% aller KLM-Kundendienstanfragen.

- Kategorie: 3-Künstliche Intelligenz
- Anwendungsbereich: Customer Service ((Direkte) Interaktion mit dem Kunden; Kundenberatung und Betreuung durch Direkt Messaging; Persönliche Assistenten/Chatbots/Roboter)
- Phase der Customer Journey: Übergreifend für alle Phasen
- Primäre Segmente: Transport/B2C Anwendung
- Positive Wirkpotenziale: Verstärkte Information/Kommunikation nachhaltiger Angebote
- Negative Wirkpotenziale: Vereinfachung, Bequemlichkeit und Kundenzufriedenheit mit dem Service sorgen für vermehrte Flugbuchungen
- Entwicklungsstand: Hohe Verbreitung (D)
- Entwicklungsperspektive: Hohes Potenzial C
- Laufende Nummer und Code: 48/KI-2
- Quelle: https://www.travelweekly.com/Travel-News/Airline-News/Artificial-intelligence-driving-KLM-Social Media-strategy

B.3.11 AI unterstützt KLM's Kundenservice

KLM entwickelt immer mehr Angebote, bei denen Künstliche Intelligenz den Kunden die Reise und Reiseplanung vereinfachen soll. Beispiel: der KLM's Service Bot (genannt: Blue Bot) – KLM führte in 2017 seinen eigenen, intelligenten, interaktiven, sprachgesteuerten Pack-Assistenten auf Google Home ein, welcher KLM Passagieren helfen kann, ihre Koffer über den kürzlich gestarteten Service-Bot namens BB zu packen. Basierend auf ihrer KLM-Destination, der Dauer ihrer Reise und dem lokalen Wetter bietet dieser Bot den Passagieren persönliche Beratung, was sie mitnehmen sollen.

- Kategorie: 3-Künstliche Intelligenz
- Anwendungsbereich: Customer Service ((Direkte) Interaktion mit dem Kunden; Kundenberatung und Betreuung durch Direkt Messaging; Persönliche Assistenten/Chatbots/Roboter)
- Phase der Customer Journey: Vor der Reise (Beeinflussung der Reiseentscheidung)
- Primäre Segmente: Transport/B2C Anwendung

- Positive Wirkpotenziale: Weniger Volumen beim Packen, weil nur die Dinge aufgezeigt werden, die auch wirklich benötigt werden
- Negative Wirkpotenziale: Kaufzwang durch Empfehlungen (Kunden fühlen sich verpflichtet Produkte zu kaufen, um die Packliste zu erfüllen = erhöhter Konsum, mehr Produktion)
- Entwicklungsstand: Adoption im Tourismus (C)
- Entwicklungsperspektive: Hoher Kundennutzen und Potenzial für C und D
- Laufende Nummer und Code: 49/KI-3
- Quelle: https://news.klm.com/klm-helps-you-packing-with-voice-driven-assistant-on-google-home

B.3.12 Connie – Hilton und IBM's weltweit erster Watson-fähige Hotel-Concierge-Roboter

Connie, der Roboter, der den Hotelgästen während ihres Aufenthaltes Hilfe und Informationen zur Verfügung stellt, wurde 2016 als erster Pilot-Roboter der zwei Partner vorgestellt. Connie nutzt das Wissen von Watson und WayBlazer, um Gäste über lokale Touristenattraktionen, Speiseempfehlungen und Hoteleinrichtungen und Services zu informieren.

- Kategorie: 3-Künstliche Intelligenz
- Anwendungsbereich: Customer Service ((Direkte) Interaktion mit dem Kunden; Kundenberatung und Betreuung durch Direkt Messaging; Persönliche Assistenten/Chatbots/Roboter)
- Phase der Customer Journey: Während der Reise
- Primäre Segmente: Unterkunft/B2C Anwendung
- Positive Wirkpotenziale: Informationsbereitstellung und Beratung von nachhaltigen Angeboten in direkter Umgebung
- Negative Wirkpotenziale: Energieverbrauch des Roboters
- Entwicklungsstand: Erste Anwendungen (B+C)
- Entwicklungsperspektive: Hoher Kundennutzen und Potenzial für C und D
- Laufende Nummer und Code: 50/KI-4
- Quelle: http://www.hoteliermiddleeast.com/33274-ibm-launches-watson-assistant-for-hospitality-to-enhance-guest-engagement/

B.3.13 Mariott International: Check-in mit Gesichtserkennung

Im Sommer 2018 gab die Alibaba Group und Marriott International bekannt, dass sie gemeinsam mit Fliggy, Alibabas Reisedienstplattform, den Check-in-Test für die Gesichtserkennung von Marriott International vorantreiben werden. Anfangs wird das Pilotproject im Chinesischen Markt getestet, mit dem Ziel, es international in allen Marriott Hotels auszuweiten. Um den Service zu nutzen, müssen Gäste einfach ihre IDs scannen, ein Foto machen und Kontaktdaten auf einem Selbsthilfegerät eingeben. Das intelligente Gerät gibt dann Zimmerschlüsselkarten aus, nachdem Identitäten und Buchungsinformationen verifiziert wurden.

- Kategorie: 3-Künstliche Intelligenz
- Anwendungsbereich: Customer Service ((Direkte) Interaktion mit dem Kunden; Kundenberatung und Betreuung durch Direkt Messaging; Persönliche Assistenten/Chatbots/Roboter)
- Phase der Customer Journey: Während der Reise
- Primäre Segmente: Unterkunft/B2C Anwendung
- Positive Wirkpotenziale: Automatisierung von Check-in Prozessen; Effizienzsteigerung
- Negative Wirkpotenziale: Energievrebrauch
- Entwicklungsstand: Adoption im Tourismus (C)
- Entwicklungsperspektive: Hoher Kundennutzen und Potenzial für C und D
- Laufende Nummer und Code: 51/KI-5
- Quelle: http://news.marriott.com/2018/07/joint-venture-of-alibaba-group-and-marriott-international-trials-facial-recognition-check-in-technology/

B.3.14 Intelligenter Serviceroboter für Hotel – und Gastgewerbe

Alibaba A.I. Labs, bei Alibaba verantwortlich für den Einsatz künstlicher Intelligenz in Konsumprodukten, hat einen Serviceroboter für das Hotel- und Gastgewerbe entwickelt. Der Roboter liefert bestellte Speisen oder Wäsche in die Hotelzimmer. Die Gäste können mit der Maschine direkt kommunizieren, sei es mit Sprachbefehlen, per Berührung oder Gesten. Der Roboter ist knapp einen Meter groß und bewegt sich mit einer Geschwindigkeit von bis zu einem Meter pro Sekunde. Er ist zudem unter anderem mit einer autonomen Navigation und einem System zur Steuerung von Aufzügen ausgestattet.

- Kategorie: 3-Künstliche Intelligenz
- Anwendungsbereich: Customer Service ((Direkte) Interaktion mit dem Kunden; Kundenberatung und Betreuung durch Direkt Messaging; Persönliche Assistenten/Chatbots/Roboter)
- Phase der Customer Journey: Während der Reise
- Primäre Segmente: Unterkunft/B2C Anwendung

- Positive Wirkpotenziale: Effizienzsteigerung; Automatisierung von Prozessen
- Negative Wirkpotenziale: Energieverbrauch
- Entwicklungsstand: Erste Anwendungen (B)
- Entwicklungsperspektive: Mittleres Potential (B)
- Laufende Nummer und Code: 52/KI-7
- Quelle: https://www.alizila.com via www.trendexplorer.com der TrendOne GmbH

B.3.15 Hotelkette Clarion: Chatbot als Hotelportier

Die schwedische Hotelkette Clarion testet in ihrem Stockholmer Hotel Amaranten einen Portierdienst in der Form eines stimmaktivierten Chatbots. Das System ist in Zusammenarbeit mit dem Softwareentwickler EdgeDNA entstanden und basiert auf Amazons digitaler Assistentin Alexa. Besucher des Amaranten können den Chatbot als Weckdienst nutzen oder um ein Taxi zu bestellen, Musik abzuspielen und Informationen wie Wetterdaten abzurufen. Zukünftig sollen sie über den Service jeden Teil ihres Hotelzimmers, so auch die Beleuchtung, kontrollieren können.

- Kategorie: 3-Künstliche Intelligenz
- Anwendungsbereich: Customer Service ((Direkte) Interaktion mit dem Kunden; Kundenberatung und Betreuung durch Direkt Messaging; Persönliche Assistenten/Chatbots/Roboter)
- Phase der Customer Journey: Während der Reise
- Primäre Segmente: Unterkunft/B2C Anwendung
- Positive Wirkpotenziale: Beratung von nachhaltigen Angeboten; Effizienzsteigerung
- Negative Wirkpotenziale: Energieverbrauch des Chatbots
- Entwicklungsstand: Adoption im Tourismus (C)
- Entwicklungsperspektive: Hoher Kundennutzen und Potenzial für C und D
- Laufende Nummer und Code: 53/KI-9
- Quelle: https://edgedna.com via www.trendexplorer.com der TrendOne GmbH

B.3.16 Smartphone Applikation WeBeam: persönlicher Assistent für Veranstaltungen

Die Smartphone-Applikation „WeBeam" des gleichnamigen kanadischen Startups dient Veranstaltungsbesuchern als intelligenter persönlicher Assistent. Sie zeigt Personen in der Umgebung samt Beruf und Interessen an und markiert diejenigen farbig, bei denen sie Übereinstimmungen mit dem Nutzer sieht. So können Nutzer Gleichgesinnte identifizieren und einfacher Gespräche beginnen. Per Bluetooth lassen sich Kontaktinformationen einfach durch Aneinanderhalten der Geräte austauschen, während beide Personen das Profil des jeweils anderen aufrufen.

- Kategorie: 3-Künstliche Intelligenz
- Anwendungsbereich: Customer Service (Intelligente Bewegungs – & Verhaltensmusteranalysen)
- Phase der Customer Journey: Während der Reise
- Primäre Segmente: Destination/B2C Anwendung
- Positive Wirkpotenziale: Vermittlung von Personen mit ähnlichen Interessen z. B. bezüglich Nachhaltigkeit; Zufriedenheit der Besucher
- Negative Wirkpotenziale: Energieverbrauch für die App
- Entwicklungsstand: Adoption im Tourismus (C)
- Entwicklungsperspektive: Mittleres Potential (B)
- Laufende Nummer und Code: 54/KI-10
- Quelle: http://webeam.com via www.trendexplorer.com der TrendOne GmbH

B.3.17 „Smart Path" der NASA erleuchtet Besucher

Die NASA hat das Kennedy Space Center mit piezoelektrischen Fliesen ausgestattet, die aufleuchten, sobald Besucher darüberlaufen, und den Besuchern zudem Informationen auf das Smartphone senden. Der „Smart Path" besteht aus 1000 Fliesen, die auf 3700 Quadratmeter verteilt sind. Sie verfügen über Platinen, Solarkollektoren, eine Batterie, LEDs, einen Bluetooth- und einen WLAN-Sender sowie über einen Mikrocontroller und ein piezoelektrisches Element, das aus den Schritten der Besucher Energie generiert. Die Fliesen ergeben zusammen Mosaikbilder von der Erde, dem Mond, dem Mars und der Internationalen Raumstation.

- Kategorie: 3-Künstliche Intelligenz
- Anwendungsbereich: Destination Management (Beobachtungen von Umweltkonditionen; Identifizierung von Handlungsbedarf; Planung von Kapazitäten & Ressourcen
- Verbesserte Informationslage für Touristen & Kundenzufriedenheit)
- Phase der Customer Journey: Während der Reise
- Primäre Segmente: Destination/B2C Anwendung

- Positive Wirkpotenziale: Vermittlung der Relevanz des nachhaltigen Umgangs mit unserer Umwelt; Aufzeigen der Auswirkungen auf die Erde bzw. das ganze Universum
- Negative Wirkpotenziale: Verlust natürlicher Gegebenheiten/Fläche durch Verlegung der Fliesen (3700qm)
- Entwicklungsstand: Erste Anwendungen (B)
- Entwicklungsperspektive: Mittleres Potential (B)
- Laufende Nummer und Code: 55/KI-18
- Quelle: http://www.news.gatech.edu via www.trendexplorer.com der TrendOne GmbH

B.3.18 Start-up sagt Überschwemmungsrisiko voraus

Das Start-up Jupiter bietet Entwicklern, Versicherungen, Stadtbeamten und Stadtplanern, die sich mit Küstenstädten befassen, eine „FloodScore"-Analyse an, die das Risiko einer Überschwemmung in einem Viertel oder an einer bestimmten Adresse vorhersagt. Jupiters Plattform analysiert dafür mit Hilfe von maschinellem Lernen Daten zum Meeresspiegelanstieg, zu Erosionen und zur Auswirkung von hochwassersicher verlegter Pflasterung sowie Daten von Satelliten und verschiedenen Sensoren. Das System kann darüber hinaus bewerten, wie sich gelagerte gefährliche Industrieabfälle während eines Hochwassers auf die Gesundheit auswirken könnten.

- Kategorie: 3-Künstliche Intelligenz
- Anwendungsbereich: Krisenmanagement (Beobachtungen von Umweltkonditionen; Identifizierung von Handlungsbedarf; Planung von Kapazitäten & Ressourcen
- Verbesserte Informationslage für Touristen & Kundenzufriedenheit)
- Phase der Customer Journey: Während der Reise
- Primäre Segmente: Destination/B2B Anwendung
- Positive Wirkpotenziale: Steigende Sicherheit in Küstenregionen; Möglichkeit große Schäden durch Überschwemmungen einzudämpfen
- Negative Wirkpotenziale:
- Entwicklungsstand: Erste Anwendungen (B)
- Entwicklungsperspektive: Hohes Potenzial C
- Laufende Nummer und Code: 56/KI-12
- Quelle: https://jupiterintel.com via www.trendexplorer.com der TrendOne GmbH

B.3.19 Browser basiert auf künstlicher Intelligenz

Das in San Francisco ansässige Start-up Biggerpan hat mit „Ulli" den ersten Smartphone-Browser lanciert, der auf künstlicher Intelligenz basiert. Beim Aufrufen von Webseiten empfiehlt er mögliche nächste Handlungen, die über die Funktion „Magic Wand Button" ausgewählt werden. Beim Lesen eines Artikels zu einem aktuellen Kinofilm kann dann bspw. die nächste Vorstellung im Kalender vermerkt, ein Taxi gerufen oder ein nahe gelegenes Restaurant gefunden werden. Das Unternehmen speichert dabei keinen Browserverlauf und auf Wunsch wird zudem ein Privatsphäremodus aktiviert.

- Kategorie: 3-Künstliche Intelligenz
- Anwendungsbereich: Marketing, Verkauf und Reiseplanung ((Direkte) Interaktion mit dem Kunden; Kundenberatung und Betreuung durch Direkt Messaging; Persönliche Assistenten/Chatbots/Roboter)
- Phase der Customer Journey: Vor und während der Reise
- Primäre Segmente: Destination/B2C Anwendung
- Positive Wirkpotenziale: Beeinflussung der Kunden durch Angebot nachhaltiger Alternativen
- Negative Wirkpotenziale: Höheres Gesamtaufkommen von Touristen durch einfache und automatisierte Produkzusammenstellung
- Entwicklungsstand: Hohe Verbreitung (D)
- Entwicklungsperspektive: Hoher Kundennutzen und Potenzial für C und D
- Laufende Nummer und Code: 57/KI-8
- Quelle: https://biggerpan.com via www.trendexplorer.com der TrendOne GmbH

B.3.20 Reiseplanung mit Hilfe der Crowd

Das deutsche Start-up Mapify hat die gleichnamige App entwickelt, die den visuellen Anspruch von Instagram mit dem Nutzen einer Reisesuchmaschine kombiniert. In der App laden die Nutzer Urlaubsfotos hoch und versehen sie mit Zusatzangaben wie Reiserouten und Kurzbeschreibungen. Aus den Daten werden dann mit Hilfe künstlicher Intelligenz Reiseempfehlungen für andere Nutzer abgeleitet. Passend zum jeweils ausgewählten Reiseziel schlägt Mapify über Schnittstellen zu Skyscanner oder Airbnb automatisch die günstigsten Flugverbindungen und Unterkünfte vor und macht somit die zeitaufwendige Suche nach derlei Informationen überflüssig.

- Kategorie: 3-Künstliche Intelligenz
- Anwendungsbereich: Marketing, Verkauf und Reiseplanung (Intelligente/ Optimierte Promotion; Verbessertes Verständnis über die Bedürfnisse und Zufriedenheit der Kunden/Gäste; Automatisierte Nachrichten- und Produktbündelung; Automatisierte, individualisierte Marketingaktvitäten und Wettbewerberanalysen)
- Phase der Customer Journey: Vor der Reise (Beeinflussung der Reiseentscheidung)
- Primäre Segmente: Reisevermittler/B2C Anwendung
- Positive Wirkpotenziale: Beeinflussung der Nutzer in Richtung Nachhaltigkeit; Angebote nachhaltiger Alternativen
- Negative Wirkpotenziale: Touristifizierung bisher relativ unbekannter Orte; Größeres Gesamtaufkommen von Touristen (Auslösen von Emotionen durch Bilder und persönlicher Meinung = vermehrte Reiseentscheidung)
- Entwicklungsstand: Adoption im Tourismus (C)
- Entwicklungsperspektive: Absolut transformativ (D)
- Laufende Nummer und Code: 58/KI-14
- Quelle: https://mapify.travel via www.trendexplorer.com der TrendOne GmbH

B.3.21 IBM: Big Data für eine agile Lieferkette

Mit „Watson Supply Chain" hat IBM ein leistungsfähiges Analysetool für das Lieferkettenmanagement auf den Markt gebracht. Seit der Übernahme der Weather Company verfügt IBM über große Mengen an Wetter- und Standortdaten. Diese Daten werden um Informationen von Nachrichtendiensten und sozialen Medien sowie um Informationen zur aktuellen Verkehrslage ergänzt und in die IBM-Cloud eingespeist. Die künstliche Intelligenz Watson kann auf der Basis dieser Daten Implikationen für globale Lieferketten ableiten und potenzielle Engpässe in Lieferketten bereits im Vorfeld erkennen.

- Kategorie: 3-Künstliche Intelligenz
- Anwendungsbereich: Unternehmensinterne Prozessoptimierung (+ Logistik) (Automatisierung von Geschäftsprozessen durch automatisierte Analysen und Vorhersagen; Automatisierte Fehlererkennung und Instandhaltung; Automatisierte Planung von Kapazitäten; Effizienzsteigerung und Kosteneinsparungen)
- Phase der Customer Journey: Übergreifend für alle Phasen
- Primäre Segmente: Transport/B2B Anwendung

- Positive Wirkpotenziale: Anwendung nachhaltiger Alternativen für den Transport; Vermeidung von Staus und Wartezeiten; Effizienzsteigerung
- Negative Wirkpotenziale:
- Entwicklungsstand: Erste Anwendungen (B)
- Entwicklungsperspektive: Absolut transformativ (D)
- Laufende Nummer und Code: 59/KI-17
- Quelle: https://www.ibm.com via www.trendexplorer.com der TrendOne GmbH

B.4 Smart Mobile Devices und Digital Payment

B.4.1 App verbindet Personen am Flughafen

Das Berliner Start-up WaitList hat die gleichnamige App entwickelt, die Flughafenbesuchern die Möglichkeit eröffnet, interessante neue Leute kennenzulernen. Die App zeigt den Nutzern, wer sich gerade am Flughafen aufhält und Zeit für eine spontane Interaktion hat. Zusätzlich werden in der App kurze Visitenkarten mit den Fähigkeiten und Interessen der jeweiligen Wartenden angezeigt, sodass die Nutzer potenziell wertvolle Gesprächspartner leicht identifizieren können. Kommt ein Match zustande, schlägt die App ein Flughafencafé für ein persönliches Treffen vor.

- Kategorie: 4-Smart Mobile Devices und Digital Payment
- Anwendungsbereich: Besuchermanagement (Beobachtung und Analyse der Besucherströme; Verbessertes Reiseerlebnis steigert die Kundenzufriedenheit)
- Phase der Customer Journey: Während der Reise
- Primäre Segmente: Transport/B2C Anwendung
- Positive Wirkpotenziale: Vermittlung von Personen mit ähnlichen Interessen bezüglich nachhaltiger Themen (Interessensaustausch)
- Negative Wirkpotenziale: Energieverbrauch für die Nutzung der App
- Entwicklungsstand: Erste Anwendungen (B)
- Entwicklungsperspektive: Mittleres Potential (B)
- Laufende Nummer und Code: 60/MD-15
- Quelle: http://www.waitlist.tech via www.trendexplorer.com der TrendOne GmbH

B.4.2 Soziales Netzwerk für Familien

Das Hamburger Start-up Familonet hat die gleichnamige Smartphone-Anwendung entwickelt, mit der Nutzer den Aufenthaltsort von Freunden und

Familienmitgliedern permanent im Blick behalten. Hierfür organisieren sie in der App ihre Netzwerke. Jeder Nutzer entscheidet, ob und wann er geortet werden kann und welche seiner Aufenthaltsorte anderen Nutzern angezeigt werden. Mit Hilfe der App können Eltern überprüfen, ob ihr Kind in der Schule angekommen ist, und Studenten können sehen, ob sich die anderen Mitglieder ihrer Lerngruppe schon in der Bibliothek befinden. Private Chats unter Mitgliedern sind ebenso möglich wie das Absenden eines Hilferufs.

- Kategorie: 4-Smart Mobile Devices und Digital Payment
- Anwendungsbereich: Besuchmanagement (Beobachtung von Besucherströmen durch Ortung der Nutzer; Verbesserte, vereinfachte Reiseerlebnisse steigern die Kundenzufriedenheit)
- Phase der Customer Journey: Während der Reise
- Primäre Segmente: Destination/B2C Anwendung
- Positive Wirkpotenziale: Anzeige nachhaltiger Angebote in direkter Umgebung
- Negative Wirkpotenziale: Verstärktes Gesamtaufkommen von Touristen durch Empfehlungen und direkte Ortung; Weite Distanzen alleine bereisen durch Chat mit Hilferuf + direkter Ortung kein Problem mehr
- Entwicklungsstand: Adoption im Tourismus (C)
- Entwicklungsperspektive: Hoher Kundennutzen und Potenzial für C und D
- Laufende Nummer und Code: 61/MD-8
- Quelle: https://www.familo.net via www.trendexplorer.com der TrendOne GmbH

B.4.3 Identifikation von Kundenwünschen an Bord

Lufthansa und die Deutsche Telekom haben im Rahmen des Wettbewerbs „Telekom Fashion Fusion & Lufthansa FlyingLab" Finalistenteams gekürt, die daran tüfteln, das Kundenerlebnis an Bord zu verbessern. Das Team „Feel.Flight" entwickelt unter anderem einen WhatsApp- und Messenger-Chatbot, um die Bedürfnisse der Reisenden ermitteln und für die Crew priorisieren zu können. Das Team „Smart Chair" arbeitet daran, den Fluggästen bessere Unterhaltung und maximalen Komfort an ihrem Platz zu bieten, während das Team „Lyra" eine smarte Brille samt App entwickelt, damit Anfragen an die Flugbegleiter weitergeleitet und Wartezeiten verkürzt werden.

- Kategorie: 4-Smart Mobile Devices und Digital Payment
- Anwendungsbereich: Customer Service (Vereinfachung der Reiseplanung und positive Erfahrungen; Verbesserung der Reiseerlebnisse steigert die Kundenzufriedenheit)

Smart Mobile Devices und Digital Payment   217

- Phase der Customer Journey: Vor und während der Reise
- Primäre Segmente: Transport/B2B Anwendung
- Positive Wirkpotenziale: Promotion nachhaltiger Angebote im Zielgebiet; Information über nachhaltiges Verhalten (im Zielgebiet); Bewusstseinslenkung
- Negative Wirkpotenziale: Verstärktes Gesamtaufkommen von Touristen durch maximalen Komfort
- Entwicklungsstand: Erste Anwendungen (B)
- Entwicklungsperspektive: Mittleres Potential (B)
- Laufende Nummer und Code: 62/MD-7
- Quelle: https://www.flyinglab.aero via www.trendexplorer.com der TrendOne GmbH

B.4.4 Automat druckt Kurzgeschichte am Flughafen aus

Der US-amerikanische Flughafen Akron-Canton in Ohio bietet in Zusammenarbeit mit der Akron-Summit County Public Library und der Knight Foundation Reisenden kostenlose Kurzgeschichten auf recyceltem Quittungspapier an, um ihnen so die Wartezeit zu verkürzen. Für die Automaten wurden Titel unterschiedlicher Genres sowie für unterschiedliche Lesealter zusammengestellt und auf Recyclingpapier gedruckt. Mit den Kurzgeschichten können Reisende nun auch ohne Mobilgerät in der Hand die Wartezeit am Flughafen überbrücken.

- Kategorie: 4-Smart Mobile Devices und Digital Payment
- Anwendungsbereich: Customer Service (Positive Erfahrungen mit der Reise)
- Phase der Customer Journey: Während der Reise
- Primäre Segmente: Transport/B2C Anwendung
- Positive Wirkpotenziale: Reduzierung des Energieverbrauchs (keine Mobilgeräte)
- Negative Wirkpotenziale: Ressourcenverbrauch für den Druck der Kurzgeschichten
- Entwicklungsstand: Erste Anwendungen (B)
- Entwicklungsperspektive: Mittleres Potential (B)
- Laufende Nummer und Code: 63/MD-9
- Quelle: https://www.akroncantonairport.com via www.trendexplorer.com der TrendOne GmbH

B.4.5 Beacon – Technologie für Banken und Fluggesellschaften

Das Berliner Start-up Hotel Beacons bietet mit seiner Lösung „Conichiwa" unter Verwendung der Beacon-Technologie einen Service on demand für verschiedene

Branchen an. „Conichiwa" kann bspw. von Banken genutzt werden, um ihren Kunden einen besseren Service zu bieten. Über „Conichiwa" können die Kunden kontaktlos mit den Filialen interagieren und unter anderem Termine vereinbaren sowie personalisierte Bankdienste und standortbezogene Zahlungen vornehmen. Fluggesellschaften hingegen können mit Hilfe von „Conichiwa" während des Flugs Audio- und Videoangebote sowie interaktive Spiele bereitstellen.

- Kategorie: 4-Smart Mobile Devices und Digital Payment
- Anwendungsbereich: Customer Service (Positive Erfahrungen mit der Reise)
- Phase der Customer Journey: Während der Reise
- Primäre Segmente: Transport/B2B Anwendung
- Positive Wirkpotenziale: Effizienzsteigerung; Kommunikation nachhaltiger Themen
- Negative Wirkpotenziale:
- Entwicklungsstand: Erste Anwendungen (A)
- Entwicklungsperspektive: Hoher Kundennutzen und Potenzial für C und D
- Laufende Nummer und Code: 64/MD-10
- Quelle: https://conichiwa.com via www.trendexplorer.com der TrendOne GmbH

B.4.6 Reisegepäck per Smartphone einchecken

Der Reisegepäckhersteller Rimowa hat das „Electronic Tag" für Reisegepäck entwickelt, auf dem Reiseinformationen digital angezeigt werden und somit das Check-in vereinfachen und beschleunigen. Reisende geben ihr Gepäck an einem automatisierten Check-in-Schalter ab und schicken ihre digitale Bordkarte von ihrem Smartphone via Bluetooth an das Gepäck, das mit einem integrierten digitalen Datenmodul ausgestattet ist. Dort werden dann alle relevanten Reiseinformationen angezeigt. Das „Electronic Tag" ermöglicht nicht nur ein schnelleres Check-in, sondern könnte auch bedeuten, dass verloren gegangene Gepäckstücke der Vergangenheit angehören.

- Kategorie: 4-Smart Mobile Devices und Digital Payment
- Anwendungsbereich: Customer Service (Vereinfachung der Reiseplanung und positive Erfahrungen; Verbesserung der Reiseerlebnisse steigert die Kundenzufriedenheit)
- Phase der Customer Journey: Vor und während der Reise
- Primäre Segmente: Transport/B2C Anwendung

- Positive Wirkpotenziale: Ressourcenschonung durch digitale Borkarte und Etikett; Vermeidung von Wartezeiten; Effizienzsteigerung
- Negative Wirkpotenziale: Energieverbrauch der Etiketten
- Entwicklungsstand: Erste Anwendungen (B)
- Entwicklungsperspektive: Hoher Kundennutzen und Potenzial für C und D
- Laufende Nummer und Code: 65/MD-11
- Quelle: http://www.rimowa.com via www.trendexplorer.com der TrendOne GmbH

B.4.7 Fahrschein lässt sich mit Handimplantat entwerten

Kunden der staatlichen Bahngesellschaft SJ in Schweden können künftig mit Hilfe eines Handimplantats ihren Fahrschein vorzeigen. Möglich macht dies ein reiskorngroßer Chip des Kooperationspartners Biohack, der mit einer Spritze in die Oberseite oder in die Unterkante der Hand geschossen wird. Anschließend können sich die Fahrgäste über eine Bahn-App eine Fahrkarte kaufen und die erworbene Fahrberechtigung dank einer speziellen Chiptechnologie vom Smartphone auf den Chip in ihrer Hand übertragen lassen.

- Kategorie: 4-Smart Mobile Devices und Digital Payment
- Anwendungsbereich: Customer Service (Direkte Buchungen durch In-App Käufe vereinfachen die Reiseplanung und gewährleisten eine steigende Kundenzufriedenheit)
- Phase der Customer Journey: Vor und während der Reise
- Primäre Segmente: Transport/B2C Anwendung
- Positive Wirkpotenziale: Verminderung des Ressourcenverbrauchs
- Negative Wirkpotenziale:
- Entwicklungsstand: Erste Versuche (A)
- Entwicklungsperspektive: Geringes Potenzial bzw. schwer absehbar (A)
- Laufende Nummer und Code: 66/MD-13
- Quelle: http://biohacking.se via www.trendexplorer.com der TrendOne GmbH

B.4.8 Google Translate & Co. – Mobile Übersetzungs-Apps

Auf dem Handy installierte Apps wie Google Translate, WayGo, Microsoft Translator, iTranslate Voice und viele andere haben in den vergangenen Jahren extrem schnelle Fortschritte gemacht und durch die leichte Handhabung über das Handy vielen Reisenden die Kommunikation in einer fremden Destination erleichtert. Und obwohl noch vor einigen Jahren Übersetzungen hauptsächlich textbasiert waren, verbessern sich die Sprachübersetzungen in Echtzeit immer schneller. Bspw. wurde in 2017 die Google Earbuds präsentiert, welche basierend auf den Google Assistant und Google Translate Konversationen in Echtzeit übersetzen soll. Angesichts der Geschwindigkeit, wie sich die Sprach- und Übersetzungstechnologien in der jüngsten Zeit entwickelt haben (Siri, Cortana, Alexa und andere Sprachassistenten in mobilen Geräten haben bspw. bereits gelernt zu verstehen, was Menschen sagen und Befehle in einer Sprache ausführen), kann angenommen werden, dass Fortschritte in den kommenden Jahren noch viel spannender sein werden als das, was die Google Buds heute bieten.

- Kategorie: 4-Smart Mobile Devices und Digital Payment
- Anwendungsbereich: Customer Service (Direkte Unterstützung bei Problemen (Verständnisprobleme aufgrund verschiedener Sprachen); Vereinfachung der Reiseplanung und positive Erfahrungen)
- Phase der Customer Journey: Vor und während der Reise
- Primäre Segmente: Alle Segmente/B2B, B2C Anwendung
- Positive Wirkpotenziale: Kommunikation nachhaltiger Angebote auf verschiedenen Sprachen (Aufgreifen alle potenzieller Kunden); Austausch von Gast und Anbieter ohne Sprachbarrieren
- Negative Wirkpotenziale: Energieverbrauch anstatt Nutzung eines Wörterbuches
- Entwicklungsstand: Hohe Verbreitung (D)
- Entwicklungsperspektive: Absolut transformativ (D)
- Laufende Nummer und Code: 67/MD-16
- Quelle: https://www.orange-business.com/en/blogs/language-translation-boosted-by-ai
- https://skift.com/2017/11/16/google-earbuds-with-real-time-translation-arent-much-more-than-a-gimmick/
- https://www.telegraph.co.uk/technology/2017/10/04/googles-new-headphones-c

B.4.9 Die Wohnungstür aus der Ferne öffnen

Die Gegensprechanlage „Nello" von Locumi Labs hilft dabei, sich schlüssellos Zutritt zur eigenen Wohnung zu verschaffen. Die Haus- oder Wohnungstür lässt sich über Sprachkommandos, die zugehörige App oder vordefinierte Zeitfenster freischalten. Somit eignet sich „Nello" insbesondere, um externen Dienstleistern

Einlass zu gewähren, wenn der Bewohner selbst nicht vor Ort ist. Nutzer von Amazon Echo können die Sprachassistentin um die „Nello"-Funktion ergänzen und das System dazu befähigen, die Tür nach dem Türklingeln zu öffnen. Der zugehörige digitale Schlüssel lässt sich über ein Aktivitätenprotokoll kontrollieren und ist fälschungssicher.

- Kategorie: 4-Smart Mobile Devices und Digital Payment
- Anwendungsbereich: Customer Service (Vereinfachung der Reiseplanung generieren positivere Erfahrungen)
- Phase der Customer Journey: Während der Reise
- Primäre Segmente: Unterkunft/B2C Anwendung
- Positive Wirkpotenziale:
- Negative Wirkpotenziale: Energieverbrauch
- Entwicklungsstand: Adoption im Tourismus (C)
- Entwicklungsperspektive: Hoher Kundennutzen und Potenzial für C und D
- Laufende Nummer und Code: 68/MD-14
- Quelle: https://www.nello.io via www.trendexplorer.com der TrendOne GmbH

B.4.10 HotelTonight

HotelTonight ist eine mobile Hotelbuchungsanwendung, mit der Benutzer über ihr Smartphone Hotelzimmer am selben Tag finden und buchen können. Es offeriert einige der besten Preise für Last-Minute-Hotelangebote, die bis zu 7 Tage im Voraus gebucht werden können. Da das Smartphone besonders für Last-Minute-Hotelreservierungen geeignet ist, profitiert Hotel Tonight von den vielen spontanen und kurzfristigen mobil-vermittelten Reisebuchungen. Der Service stellt die neuen Geschäftsmöglichkeiten bei Hotelbuchungen über das Smartphone dar und gibt Hotels einen Kanal, über den diese Zimmer, die sonst unbesetzt und unverkauft bleiben würden, absetzen können. HotelTonight wurde 2010 gegründet und war die erste Hotelbuchungsanwendung, die von Grund auf für das Smartphone entwickelt wurde.

- Kategorie: 4-Smart Mobile Devices und Digital Payment
- Anwendungsbereich: Customer Service, Vertrieb, Reputationsmanagement (Vereinfachung der Reiseplanung durch direkte Buchungen und In-App Käufe; Direkte Unterstützung bei Problemen sichert eine verbesserte Qualität des Customer Services und somit eine Steigerung der Kundenzufriedenheit; Direkte Vernetzung von Angebot & Nachfrage)

- Phase der Customer Journey: Vor der Reise (Beeinflussung der Reiseentscheidung)
- Primäre Segmente: Unterkunft/B2B, B2C Anwendung
- Positive Wirkpotenziale: Angebot alternativer Alternativen
- Negative Wirkpotenziale: Verstärktes Gesamtaufkommen von Touristen (vor allem durch Spontanbuchungen)
- Entwicklungsstand: Adoption im Tourismus (C)
- Entwicklungsperspektive: Mittleres Potential (B)
- Laufende Nummer und Code: 69/MD-2
- Quelle: https://www.businessinsider.com/the-mobile-tourist-how-smartphones-are-shaking-up-the-travel-market-2013-2?IR=T
- https://www.crunchbase.com/organization/hoteltonight#section-overview

B.4.11 Reise-App für Frauen

Über die von Michael Klumpp entwickelte App „Tourlina" sollen Frauen innerhalb eines sicheren Netzwerks andere weibliche Reisepartner finden können. Die Nutzerin wird dafür im Rahmen der Anmeldung von „Tourlina" überprüft und verifiziert. Anschließend gibt sie das gewünschte Land sowie den geplanten Reisezeitraum an, um Reisepartnerinnen zu finden, die im gleichen Zeitraum in dasselbe Land reisen möchten. Durch Wischbewegungen nach rechts oder links kann sie eine Reisepartnerin auswählen. Hatte die ausgewählte Nutzerin die gleiche Idee, können die beiden Nutzerinnen per Chat miteinander in Kontakt treten und ihre Reise planen.

- Kategorie: 4-Smart Mobile Devices und Digital Payment
- Anwendungsbereich: Customer Service, Vertrieb, Reputationsmanagement (Direkte Unterstützung bei Problemen (Suche nach Reisepartner); Vereinfachung der Reiseplanung und positive Erfahrungen)
- Phase der Customer Journey: Vor der Reise (Beeinflussung der Reiseentscheidung)
- Primäre Segmente: Reisevermittler/B2C Anwendung
- Positive Wirkpotenziale: Promotion nachhaltiger Reisemöglichkeiten
- Negative Wirkpotenziale: Umweltbelastung bspw. durch Weltreisen (Reisepartner meist für längere, weit entferntere Reisen gesucht)
- Entwicklungsstand: Adoption im Tourismus (C)
- Entwicklungsperspektive: Hoher Kundennutzen und Potenzial für C und D
- Laufende Nummer und Code: 70/MD-6
- Quelle: http://tourlina.com via www.trendexplorer.com der TrendOne GmbH

B.4.12 WeChat

WeChat, the popular Chinese messaging app owned by technology group Tencent, launched its payment service, WeChat Pay, in Europe in 2017. WeChat is a giant social media service with 938 million monthly active users. The connected mobile service ‚WeChat Pay' has 600 million active users. WeChat will come up against Alipay, the payments service run by Alibaba affiliate Ant Financial, which launched in Europe in 2015. As Chinese tourists are the highest spending market worldwide, the move is specifically aimed at Chinese tourists coming to Europe and is not necessarily a challenger to the likes of Apple Pay and Samsung Pay, both of which operate in parts of Europe. Travellers using the service can open their WeChat wallet feature, show the barcode on their smartphone to the retailer, and the shop assistant will scan the code to activate the payment process.

- Kategorie: 4-Smart Mobile Devices und Digital Payment
- Anwendungsbereich: Digital Payment (Instant Shopping/Digitales Bezahlen; Vereinfachung des Zahlungsprozesses und der Reiseplanung (Cashless Travel) generiert eine Steigerung von Verkaufsvolumen/Umsatz; Sammlung von Information über Transaktionen/Zahlungserhalten von Reisenden)
- Phase der Customer Journey: Vor und während der Reise
- Primäre Segmente: Alle Segmente/B2C Anwendung
- Positive Wirkpotenziale: Ressourcenschonung (Verzicht auf Banknoten)
- Negative Wirkpotenziale: Energieverbrauch; Verstärkter Konsum durch Vereinfachung des Zahlungsprozesses (Verbrauch von mehr Ressourcen)
- Entwicklungsstand: Erste Anwendungen (B)
- Entwicklungsperspektive: Hoher Kundennutzen und Potenzial für C und D
- Laufende Nummer und Code: 71/MD-3
- Quelle: https://www.cnbc.com/2017/07/10/wechat-pay-europe-launch-tencent-to-challenge-alipay.html
- https://www.wirecard.com/newsroom/press-releases/newsdetail/wirecard-brings-wechat-pay-to-europe/

B.4.13 Venmo

Venmo ist eine von Paypal betriebene App für Peer-to-Peer-Zahlungen, die 2009 von zwei ehemaligen College-Mitbewohnern gegründet wurde, die nach einer besseren Möglichkeit suchten, sich gegenseitig zu bezahlen. Was als einfache SMS-Plattform begann, um Geld zu senden und zu empfangen, hat sich zu einer Social-Payment-App entwickelt, welche es ermöglicht, Rechnungen zu teilen, sich gegenseitig zu entlohnen und Einkäufe bei zugelassenen Händlern zu tätigen. Venmo ist wegen seines einfachen, von sozialen Netzwerken inspirierten Designs, sowie seiner weniger belastenden Gebührenstruktur, besonders bei jüngeren Generationen in den vergangenen Jahren immer beliebter geworden. Dies hat es für PayPal attraktiv gemacht, Marktanteile mit einer anderen Zielgruppe zu gewinnen. Die App enthält einen News-Feed im Stil eines sozialen Netzwerks, der Transaktionen von und zu den Facebook-Freunden eines Nutzers anzeigt. Es werden keine Dollarbeträge aufgelistet, aber Venmo-Benutzer können Transaktionen mit einem verspielten Tag kennzeichnen, wenn sie eine Zahlung vornehmen

- Kategorie: 4-Smart Mobile Devices und Digital Payment
- Anwendungsbereich: Digital Payment (Instant Shopping/Digitales Bezahlen; Vereinfachung des Zahlungsprozesses und der Reiseplanung (Cashless Travel) generiert eine Steigerung von Verkaufsvolumen/Umsatz; Sammlung von Information über Transaktionen/Zahlungserhalten von Reisenden)
- Phase der Customer Journey: Vor und während der Reise
- Primäre Segmente: Alle Segmente/B2C Anwendung
- Positive Wirkpotenziale: Ressourcenschonung (Verzicht auf Banknoten)
- Negative Wirkpotenziale: Energieverbrauch; Verstärkter Konsum durch Vereinfachung des Zahlungsprozesses (Verbrauch von mehr Ressourcen)
- Entwicklungsstand: Erste Anwendungen (B)
- Entwicklungsperspektive: Hoher Kundennutzen und Potenzial für C und D
- Laufende Nummer und Code: 72/MD-5
- Quelle: https://www.businessinsider.com/this-week-in-bi-intelligence-ebays-payment-app-is-blowing-up-on-college-campuses-2014-5?IR=T

B.4.14 Per App lokal einkaufen

Im Rahmen des Projekts „Digitale Dörfer" hat das Fraunhofer-Institut für Experimentelles Software Engineering in den Ortschaften Betzdorf und Eisenberg eine Smartphone-Applikation getestet, über die sich die Bewohner Waren von lokalen Einzelhändlern nach Hause liefern lassen konnten. Vor allem Lebensmittel aus der Region, Medikamente sowie Bücher aus der lokalen Bibliothek wurden von den circa 270 registrierten Nutzern bestellt. Dabei wurden sie von den Verkäufern im Laden per Videochat persönlich beraten. Ehrenamtliche Helfer lieferten den Kunden die bestellten Waren dann direkt nach Hause.

- Kategorie: 4-Smart Mobile Devices und Digital Payment
- Anwendungsbereich: Logistik (Vereinfachung der Reiseplanung durch direkte Buchungen und In-App Käufe; Direkte Unterstützung bei Problemen sichert eine verbesserte Qualität des Customer Services und somit eine Steigerung der Kundenzufriedenheit; Direkte Vernetzung von Angebot & Nachfr)

- Phase der Customer Journey: Vor und während der Reise
- Primäre Segmente: Destination/B2C Anwendung
- Positive Wirkpotenziale: Promotion nachhaltiger, lokaler Angebote/Produkte; Unterstützung der regionalen Wirtschaft
- Negative Wirkpotenziale: Energiverbrauch durch Nutzung (vor allem Beratung über Videochat)
- Entwicklungsstand: Erste Anwendungen (B)
- Entwicklungsperspektive: Mittleres Potential (B)
- Laufende Nummer und Code: 73/MD-4
- Quelle: http://www.digitale-doerfer.de via www.trendexplorer.com der TrendOne GmbH

B.4.15 Shuttle mit Elektrobussen nach Bedarf

Das VW-Tochterunternehmen Moia hat seinen ersten bedarfsorientierten Shuttleservice vorgestellt. Anfang 2019 sollen in Hamburg die ersten virtuellen Haltestellen angefahren werden und zunächst ca. 200 der eigens für den Poolingservice konzipierten Elektrofahrzeuge durch die Stadt rollen. Der Sechssitzer soll eine Reichweite von 300 Kilometern haben und innerhalb einer halben Stunde zu 80 Prozent aufgeladen werden können. Die einzelnen Sitze sind mit WLAN, einer Leselampe und einem USB-Port ausgestattet. Das Shuttle kann per App angefordert werden, und die genauen Strecken werden abhängig von den Anfragen individuell zusammengestellt.

- Kategorie: 4-Smart Mobile Devices und Digital Payment
- Anwendungsbereich: Logistik (Direkte Buchungen durch In-App Käufe vereinfachen die Reiseplanung und gewährleisten eine steigende Kundenzufriedenheit)
- Phase der Customer Journey: Vor der Reise (Beeinflussung der Reiseentscheidung)
- Primäre Segmente: Transport/B2C Anwendung
- Positive Wirkpotenziale: Nachhaltigere Alternative des Transports; Effizienzsteigerung; Minimierung des Ressourcenverbrauchs; Komfortabilität
- Negative Wirkpotenziale: Energieverbrauch
- Entwicklungsstand: Erste Versuche (A)
- Entwicklungsperspektive: Hoher Kundennutzen und Potenzial für C und D
- Laufende Nummer und Code: 74/MD-12
- Quelle: https://www.moia.io via www.trendexplorer.com der TrendOne GmbH

B.5 Erweiterte Realität (AR, VR, MR)

B.5.1 Augmented Reality Game: Pokemon Go für die Krisenbewältigung in Destinationen

Das Augmented Reality-Spiel ‚Pokémon Go' wurde im Juli 2016 veröffentlicht und innerhalb weniger Monate mehr als 500 Millionen Mal heruntergeladen. Auch Destinationen hatten das Potenzial schnell erkannt, Besucher in ihre jeweiligen Gebiete zu locken, da die App GPS verwendet, um die Standorte der Spieler zu bestimmen, sodass 250 Pokémon-Charaktere an bestimmten Zielorten gejagt werden können. Während seitdem viele Destinationen das Spiel zur reinen Vermarktung genutzt haben (z. B. um einen eigenen Pokéstop zu haben, baute die kleine norwegische Stadt Vindenes die erste Pokémon Go-Statue der Welt), nutzte Thailand durch das Spiel zudem die Möglichkeit, nach den Bombenanschlägen in Bangkok Besucher wieder gezielter an bestimmte Orte zu bringen.

- Kategorie: 5-Erweiterte Realität (AR, VR, MR)
- Anwendungsbereich: Besuchermanagement, Besucherlenkung (Steigerung der Attraktivität sowie des Bekanntheitsgrades von bestimmten Orten/Attraktionen (vor Ort) generieren höheren Umsatz)
- Phase der Customer Journey: Während der Reise
- Primäre Segmente: Destination/B2B, B2C Anwendung
- Positive Wirkpotenziale: Promotion nachhaltiger Angebote möglich; Beeinflussung des Konsums in Richtung Nachhaltigkeit; neue Attraktivität von Orten (vielleicht unbedeutsam geworden); Daten generieren Kundenverständnis = vereinfachte Lenkung
- Negative Wirkpotenziale: Belsatung der Umwelt durch verstärktes Gesamtaufkommen von Touristen (mehr Menschen, mehr Müll, mehr Verkehr etc.)
- Entwicklungsstand: Hohe Verbreitung (D)
- Entwicklungsperspektive: Mittleres Potential (B)
- Laufende Nummer und Code: 75/AR-1
- Quelle: https://www.lonelyplanet.com/news/2016/08/18/tourism-pokemon-go/, https://destinationthink.com/destinations-using-pokemon-go/

B.5.2 Wikitude AR Travel Guide

Das 2009 gegründete Salzburger Unternehmen Mobilizy positioniert sich als Anbieter im Bereich Augmented Reality. Der ‚Wikitude World Browser' ist ein mobiler Reiseführer für die Android Plattform und das iPhone, basiert auf standortbezogenen Informationen zu derzeit rund 400.000 Points of Interest weltweit (Sehenswürdigkeiten, Lokale, Geheimtipps, …), die sich nach Adresse oder Koordinaten auffinden lassen. Vor Ort werden die Details nicht nur in Karten- oder Satellitenansicht, sondern auch in anwenderfreundlicher Augmented Reality (AR) dargestellt. Die Reisenden bewegen sich mit laufender Handy-Kamera durch die reale Welt und erfahren Wissenswertes, exakt zur gerade auf dem Smartphone-Display erscheinenden Wirklichkeit. Dazu berechnet Wikitude mithilfe von Kompass, GPS und Bewegungssensor des Mobiltelefons, welche Orte gerade am Bildschirm angezeigt werden. Die Möglichkeit, standortbezogene Informationen so darzustellen, begeistert User ebenso wie Businesskunden. Für letztere eröffnet Wikitude neue Optionen, am Point of Sale Produkt- und Werbeinformationen an potenzielle Kunden zu vermitteln. Nächste Schritte in der Weiterentwicklung von Wikitude: die Einbettung in soziale Plattformen wie Facebook und Projekte mit Businesskunden (z. B. Reisebuchverlage).

- Kategorie: 5-Erweiterte Realität (AR, VR, MR)
- Anwendungsbereich: Besuchermanagement, Besucherlenkung (Verbesserung der Information zu bestimmten Themen wie der Umweltschutz, Auswirkungen des Tourismus usw. durch Aufklärungsangebote können zu Verhaltensveränderungen bei Konsumenten führen (Bewusstseinsbildung))
- Phase der Customer Journey: Während der Reise
- Primäre Segmente: Destination/B2C Anwendung
- Positive Wirkpotenziale: Bewusstseinsbildung bezüglich umweltrelevanter Themen und Nachhaltigkeit; Promotion nachhaltiger Angebote (Beeinflussung); Darstellung von Zukunftsaussichten für Ort bei nachhaltigem Handeln vs. nicht nachhaltigem Handeln (Emotionen verstärken Bewusstsein
- Negative Wirkpotenziale: Verstärktes Gesamtaufkommen von Touristen, die Weiterbildung nutzen wollen; Erhöhter Energieverbrauch der Handys zur Nutzung der AR Reiseführers
- Entwicklungsstand: Adoption im Tourismus (C)
- Entwicklungsperspektive: Absolut transformativ (D)
- Laufende Nummer und Code: 76/AR-9
- Quelle: https://www.lifewire.com/Virtual-reality-tourism-4129394
- https://www.aws.at/service/cases/gefoerderte-projekte-auswahl/kreativwirtschaft/wikitude-ar-travel-guide/
- https://www.wikitude.com/

228　Anhang: Beispielanwendungen und Anwendungsbeispiele

B.5.3 Virtual reality has added a new dimension to theme park rides

Immer größer, höher und schneller wurden die Achterbahnen und Attraktionen in den bekannten Themenparks dieser Welt. Doch es scheint, als wären die Parks langsam an ihre Grenzen gekommen mit der Bereitschaft neue Investitionen zu tätigen. Stattdessen setzen viele jetzt auf Virtual Reality. Dabei wird zusätzlich zu der Fahrt eine VR-Brille getragen, die eine komplett andere Umgebung simuliert. So sitzt man zum Beispiel während der Fahrt auf einem Drachen, fliegt durch fiktive Welten und wird dabei von irgendwelchen Kreaturen angegriffen. Der Free-Fall-Tower wird in VR plötzlich zu einem spektakulären Hubschrauber-Absturz. Noch ist die Technologie in ihrem Anfangsstadium aber wer weiß – vielleicht wird man sich bald sogar den Weg sparen können und direkt vom Sofa aus in die Disneyland Welt eintauchen.

- Kategorie: 5-Erweiterte Realität (AR, VR, MR)
- Anwendungsbereich: Besuchermanagement, Besucherlenkung (Steigerung der Attraktivität sowie des Bekanntheitsgrades von bestimmten Orten/Attraktionen (vor Ort) generieren höheren Umsatz)
- Phase der Customer Journey: Während der Reise
- Primäre Segmente: Destination/B2C Anwendung
- Positive Wirkpotenziale: Keine neuen Attraktionen notwendig, da neue Attraktivität älterer Fahrgeschäfte
- Negative Wirkpotenziale: Energieverbrauch
- Entwicklungsstand: Erste Anwendungen (A)
- Entwicklungsperspektive: Mittleres Potential (B)
- Laufende Nummer und Code: 77/AR-11
- Quelle: http://theconversation.com/Virtual-reality-has-added-a-new-dimension-to-theme-park-rides-so-whats-next-for-thrill-seekers-89222

B.5.4 Mixed Reality für Kulturerbe

Das in Tokio ansässige Unternehmen AsukaLab Inc. nutzt seit 2015 Mixed Reality Applikationen, um Ruinen digital zu rekonstruieren und realistischere und interaktivere Touren anzubieten, um den Tourismus an historischen Stätten anzuregen. Von den Ruinen um Asuka, Präfektur Nara, das Herz der Kultur während der Asuka-Zeit (592 -710), zu dem lange verschollenen Donjon von Edo Castle im heutigen Tokio, bietet das Unternehmen Reisebüros und Kommunen Business-Lösungen mit Mixed Realities an. Durch die Verwendung von Sensoren zur Verfolgung von Kopfbewegungen können sich Menschen im Bild bewegen und sich in den alten Umgebungen umsehen. Neben anderen Orten hat AsukaLab Mixed-Reality-Inhalte für den Hauptturm von Sunpu Castle in der Präfektur Shizuoka und Sannai Maruyamaentwickelt, sowie für historische Ausgrabungsstätte in der Präfektur Aomori.

- Kategorie: 5-Erweiterte Realität (AR, VR, MR)
- Anwendungsbereich: Besuchermanagement, Besucherlenkung (Inszenierung von Reisezielen- und angeboten; Detaillierte (visuelle) Informationen über Destinationen, Unterkünfte, Attraktionen vor der Reise sorgen für eine Steigerung des Bekanntheitsgrad, der Verkaufszahlen/Umsätze sowie der Kundenzufriedenheit)
- Phase der Customer Journey: Vor der Reise (Beeinflussung der Reiseentscheidung)
- Primäre Segmente: Reisevermittler/B2B Anwendung
- Positive Wirkpotenziale: Promotion nachhaltiger Angebote möglich; Beeinflussung des Konsums der potenziellen Kunden in Richtung Nachhaltigkeit; Touristische Aufwertung und neue Attraktivität von Destinationen
- Negative Wirkpotenziale: Verstärktes Gesamtaufkommen von Touristen vor Ort (Emotionen durch Bilder und tiefere Einblicke machen Destinationen attraktiv = höhere Besucherzahlen); Energieverbrauch für VR Brillen
- Entwicklungsstand: Hohe Verbreitung (D)
- Entwicklungsperspektive: Absolut transformativ (D)
- Laufende Nummer und Code: 78/AR-13
- Quelle: https://www.japantimes.co.jp/news/2015/03/08/national/virtual-technology-resurrects-ancient-sites/#.W6DAu877SUk
- https://www.youtube.com/watch?v=wuYL61FPklw

B.5.5 3D – gedruckte Korallenriffe in der Karibik

Fabien Cousteaus Ocean Learning Center und der Harbour Village Beach Club der Karibikinsel Bonaire haben eine Initiative gestartet, um gefährdete Korallenriffe zu erhalten und zu revitalisieren. Die gefährdeten Korallenriffe sollen dafür per 3D-Druck in ihrer Form, Textur und chemischen Zusammensetzung nachgebildet werden. Ziel ist es, dass sich Babykorallenpolypen sowie Algen, Fische und Kraken dort wieder ansiedeln. Die Initiative soll des Weiteren die Besucher und Touristen vor Ort für das Thema sensibilisieren.

- Kategorie: 5-Erweiterte Realität (AR, VR, MR)
- Anwendungsbereich: Bildung, Forschung (Verbesserung der Information zu bestimmten Themen wie Umweltschutz, Auswirkungen des Tourismus usw.

durch Aufklärungsangebote können zu Verhaltensveränderungen bei Konsumenten führen (Bewusstseinsbildung))
- Phase der Customer Journey: Übergreifend für alle Phasen
- Primäre Segmente: Destination/B2B Anwendung
- Positive Wirkpotenziale: Bewusstseinbildung der Touristen nachhaltiger mit der Umwelt umzugehen, Umweltschutz und Erhalt der Korallenriffe
- Negative Wirkpotenziale: „Neuaufbau" bzw. Erholung der Korallenriffe zieht vermehrt Touristen an (z. B. zum Tauchen) = verstärktes Gesamtaufkommen; Eingriff in die Natur durch die 3D Nachbildung
- Entwicklungsstand: Erste Versuche (A+B)
- Entwicklungsperspektive: Hoher Kundennutzen und Potenzial für C und D
- Laufende Nummer und Code: 79/AR-5
- Quelle: http://www.harbourvillage.com via www.trendexplorer.com der TrendOne GmbH

B.5.6 JFK Airport's big push for affordable virtual reality

Der JFK Flughafen hat das große Potenzial von Virtual Reality erkannt und ein VR-Erlebnis-Zentrum an einem seiner Terminals eröffnet. Dort können Fluggäste während der Wartezeit in verschiedene virtuelle Welten eintauchen. Die Erlebnisse sind sehr vielseitig und werden in die fünf Bereiche, „First Time", „Experience", „Create", „Play" und „Social Cause" unterteilt. Von Tauchen mit Walen über Einblicke in die Welt der Quantenphysik bis hin zu Spielen wie Fruit Ninja ist für jeden etwas dabei. Ob weitere Flughäfen und Unternehmen ihr Angebot in dem Bereich ausbauen werden, wird sich noch zeigen. Bisher zeigen sich die Unternehmen jedoch noch zurückhaltend, da viele Kunden noch vor dieser neuen Technologie zurückschrecken.

- Kategorie: 5-Erweiterte Realität (AR, VR, MR)
- Anwendungsbereich: Customer Service (Positive Erfahrungen mit der Reise)
- Phase der Customer Journey: Während der Reise
- Primäre Segmente: Transport/B2C Anwendung
- Positive Wirkpotenziale: Kommunikation nachhaltiger Themen
- Negative Wirkpotenziale: Energieverbrauch
- Entwicklungsstand: Erste Anwendungen (B)
- Entwicklungsperspektive: Mittleres Potenzial (B)
- Laufende Nummer und Code: 80/AR-12
- Quelle: https://www.airport-technology.com/comment/jfk-airports-big-push-affordable-Virtual-reality/

B.5.7 Per VR und AR Airbnb – Wohnungen vorab erkunden

Das Unternehmen Airbnb hat angekündigt, Virtual und Augmented Reality in seine Plattform zu integrieren. Potenziellen Kunden soll es damit ermöglicht werden, Wohnungen und Umgebungen, für die sie sich interessieren, schon vor dem Reiseantritt virtuell zu erkunden und kennenzulernen. Zudem soll es Anbietern möglich sein, sich virtuell selbst vorzustellen und bestimmte Gegenstände in der Wohnung mit speziellen digitalen Informationen wie Funktionsbeschreibungen oder persönlichen Geschichten zu versehen. Diese Zusatzinformationen lassen sich auf einem mobilen Gerät abrufen, um künftigen Mietern das Leben in der Wohnung zu erleichtern.

- Kategorie: 5-Erweiterte Realität (AR, VR, MR)
- Anwendungsbereich: Marketing, Vertrieb und Reiseplanung (Inszenierung von potenziellen Reisezielen- und angeboten; Detaillierte (visuelle) Informationen über Destinationen, Unterkünfte, Events, Attraktionen vor der Reise sorgen für eine Steigerung des Bekanntheitsgrad, der Verkaufszahlen/ Umsätze sowie der Kunde)
- Phase der Customer Journey: Vor der Reise (Beeinflussung der Reiseentscheidung)
- Primäre Segmente: Unterkunft/B2C Anwendung
- Positive Wirkpotenziale: Angebot nachhaltig gestalteter Wohnungen (Passiv-Häuser, Energiesparmethoden etc.); Kein Neubau für touristische Unterkünfte
- Negative Wirkpotenziale: Verstärktes Gesamtaufkommen von Touristen durch mehr in Information in Form von Bildern (= Emotionen, Vertrautheit)
- Entwicklungsstand: Adoption im Tourismus (C)
- Entwicklungsperspektive: Absolut transformativ (D)
- Laufende Nummer und Code: 81/AR-3
- Quelle: https://press.atairbnb.com via www.trendexplorer.com der TrendOne GmbH

B.5.8 Virtuelle Realität unterstützt die Reisebuchung

Die Reisesuchmaschine Kayak hat die Funktion „Kayak VR" vorgestellt, mit deren Hilfe Nutzer Reiseziele in der virtuellen Realität besuchen können, bevor sie sich mit einer Buchung festlegen. „Kayak VR" wird als Anwendung für die Plattform Google Daydream bereitgestellt und verbindet 360-Grad-Ansichten mit einer Audioführung. Um den Nutzern bei der Wahl ihres Zielorts zu helfen, liefert „Kayak VR" ihnen Anregungen für Unternehmungen vor Ort sowie

Einblicke in Hotels. Im Vergleich zu gewöhnlichen Fotos ermöglichen die Virtual Reality-Ansichten ein besseres Verständnis für die Proportionen und die Umgebung.

- Kategorie: 5-Erweiterte Realität (AR, VR, MR)
- Anwendungsbereich: Marketing, Vertrieb und Reiseplanung (Inszenierung von potenziellen Reisezielen- und angeboten; Detaillierte (visuelle) Informationen über Destinationen, Unterkünfte, Events, Attraktionen vor der Reise sorgen für eine Steigerung des Bekanntheitsgrad, der Verkaufszahlen/Umsätze sowie der Kunde)
- Phase der Customer Journey: Vor der Reise (Beeinflussung der Reiseentscheidung)
- Primäre Segmente: Destination/B2C Anwendung
- Positive Wirkpotenziale: Promotion nachhaltiger Reisemöglichkeiten
- Negative Wirkpotenziale: Verstärktes Gesamtaufkommen von Touristen durch mehr in Information in Form von Bildern (= Emotionen, Vertrautheit)
- Entwicklungsstand: Erste Anwendungen (B)
- Entwicklungsperspektive: Absolut transformativ (D)
- Laufende Nummer und Code: 82/AR-4
- Quelle: https://www.kayak.com via www.trendexplorer.com der TrendOne GmbH

B.5.9 Die Flugzeugkabine in VR inspizieren

Die Fluggesellschaft Emirates hat auf ihrer Website eine Funktion eingeführt, die es den Besuchern ermöglicht, ihren künftigen Sitzplatz in der virtuellen Realität zu erkunden. Die 360-Grad-Ansicht umfasst sowohl die Economy-, die Business- und die erste Klasse als auch die Lounge und den Spabereich. Durch die Verwendung eines Virtual Reality-Headsets sind die Nutzer in der Lage, sich freihändig durch die Kabine zu bewegen und ihren Sitzplatz auszuwählen. Zusätzliche Videos demonstrieren den Neukunden die Ausstattung und die einzigartigen Bestandteile der Emirates-Flotte.

- Kategorie: 5-Erweiterte Realität (AR, VR, MR)
- Anwendungsbereich: Marketing, Vertrieb und Reiseplanung (Inszenierung von potenziellen Reisezielen- und angeboten; Detaillierte (visuelle) Informationen über Destinationen, Unterkünfte, Events, Attraktionen vor der Reise sorgen für eine Steigerung des Bekanntheitsgrad, der Verkaufszahlen/Umsätze sowie der Kunde)

- Phase der Customer Journey: Vor der Reise (Beeinflussung der Reiseentscheidung)
- Primäre Segmente: Transport/B2C Anwendung
- Positive Wirkpotenziale: Promotion nachhaltiger Angebote/Ausstattungen; Beeinflussung der Denkweise potenzieller Kunden (mehr auf Nachhaltigkeit achten im Luftverkehr)
- Negative Wirkpotenziale: Fluggäste fühlen sich durch VR Inspizierung der Kabine sehr gut auf die Reise vorbereitet und wissen, was sie erwartet = höheres Aufkommen von Touristen (auch für ängstliche Gäste)
- Entwicklungsstand: Adoption im Tourismus (C)
- Entwicklungsperspektive: Hoher Kundennutzen und Potenzial für C und D
- Laufende Nummer und Code: 83/AR-6
- Quelle: https://www.emirates.com via www.trendexplorer.com der TrendOne GmbH

B.5.10 Mit himmlischen Illusionen Reisegutscheine gewinnen

Die US-amerikanische Hotelgruppe Marriott International hat als erstes Unternehmen die Projektionstechnologie „Echo" des Start-ups Lightvert für Werbung eingesetzt. Mit dieser Technologie können durch den Phi-Effekt optische Illusionen von Bildern erzeugt werden, sodass für Passanten Projektionen im Himmel sichtbar werden. Marriott verwendete „Echo" für die Kampagne „Travel Brilliantly" in der Nähe der Londoner South Bank und ließ drei Tage lang Bilder des Eiffelturms und des römischen Kolosseums im Himmel erscheinen. Passanten, die Aufnahmen davon in den sozialen Medien teilten, konnten Reisegutscheine gewinnen.

- Kategorie: 5-Erweiterte Realität (AR, VR, MR)
- Anwendungsbereich: Marketing, Vertrieb und Reiseplanung (Inszenierung von potenziellen Reisezielen- und angeboten; Detaillierte (visuelle) Informationen über Destinationen, Unterkünfte, Events, Attraktionen vor der Reise sorgen für eine Steigerung des Bekanntheitsgrad, der Verkaufszahlen/Umsätze sowie der Kunde)
- Phase der Customer Journey: Vor der Reise (Beeinflussung der Reiseentscheidung)
- Primäre Segmente: Unterkunft/Destination/B2B Anwendung
- Positive Wirkpotenziale: Bewusstseinslenkung in Richtung nachhaltiges Reisen

- Negative Wirkpotenziale: Verstärktes Gesamtaufkommen von Touristen in vermarkteten Destinationen durch Außergewöhnlichkeit der Werbung (Auffälligkeit, Emotionen durch Bilder)
- Entwicklungsstand: Erste Anwendungen (B)
- Entwicklungsperspektive: Hoher Kundennutzen und Potenzial für C und D
- Laufende Nummer und Code: 84/AR-10
- Quelle: https://lightvert.com via www.trendexplorer.com der TrendOne GmbH

B.5.11 Interaktiver Reisekompass für Fernreisen

Die Fluggesellschaft Lufthansa hat das interaktive Plakat „Reisekompass" gelauncht, das Passanten in Berlin und Hamburg während der Wintermonate mit 360-Grad-Perspektive in ferne Länder entführt. Ein solches drehbares Plakat steht in Hamburg im Alstertaler Einkaufszentrum sowie am Berliner Sony Center und funktioniert, indem der Nutzer es zuerst in eine Richtung dreht, um eine Destination auszuwählen. Ist das Ziel festgelegt, beginnt die 360-Grad-Reise, die etwa nach New York, Miami, Tokio oder Hongkong führt. Das digitale Plakat dient somit als Inspirationsquelle und lässt den Nutzer virtuell das nächste Wunschziel erkunden.

- Kategorie: 5-Erweiterte Realität (AR, VR, MR)
- Anwendungsbereich: Marketing, Vetrieb und Reiseplanung (Inszenierung von potenziellen Reisezielen- und angeboten; Detaillierte (visuelle) Informationen über Destinationen, Unterkünfte, Events, Attraktionen vor der Reise sorgen für eine Steigerung des Bekanntheitsgrad, der Verkaufszahlen/Umsätze sowie der Kunde)
- Phase der Customer Journey: Vor der Reise (Beeinflussung der Reiseentscheidung)
- Primäre Segmente: Destination/B2C Anwendung
- Positive Wirkpotenziale: Promotion nachhaltiger Angebote/Reisemöglichkeiten; Beeinflussung potenzieller Kunden durch schöne Bilder von Destinationen in Richtung Nachhaltigkeit (wie schön kann nachhaltig sein)
- Negative Wirkpotenziale: Art der Werbung erweckt Fernweh und besondere Attraktivität der Destinationen = verstärktes Reiseaufkommen = Belastung der Umwelt durch erhöhten Ressourcenverbrauch (besonders bezogen auf Kerosin wegen Lufthansens Luftverkehr)
- Entwicklungsstand: Erste Anwendungen (B)
- Entwicklungsperspektive: Absolut transformativ (D)

- Laufende Nummer und Code: 85/AR-2
- Quelle: http://socialhub.lufthansa.com via www.trendexplorer.com der Trend-One GmbH

B.5.12 Everest VR

„Everest VR" wurde 2016 von den isländischen Sólfar Studios in Zusammenarbeit mit dem Visual Effects-Haus RVX, einem in Reykjavik ansässigen Unternehmen für visuelle Effekte und Animation, geschaffen. Everest VR ist eine immersive Erfahrung, die Leuten erlaubt, den Mount Everest zu erkunden, einschließlich der bekannten Base Camps, Khumbu Eisfall, Camp Four, Hillary Step, Lhotse Face, sowie den Gipfel des Berges. Ein wichtiger Teil des Everest VR-Projekts ist Interaktivität. Um die Interaktionen und Präsenz zu erhöhen, werden Handregler (Oculus Touch Controllern) als Schlüssel des VR-Erlebnis genutzt. Den Teammitgliedern wird bspw. gesagt, dass sie sich an einem Seil festhalten, eine Leiter hochklettern oder die Kante hinunterschauen müssen. Im Gegensatz zu anderen VR-Erlebnissen, die einfache 360-Grad-Videos und Fotos von weit entfernten Orten bieten, können Menschen den Everest mit den Oculus Touch Controllern besteigen. Um ein realistisches 3D-Modell des Berges zu erstellen, wurden für das Produkt mehr als 300.000 hochauflösende Fotos des Mount Everest verwendet.

- Kategorie: 5-Erweiterte Realität (AR, VR, MR)
- Anwendungsbereich: Virtuelle Reisen (Virtueller Zugang zu bestimmten Orten (z. B. geschützt oder zerstört); Verbesserung der Information zu bestimmten Themen wie der Barrierefreiheit, Umweltschutz, Auswirkungen des Tourismus usw. durch Aufklärungsangebote können zu Verhaltensveränderungen bei)
- Phase der Customer Journey: Vor der Reise
- Primäre Segmente: Destination/B2C Anwendung
- Positive Wirkpotenziale: Bewusstseinsbildung bezüglich Natur, Kulturerbe und umweltrelevanter Themen; Promotion nachhaltiger Angebote; Veränderung der Konsummuster; Erfahrunf die der Nutzer auf realer Reise eventuell nicht machen könnte
- Negative Wirkpotenziale: Verstärktes Gesamtaufkommen von Touristen (Einblicke können verlocken, die Region in der Realität zu erkunden/es Freunden und Familie empfehlen) ODER Rückgang der Besucherzahlen durch Verlust an Attraktivität da bereits virtuell erlebt
- Entwicklungsstand: Adoption im Tourismus (C)
- Entwicklungsperspektive: Absolut transformativ (D)

- Laufende Nummer und Code: 86/AR-7
- Quelle: https://mashable.com/2017/02/14/mount-everest-Virtual-reality/?europe=true#Wvjphz6r0qqh

B.5.13 Visit Wales Virtual Reality Projekt – Dolphin Dive

Visit Wales gab 2017 bekannt, dass es im Rahmen seines Tourismus-Innovationsfonds sechs VR-Projekte im Wert von 290.000 £ fördern wollte. Der Wildlife Trust von Süd- und Westwales erhielt davon £ 30.000, um zwei VR-Videos zu erstellen – Eines davon war „Dolphin Dive" vor der Küste von Pembrokeshire. Diese 360-Grad-Virtual Reality-Erfahrung lässt Menschen mit Delfinen schwimmen. Der South and West Wales Wildlife Trust nutzte zur Erstellung der Virtual Reality Erfahrung sechs Kameras, die an der Vorderseite eines Bootes angebracht wurden und nahm 360° Aufnahmen von einer Schar Delfine auf. Nachdem das Material für die Recherche von Forschern verwendet wurde, beschloss man durch das Projekt eine virtuelle Realität zu schaffen, welcher die Öffentlichkeit genießen konnte.

- Kategorie: 5-Erweiterte Realität (AR, VR, MR)
- Anwendungsbereich: Virtuelle Reisen (Virtueller Zugang zu bestimmten Orten (z. B. geschützt oder zerstört); Verbesserung der Information zu bestimmten Themen wie Umweltschutz, Auswirkungen des Tourismus usw. durch Aufklärungsangebote können zu Verhaltensveränderungen bei Konsumenten führen (B)
- Phase der Customer Journey: Vor der Reise
- Primäre Segmente: Destination/B2C Anwendung
- Positive Wirkpotenziale: Bewusstseinsbildung bezüglich Natur – und Tierschutz sowie anderer umweltrelevanter Themen; Auslösung von Emotionen durch vermeintliche Nähe zu den Delfinen verstärkt Bewusstsein eines nachhaltigen Handelns; Promotion nachhaltiger Angebote
- Negative Wirkpotenziale: Verstärktes Gesamtaufkommen von Touristen, die an die Küste kommen und mit Delfinen schwimmen möchte (kommen in Video nicht in direkten Kontakt und werden somit angelockt) ODER Rückgang von Besucherzahlen durch Verlust an Attraktivität, da bereits virtuell
- Entwicklungsstand: Adoption im Tourismus (C)
- Entwicklungsperspektive: Absolut transformativ (D)
- Laufende Nummer und Code: 87/AR-8
- Quelle: https://www.bbc.com/news/uk-wales-41635746
- http://www.itv.com/news/wales/2017-04-12/360-Virtual-reality-experience-lets-people-swim-with-dolphins-off-the-pembrokeshire-coast/

B.6 Sicherheit, Datenschutz und Blockchain

B.6.1 Aruba – Blockchain für den Vertrieb

Eine Partnerschaft mit zwei großen Fluggesellschaften (Lufthansa und Air New Zealand) und dem Reisetechnologie-Spezialisten Winding Tree hat Aruba zum ersten offiziellen Land gemacht, das Blockchain in einer Tourismusvertriebsplattform einsetzt. Die Plattform verbindet Arubas zahlreiche kleine Hotels mit ihren potenziellen Kunden und ist Anfang 2018 auf den Markt kommen. Basierend auf dem Ethereum-Protokoll bietet die Plattform die Nutzung einer öffentlichen, dezentralen Blockchain, die intelligente Verträge beinhaltet. Diese intelligenten Verträge bieten eine effizientere, anpassbare und sichere Schnittstelle für den Umgang zwischen Kunden und Lieferanten. Dieser Schritt ist Teil des übergreifenden Plans von Aruba zur Umsetzung einer „Smart Island Strategy", die darauf abzielt, das Land bis 2020 zu 100% aus erneuerbaren Energiequellen zu machen.

- Kategorie: 6-Sicherheit, Datenschutz und Blockchain
- Anwendungsbereich: Besuchermanagement, Besucherlenkung (+digital Payment) (Intelligente Verträge; Steigerung der Kontrolle der Kunden über ihre Daten; Wegfall von Vermittlern/Dritten sorgt für eine bessere Vernetzung zwischen Gast und Anbieter; Vereinfachte Steuerung der Besucherströme durch „direkten Kontakt")
- Phase der Customer Journey: Vor und während der Reise
- Primäre Segmente: Alle Segmente/B2B Anwendung
- Positive Wirkpotenziale: Angebot nachhaltiger Alternativen; Effizienzsteigerung
- Negative Wirkpotenziale: Energieverbrauch
- Entwicklungsstand: Erste Anwendungen (B)
- Entwicklungsperspektive: Hoher Kundennutzen und Potenzial für C und D
- Laufende Nummer und Code: 88/BC-1
- Quelle: https://medium.com/@otncoin/tourism-the-next-sector-to-benefit-big-from-blockchain-solutions-2f3ff633b0f3

B.6.2 E-Bikes generieren Kryptowährung

Der Anbieter von E-Bikes 50Cycles hat in Zusammenarbeit mit LoyalCoin Elektrofahrräder namens „Toba" in London eingeführt, die während der Fahrt die Kryptowährung „LoyalCoins" generieren. Nutzer können über eine App nachverfolgen, wie viele „LoyalCoins" sie gesammelt haben. Dabei erhalten Nutzer für 1000 Meilen „LoyalCoins" im Wert von 20 Britischen Pfund. Die App enthält zudem einen privaten Schlüssel als Eigentumsnachweis. Nutzer können mit der gesammelten Kryptowährung handeln und sie als Zahlungsmittel für verschiedene Produkte von 50Cycles einsetzen.

- Kategorie: 6-Sicherheit, Datenschutz und Blockchain
- Anwendungsbereich: Besuchermanagement, Besucherlenkung (+digital Payment) (Bezahlungsprozesse erfolgen auf dezentralisierten Plattformen und stellen somit alternative, sicherere Bezahlmöglichkeiten dar; Verbesserte Datensicherheit/Sichererer Zahlungsverkehr; Verdienen einer so genannten Kryptowährung fördert die nachhaltige Len)
- Phase der Customer Journey: Während der Reise
- Primäre Segmente: Transport/B2C Anwendung
- Positive Wirkpotenziale: Ressourcenschonung durch Minimierung des öffentlichen Verkehrs; Senkung der Luftverschmutzung innerhalb von Ballungsräumen; Beeinflussung des Konsums in Richtung Nachhaltigkeit; Sensibilisierung der Touristen für nachhaltigen Verkehr
- Negative Wirkpotenziale: Umweltbewusstsein erfolgt nicht aus Überzeugung, sondern wird von finanziellen Mitteln gelockt
- Entwicklungsstand: Erste Anwendungen (B)
- Entwicklungsperspektive: Absolut transformativ (D)
- Laufende Nummer und Code: 89/BC-5
- Quelle: https://www.50cycles.com via www.trendexplorer.com der TrendOne GmbH

B.6.3 Cybersecurity – Kampagne überwacht webcams

Das französische Unternehmen für Internetsicherheit Uppersafe hat eine Kampagne durchgeführt, in der eine Woche lang heimlich 20 Webcams überwacht wurden, deren Bilder auf öffentlich zugänglichen Websites zu sehen waren. In dieser Zeit wurden alle Gewohnheiten der ahnungslosen Nutzer aufgezeichnet und außerdem ihre IP-Adresse identifiziert, um ihren Wohnort herauszufinden. Jede überwachte Person erhielt per Post ein Paket, in dem sich bspw. ein Glas als Ersatz für ein vor Kurzem zerbrochenes Glas befand. Über eine Telefonnummer auf dem Paket konnten die überwachten Personen schließlich herausfinden, wer hinter der Aktion steckte.

- Kategorie: 6-Sicherheit, Datenschutz und Blockchain
- Anwendungsbereich: Besuchermanagement, Besucherlenkung (+digital Payment) (Steigerung der Kontrolle der Kunden über ihre Daten/Verhalten)

- Phase der Customer Journey: Während und nach der Reise
- Primäre Segmente: Alle Segmente/B2B, B2C Anwendung
- Positive Wirkpotenziale: Möglichkeit der nachhaltigen Steuerung des Ressourcenverbrauchs (nachhaltige Produktion etc.)
- Negative Wirkpotenziale: Energieverbrauch der Überwachung; Eingriff in die Privatsphäre
- Entwicklungsstand: Erste Anwendungen (B)
- Entwicklungsperspektive: Niedriges Potenzial (A)
- Laufende Nummer und Code: 90/BC- 12
- Quelle: https://web.uppersafe.com via www.trendexplorer.com der TrendOne GmbH

B.6.4 Biometrische Eingangskontrolle in der U-Bahn

Das US-amerikanische Unternehmen Cubic Transportation Systems arbeitet an einem biometrischen Ticketsystem, das Objekttracking, Gesichtserkennung und einen Handvenenscanner zur Identifizierung der U-Bahn-Passagiere nutzt. Ziel ist es, während der Rushhour die Wartezeiten an der Eingangskontrolle zur U-Bahn zu reduzieren. Zur Nutzung des Systems müssen U-Bahn-Passagiere ihre Handvenen oder ihr Gesicht einmalig scannen lassen und mit ihrem Bezahlaccount verknüpfen. Laut Angaben von Cubic soll das System zunächst an einer U-Bahn-Station in England getestet werden.

- Kategorie: 6-Sicherheit, Datenschutz und Blockchain
- Anwendungsbereich: Besuchermanagement, Besucherlenkung (+digital Payment) (Steigerung der Kontrolle der Kunden über ihre Daten/Verhalten; Vereinfachte Steuerung von Besucherströmen (z. B. auf verschiedene Bereiche))
- Phase der Customer Journey: Während der Reise
- Primäre Segmente: Transport/B2B Anwendung
- Positive Wirkpotenziale: Minimierung von Wartezeiten sowie des Ressourcenverbrauchs durch Verzicht von ausgedruckten Fahrkarten
- Negative Wirkpotenziale: Energieverbrauch der Kontrollen
- Entwicklungsstand: Erste Versuche (A)
- Entwicklungsperspektive: Mittleres Potential (B)
- Laufende Nummer und Code: 91/BC- 13
- Quelle: https://www.cubic.com via www.trendexplorer.com der TrendOne GmbH

B.6.5 Ticketing mit nicht hörbaren Audiosignalen

Ticketmaster arbeitet mit dem Anbieter für Daten-via-Audio-Lösungen LISNR zusammen, um das Ticketsystem „Presence" einzuführen. Die Ticketingtechnologie besteht aus der Übertragung von „Smart Tones" durch Smartphones. Die Töne liegen im Bereich von 18,7 bis 19,5 Kilohertz und sind für Menschen kaum hörbar. Sie übertragen Daten zwischen kompatiblen Geräten und sollen zur Authentifizierung von Ticketbesitzern eingesetzt werden. Das System soll Eventbesuchern einen schnellen Eintritt ermöglichen und den Veranstaltern als Tool zur Identifikation der Teilnehmer dienen und ihnen helfen, Betrug zu verhindern.

- Kategorie: 6-Sicherheit, Datenschutz und Blockchain
- Anwendungsbereich: Besuchermanagement, Besucherlenkung (+digital Payment) (Steigerung der Kontrolle der Kunden über ihre Daten/Verhalten; Vereinfachte Steuerung von Besucherströmen (z. B. auf verschiedene Bereiche))
- Phase der Customer Journey: Während der Reise
- Primäre Segmente: Destination/B2B Anwendung
- Positive Wirkpotenziale: Minimierung von Wartezeiten an Eingangskontrollen sowie des Ressourcenverbrauchs (Verzicht auf gedruckte Tickets)
- Negative Wirkpotenziale: Energieverbrauch aller Geräte; Signale stören andere Lebewesen, die diese Töne wahrnehmen können
- Entwicklungsstand: Erste Versuche (A)
- Entwicklungsperspektive: Mittleres Potential (B)
- Laufende Nummer und Code: 92/BC- 14
- Quelle: http://lisnr.com via www.trendexplorer.com der TrendOne GmbH

B.6.6 IATA Travacoin

Die International Air Transport Association (IATA) testet derzeit eine neue Blockchain-basierte Kryptowährung, um Flugverspätungen zu kompensieren. Die neue Kryptowährung Travaccoin war 2017 auf dem SITA IT Summit in Brüssel vertreten. Diese Münze wurde vom Travacoin-Startup speziell für Fluggesellschaften und Reisebüros als Zahlungssystem für Entschädigungen für Nichtbeförderung, lange Verspätungen und Stornierungen entwickelt. Im Falle von Verspätungen oder Annullierungen wird Travaccoins den Passagieren automatisch gewährt. Darüber hinaus können Fahrgäste mit Hilfe von Travaccoins Fahrkarten von einer anderen Fluggesellschaft und andere Dienstleistungen, wie z. B. Hotelübernachtungen, selbst kaufen. Daher sollte es auch die Kundenzufriedenheit erhöhen.

- Kategorie: 6-Sicherheit, Datenschutz und Blockchain
- Anwendungsbereich: Digital Payment (Bezahlungsprozesse erfolgen auf dezentralisierten Plattformen und stellen somit alternative, sicherere Bezahlmöglichkeiten dar; Verbesserte Datensicherheit/Sichererer Zahlungsverkehr; Kryptowährungen als Entschädigung)
- Phase der Customer Journey: Vor und während der Reise
- Primäre Segmente: Transport/Reisevermittler/B2B, B2C Anwendung
- Positive Wirkpotenziale:
- Negative Wirkpotenziale: Verbesserte Prozesse im Flugverkehr (Förderung)
- Entwicklungsstand: Erste Anwendungen (B)
- Entwicklungsperspektive: Mittleres Potential (B)
- Laufende Nummer und Code: 93/BC-2
- Quelle: https://coinidol.com/travacoin-used-as-compensation-for-flight-delays/
- http://www.travacoin.com/

B.6.7 Axa Reiseversicherungen

Als erster Großversicherer veröffentlichte die Axa 2017 ein Versicherungsprodukt auf Basis der Krypowährung Etherum. Mit Fizzy können sich Fluggäste gegen Verspätungen versichern, als parametrische Versicherung reguliert das Produkt automatisch. Die parametrische Versicherung Fizzy reguliert nicht im Schadenfall, sondern dann, wenn ein Parameter, eine Zahlengröße einen in der Police geregelten Grenzwert überschreitet, in diesem Falle, wenn sich der Flug um mehr als zwei Stunden verspätet. Erst im März hatte die Axa die Gründung einer Global Parametrics-Abteilung bekannt gegeben.

Der Kauf einer Verspätungs-Police werde in der Blockchain Ethereum gespeichert, das Smart Contract-Netzwerk besitzt außerdem den direkten Draht zu einer weltweiten Flugverkehrs-Datenbank. Den Schadenfall stellt Fizzy also ohne jede Schadenmeldung und menschliches Zutun fest, innerhalb von sieben Tagen soll der Kunde das Geld auf dem Konto haben und selbst um die Tarifierung kümmert sich der Algorithmus: Versicherung aus dem Blockchain-Automaten.

- Kategorie: 6-Sicherheit, Datenschutz und Blockchain
- Anwendungsbereich: Digital Payment (Bezahlungsprozesse erfolgen auf dezentralisierten Plattformen und stellen somit alternative, sicherere Bezahlmöglichkeiten dar; Verbesserte Datensicherheit/Sichererer Zahlungsverkehr)
- Phase der Customer Journey: Während der Reise

242 Anhang: Beispielanwendungen und Anwendungsbeispiele

- Primäre Segmente: Transport (Ausweitung auf alle touristischen Akteure denkbar)/B2C Anwendung
- Positive Wirkpotenziale:
- Negative Wirkpotenziale:
- Entwicklungsstand: Erste Anwendungen (B)
- Entwicklungsperspektive: Absolut transformativ (D)
- Laufende Nummer und Code: 94/BC-4
- Quelle: https://be.invalue.de/d/publikationen/vwheute/2017/09/14/axa-gewinnt-blockchain-rennen.html

B.6.8 Dokumente per Blockchain zertifizieren

Stampery ist ein Start-up aus Madrid, das die Blockchain der virtuellen Währung Bitcoin dazu verwendet, rechtskräftige Nachweise für jedes beliebige Dokument zu erzeugen. Hierfür versenden Nutzer das jeweilige Dokument einfach per E-Mail über ihren Stampery-Account, integrieren den Service über eine Programmierschnittstelle in ihr Produkt oder verlinken ihn mit ihrem Dropbox-Account. Beglaubigt werden können so die Existenz, der Besitz und die Vollständigkeit von Verträgen, Testamenten oder geistigem Eigentum. Einmal so geschützt, kann ein Dokument von jeder Person kostenlos auf seine Vollständigkeit und Authentizität hin überprüft werden.

- Kategorie: 6-Sicherheit, Datenschutz und Blockchain
- Anwendungsbereich: Digitale Identifikation und Datenschutz (Steigerung der Kontrolle der Kunden über ihre Daten-Transparenz)
- Phase der Customer Journey: Übergreifend für alle Phasen
- Primäre Segmente: Alle Segmente/B2B Anwendung
- Positive Wirkpotenziale: Ressourcenschonung (Papier); Effizienzsteigerung
- Negative Wirkpotenziale: Energieverbrauch für Nutzug
- Entwicklungsstand: Erste Anwendungen (B)
- Entwicklungsperspektive: Hoher Kundennutzen und Potenzial für C und D
- Laufende Nummer und Code: 95/BC-10
- Quelle: https://stampery.com via www.trendexplorer.com der TrendOne GmbH

B.6.9 Stadt bietet elektronische ID auf Blockchain – Basis

Die Schweizer Stadt Zug bietet künftig als weltweit erste Gemeinde allen Einwohnern eine digitale Identität an, die auf der Blockchain-Technologie basiert.

Hierbei kommt eine spezielle App zum Einsatz, mit der die Einwohner sich eigenständig registrieren und persönliche Informationen übermitteln können. Anschließend ist noch ein persönlicher Besuch in der Einwohnerkontrollbehörde notwendig. Dort wird die in der App erstellte digitale Identität beglaubigt, bevor sie mit Hilfe der Blockchain-Technologie gesichert und mit einer Kryptoadresse verknüpft wird.

- Kategorie: 6-Sicherheit, Datenschutz und Blockchain
- Anwendungsbereich: Digitale Identifikation und Datenschutz (Verbesserte Datensicherheit)
- Phase der Customer Journey: Vor und während der Reise
- Primäre Segmente: Alle Segmente/B2C Anwendung
- Positive Wirkpotenziale: Ressourcenschonung (Papier); Effizienzsteigerung
- Negative Wirkpotenziale: Energieverbrauch für Nutzung
- Entwicklungsstand: Erste Anwendungen (B)
- Entwicklungsperspektive: Absolut transformativ (D)
- Laufende Nummer und Code: 96/BC-11
- Quelle: http://www.stadtzug.ch via www.trendexplorer.com der TrendOne GmbH

B.6.10 IT – Sicherheitslösungen für vernetzte Fahrzeuge

Das Start-up Argus Cyber Security bietet IT-Sicherheitslösungen für Infotainment- und Telematiksysteme, fahrzeugeigene Netzwerke, einzelne elektronische Steuereinheiten und Aftermarket-Geräte, um vernetzte Fahrzeuge vor Cyberangriffen zu schützen. Zum Patent angemeldete DPI-Algorithmen identifizieren hierbei Attacken. Zudem werden die Argus-Lösungen mit Hilfe sicherer Cloud-Server von Argus nahtlos aktualisiert, um schnell auf neue Bedrohungen reagieren zu können. Eine Architekturänderung ist nicht erforderlich, da die Sicherheitslösungen ohne viel Aufwand in vorhandene Systeme integriert werden können.

- Kategorie: 6-Sicherheit, Datenschutz und Blockchain
- Anwendungsbereich: Digitale Identifikation und Datenschutz (Verbesserte Datensicherheit)
- Phase der Customer Journey: Übergreifend für alle Phasen
- Primäre Segmente: Transport/B2B Anwendung
- Positive Wirkpotenziale: Sicherheit im Verkehr von Fahrzeugen mit künstlicher Intelligenz (Ressourcenschonung, Umweltfreundlichkeit)
- Negative Wirkpotenziale: Energieverbrauch

- Entwicklungsstand: Erste Versuche (A)
- Entwicklungsperspektive: Hoher Kundennutzen und Potenzial für C und D
- Laufende Nummer und Code: 97/BC- 15
- Quelle: https://argus-sec.com via www.trendexplorer.com der TrendOne GmbH

B.6.11 Virtuelle Tarnung von IP-Adressen gegen Cyberangriffe

Forscher des US Army Research Laboratory, der neuseeländischen University of Canterbury und des Gwangju Institute of Science and Technology haben das Abwehrsystem „Flexible Random Virtual IP Multiplexing" gegen Cyberangriffe auf Computersysteme entwickelt. Dafür hat das internationale Forscherteam die speziell entwickelte Technologie „Moving Target Defense" mit dem „Software-Defined Networking" kombiniert. Dies ermöglicht es Computern, ihre IP-Adressen zu behalten, während sie mit einer virtuellen IP-Adresse getarnt werden, die sich häufig ändert. So soll es Hackern erschwert werden, ihr Angriffsziel zu identifizieren.

- Kategorie: 6-Sicherheit, Datenschutz und Blockchain
- Anwendungsbereich: Digitale Identifikation und Datenschutz (Verbesserte Datensicherheit)
- Phase der Customer Journey: Übergreifend für alle Phasen
- Primäre Segmente: Alle Segmente/B2C Anwendung
- Positive Wirkpotenziale:
- Negative Wirkpotenziale:
- Entwicklungsstand: Erste Versuche (A)
- Entwicklungsperspektive: Hoher Kundennutzen und Potenzial für C und D
- Laufende Nummer und Code: 98/BC- 16
- Quelle: www.trendexplorer.com der TrendOne GmbH

B.6.12 Kundenidentität per Stimme erkennen

Der Softwareentwickler Nuance stattet den Kundenservice der tschechischen Bank Česká spořitelna mit einer Sicherheitsfunktion aus, die die Identität der Kunden anhand der Stimme verifiziert. Sie arbeitet komplett im Hintergrund und ersetzt Passwörter und Sicherheitsfragen. Zunächst wird der biometrische Stimmabdruck der Person erfasst und bei einem Anruf abgeglichen. Die einzigartigen Merkmale sind selbst an der kleinsten Lauteinheit, dem Phonem, erkennbar. Die Eingabe wird per Zeit-Frequenz-Transformation in ein

Frequenzspektrum umgewandelt, dessen Datenmenge für die Verifizierung ausreicht.

- Kategorie: 6-Sicherheit, Datenschutz und Blockchain
- Anwendungsbereich: Digitale Identifikation und Datenschutz (Verbesserte Datensicherheite generiert durch Stimmenanalysen der Nutzer)
- Phase der Customer Journey: Während der Reise
- Primäre Segmente: Unterkunft (Zimmertür?)/B2B, B2C Anwendung
- Positive Wirkpotenziale:
- Negative Wirkpotenziale: Energievebrauch des Service/stimmenanalyse
- Entwicklungsstand: Erste Versuche (A)
- Entwicklungsperspektive: Hoher Kundennutzen und Potenzial für C und D
- Laufende Nummer und Code: 99/BC- 17
- Quelle: https://www.nuance.com via www.trendexplorer.com der TrendOne GmbH

B.6.13 Koffer Tracking

Mehr als 20 Millionen Koffer und Taschen gehen pro Jahr im weltweiten Flugverkehr verloren, was die Airlines rund 2,4 Milliarden US-Dollar kostet. Sicherer und transparentere Lieferprozesse der Airlines, was die Effizienz und somit auch die Kosten reduziert, sind daher noch immer eine Notwendigkeit. Neue Blockchain Technologie soll es ermöglichen, dass künftig jeder Koffer von allen Beteiligten – Passagieren, Airlines, Airports und Ground Händlern – in Echtzeit verfolgt werden können. So können Passagiere auch bei längeren Transitflügen sich vergewissern, dass ihr Gepäck im richtigen Flieger ist. Die Technologie soll im Laufe des Jahres 2018 gelaunched werden; ab dann soll es ähnlich wie bei Päckchen bei der Post immer mehr möglich sein, den Standort des Koffers zu ermitteln.

- Kategorie: 6-Sicherheit, Datenschutz und Blockchain
- Anwendungsbereich: Logistik (Steigende Transparenz durch tracking von Gütern entlang ihres Lieferweges in Echtzeit; Automatisierung von Prozessen)
- Phase der Customer Journey: Während der Reise
- Primäre Segmente: Transport/B2B, B2C Anwendung
- Positive Wirkpotenziale: Durch Tracking weniger Fehler und dadurch geringerer Ressourcenverbrauch
- Negative Wirkpotenziale: Energieverbrauch und Gewöhnung der Kunden an diesen Service

- Entwicklungsstand: Erste Versuche (A)
- Entwicklungsperspektive: Absolut transformativ (D)
- Laufende Nummer und Code: 100/BC-3
- Quelle: https://www.materna.de/SharedDocs/Downloads/EN/Referenzen/Frankfurt-Airport-Blockchain-based-baggage-tracking.pdf?__blob=publicationFile
- https://www.huffingtonpost.de/entry/zukunft-des-flughafens-koffer-tracking-mit-blockchain_de_5b531d9ce4b0eb29100e58db

B.6.14 Blockchain-basiertes Logbuch für Privatflüge

Das Start-up Aerotrips aus Zypern hat die App „Aeron Pilot" entwickelt, die mit Hilfe der Blockchain-Technologie Logbuchdaten digital speichert und damit zur Verhinderung von Flugzeugunfällen beitragen soll. Die App soll das traditionelle Logbuch ersetzen und die Qualifikation jedes Piloten aufzeichnen und bestätigen. Eine dezentrale Datenbank und ein Onlinesystem stellen hierbei Daten von Flugzeugen und Flugschulen sowie Informationen über Piloten aus aller Welt bereit. Da es nahezu unmöglich ist, ein verloren gegangenes oder beschädigtes Logbuch wiederherzustellen, soll die digitale Lösung mehr Sicherheit für Passagiere und Piloten bieten.

- Kategorie: 6-Sicherheit, Datenschutz und Blockchain
- Anwendungsbereich: Logistik (Steigende Transparenz durch Beobachtung von Flugzeugen entlang ihres Reiseweges/Route in Echtzeit; Automatisierung von Prozessen)
- Phase der Customer Journey: Während der Reise
- Primäre Segmente: Transport/B2B Anwendung
- Positive Wirkpotenziale: Verhinderung von schwerwiegenden Unfällen, die auch die Umwelt schädigen können
- Negative Wirkpotenziale: Energieverbrauch für Tool/App
- Entwicklungsstand: Erste Versuche (A)
- Entwicklungsperspektive: Absolut transformativ (D)
- Laufende Nummer und Code: 101/BC- 18
- Quelle: https://aeron.aero via www.trendexplorer.com der TrendOne GmbH

B.6.15 Hotelbuchungsplattform ohne Provisionsgebühr

Die Hotelbuchungsplattform GOeureka nutzt die Ethereum-Blockchain, um die Buchung eines Hotelzimmers ohne Provision zu ermöglichen und gleichzeitig

Treueprämien und Vergünstigungen ohne versteckte Gebühren vergeben zu können. Der Einsatz von Smart Contracts erlaubt die Entwicklung autonomer Agenten, die auf der gesamten GOeureka-Plattform implementiert werden können, um viele Prozesse zu automatisieren und Vermittler überflüssig zu machen. Letztere führen in der Regel zu einer langsameren Abwicklung, zu erhöhten Transaktionsgebühren und dadurch zu höheren Preisen.

- Kategorie: 6-Sicherheit, Datenschutz und Blockchain
- Anwendungsbereich: Marketing, Verkauf und Reiseplanung (Intelligente Verträge; Steigerung der Kontrolle der Kunden über ihre Daten; Wegfall von Vermittlern/Dritten sorgt für eine bessere Vernetzung zwischen Gast und Anbieter)
- Phase der Customer Journey: Vor der Reise (Beeinflussung der Reiseentscheidung)
- Primäre Segmente: Unterkunft/B2B, B2C Anwendung
- Positive Wirkpotenziale: Angebot nachhaltiger Reisemöglichkeiten (Unterkünfte)
- Negative Wirkpotenziale: Verstärktes Gesamtaufkommen von Touristen durch niedrigere Preise
- Entwicklungsstand: Erste Versuche (A+B)
- Entwicklungsperspektive: Hoher Kundennutzen und Potenzial für C und D
- Laufende Nummer und Code: 102/BC-7
- Quelle: https://goeureka.io via www.trendexplorer.com der TrendOne GmbH

B.6.16 Autarkes und nachhaltiges Leben im Hightechvorort

In einem Vorort von Amsterdam beginnt der Bau einer autofreien Ökosiedlung, die einen beinahe vollständig autarken Lebensstil mit modernen Technologien vereint. Im 50 Hektar großen „ReGen Village" sollen vertikale Farmen, Obstgärten und Felder die Lebensmittelversorgung sichern, wobei eine natürliche Resteverwertung vorgesehen ist, die den Tieren und Aquakulturen vor Ort zugutekommt. Die Energie soll aus erneuerbaren Quellen gewonnen, gespeichert und von einem Verbundsystem verwaltet werden, das künstliche Intelligenz nutzt. Eine Blockchain-basierte Zeitbank soll zudem jene Bewohner belohnen, die sich innerhalb der Gemeinschaft engagieren.

- Kategorie: 6-Sicherheit, Datenschutz und Blockchain
- Anwendungsbereich: Marketing, Verkauf und Reiseplanung (+ Digital Payment) (Kapazitätsplanung und Einsparen von Ressourcen durch Arbeitsteilung)

- Phase der Customer Journey: Übergreifend für alle Phasen
- Primäre Segmente: Destination/B2B Anwendung
- Positive Wirkpotenziale: Möglichkeit nachhaltiger Erfharungen (Reiseangebote) zu kreieren
- Negative Wirkpotenziale:
- Entwicklungsstand: Erste Anwendungen (B)
- Entwicklungsperspektive: Mittleres Potential (B)
- Laufende Nummer und Code: 103/BC-6
- Quelle: http://www.regenvillages.com via www.trendexplorer.com der Trend-One GmbH

B.6.17 Vielfliegerprogramm mit Blockchain-Wallet

Singapore Airlines bietet mit „KrisPay" eine digitale Geldbörse auf der Basis der Blockchain-Technologie an, mit der Teilnehmer des Kundenprogramms „KrisFlyer" ihre Meilen unmittelbar in digitale Währung umwandeln können. Dafür müssen sie die App „KrisPay" installieren, sich mit ihrer Kundennnummer anmelden und mit einem Tap die „KrisFlyer"-Meilen in „KrisPay"-Meilen umwandeln. Schon wenn sie 15 dieser Meilen gesammelt haben, die zusammen 0,10 US-Dollar entsprechen, können sie damit bei Partnerunternehmen der Fluggesellschaft Einkäufe bezahlen. Nach Angaben von Singapore Airlines wird „KrisPay" somit in den Alltag der Kunden integriert.

- Kategorie: 6-Sicherheit, Datenschutz und Blockchain
- Anwendungsbereich: Marketing, Verkauf und Reiseplanung (+ Digital Payment) (Bezahlungsprozesse erfolgen auf dezentralisierten Plattformen und stellen somit alternative, sicherere Bezahlmöglichkeiten dar; Verbesserte Datensicherheit/Sichererer Zahlungsverkehr)
- Phase der Customer Journey: Vor allem während der Reise
- Primäre Segmente: Transport/B2C Anwendung
- Positive Wirkpotenziale:
- Negative Wirkpotenziale: Unterstützung Konsum vieler Flüge = erhöhter Ressourcenverbrauch, Umweltverschmutzung
- Entwicklungsstand: Erste Anwendungen (B)
- Entwicklungsperspektive: Hoher Kundennutzen und Potenzial für C und D
- Laufende Nummer und Code: 104/BC-9
- Quelle: https://www.singaporeair.com via www.trendexplorer.com der Trend-One GmbH

B.7 DigitalAccessibility und Open Data

B.7.1 Schnelles Internet im EU-Luftraum

Der Anbieter von Satellitentechnologien Inmarsat wird in Kooperation mit der Deutschen Telekom ein Satellitensystem aufbauen, um Highspeed-Internetzugang in Flugzeugen zum Standard zu machen. Bis zum Jahresende soll ein System entwickelt werden, das im gesamten Luftraum der EU, der Schweiz und Norwegens für eine konstante und schnelle Internetversorgung in Flugzeugen sorgen soll. Technisch setzt das System auf eine Kombination aus Satellitenverbindungen und 300 LTE-Bodenstationen. Erste Kunden werden die Deutsche Lufthansa und die International Airlines Group sein.

- Kategorie: 7-DigitalAccessibility und Open Data
- Anwendungsbereich: Produktmanagement (Angebotsentwicklung von ganz neuen oder modifizierten Produkten/Service steigerung die Attraktivität von bestimmten Attraktionen und somit auch die Kundenzufriedenheit)
- Phase der Customer Journey: Während der Reise
- Primäre Segmente: Transport/B2B Anwendung
- Positive Wirkpotenziale: Kommunikation nachhaltiger Angebote im Zielgebiet
- Negative Wirkpotenziale: Energieverbrauch für Nutzung Internets; Verstärktes Gesamtaufkommen von Fluggästen auf Kurzstrecken z. B. durch Business Reisende, die auf Internet angewiesen sind, um während der Fahrt zu arbeiten (steigen möglicherweise von Bahn auf Flugzeug um)
- Entwicklungsstand: Erste Anwendungen (B)
- Entwicklungsperspektive: Hohes Potenzial (C)
- Laufende Nummer und Code: 105/DA-2
- Quelle: https://www.inmarsat.com via www.trendexplorer.com der Trend-One GmbH

B.7.2 Mit Google Maps CO_2 – Bilanz kalkulieren

Google hat das Tool „Environmental Insights Explorer" entwickelt, mit dem Gemeinden ihre CO_2-Bilanz kalkulieren können. Das Tool nutzt Daten aus Google Maps in Kombination mit anderen Daten, um einzuschätzen, wie viel Energie einzelne Gebäude verbrauchen und wie viele Emissionen sie ungefähr freisetzen. Grundlage dafür sind die Größe und die Nutzungsart des Gebäudes. Ferner können Städte in Erfahrung bringen, wie viel CO_2-Ausstoß durch das

Verkehrsaufkommen in der Stadt verursacht wird. Das Tool soll Gemeinden helfen, ihre CO_2-Bilanz gemäß dem Pariser Klimaabkommen zu senken.

- Kategorie: 7-DigitalAccessibility und Open Data
- Anwendungsbereich: Smart Destination Management ()
- Phase der Customer Journey: Übergreifend für alle Phasen
- Primäre Segmente: Alle Segmente/B2B, B2C Anwendung
- Positive Wirkpotenziale: Minimierung des Energievebrauchs durch Bewusstseinsbildung der Nutzer; Beeinflussung des Konsums in Richtung Nachhaltigkeit
- Negative Wirkpotenziale: Energieverbrauch für Tool
- Entwicklungsstand: Erste Versuche (A+B)
- Entwicklungsperspektive: Hoher Kundennutzen und Potenzial für C und D
- Laufende Nummer und Code: 106/DA-1
- Quelle: https://insights.sustainability.google via www.trendexplorer.com der TrendOne GmbH

B.7.3 Karte zeigt Umweltperformance von Markenzulieferern

Das US-amerikanische Natural Resources Defense Council hat gemeinsam mit dem chinesischen Institut für öffentliche und Umweltangelegenheiten eine Karte kreiert, die die Umweltbilanz von chinesischen Herstellern, die für globale Unternehmen arbeiten, aufzeigt. Auf der Karte werden die Lieferketten der teilnehmenden Marken visualisiert und somit nachvollziehbar gemacht. Die chinesischen Zulieferer werden mit frei verfügbaren Umweltdaten zu den Luftemissionen und der Abwasserentsorgung gelistet. Die Zulieferer können damit die Einhaltung von Umweltvorschriften bezeugen und neue Kunden gewinnen.

- Kategorie: 7-DigitalAccessibility und Open Data
- Anwendungsbereich: Unternehmensinterne Prozessoptimierung (Identifizierung von Fehlern/Verbesserungsmöglichkeiten; Verbesster Planung von Kapazitäten und Ressourcen, um die Effizienz zu steigern und Kosten einzusparen)
- Phase der Customer Journey: Übergreifend für alle Phasen
- Primäre Segmente: Alle Segmente/B2B Anwendung
- Positive Wirkpotenziale: Veränderung der Produktionsmuster und Minimierung des Ressourcenverbrauchs; Umweltfreundlichkeit sorgt für Kundenzufriedenheit und generiert somit höhren Umsatz
- Negative Wirkpotenziale:
- Entwicklungsstand: Erste Anwendungen (B)

- Entwicklungsperspektive: Transformativ (C+D)
- Laufende Nummer und Code: 107/DA-3
- Quelle: https://www.nrdc.org via www.trendexplorer.com der TrendOne GmbH

B.8 Cloud Computing

B.8.1 SCTH adopts private cloud to streamline IT service delivery

Die saudi-arabische Kommission SCTH beschäftigt über 1300 Personen an 33 Standorten und ist verantwortlich für die touristische Entwicklung des Landes. Die Kommission ist zukunftsgerichtet, hat einen hohen IT-Bedarf und möchte ihre online-Präsenz weiter ausbauen. Bisher wurden insgesamt 200 eigene Server betrieben und weitere 30 wurden beantragt. Die Kommission möchte jetzt jedoch umstellen auf HPE Cloud Service Automation (CSA), ein Cloud System, in dem jegliche IT- und administrativen Vorgänge geregelt werden. Der Zeitaufwand dieser Vorgänge kann durch die Automatisierung um ca. 88% reduziert werden.

- Kategorie: 8-Cloud Computing
- Anwendungsbereich: Datenmanagement (Effizientere Arbeitsprozesse, gesicherte Backups und Wegfallen von geografischen Limitationen (durch möglichen Fernzugriff auf Dienste und Informationen) gewährleistet durch den Aufbau effizienter IT-Systeme; Erweiterung der Kapazitäten je nach Bedarf)
- Phase der Customer Journey: Übergreifend für alle Phasen
- Primäre Segmente: Destination/B2B Anwendung
- Positive Wirkpotenziale: Minimierung des Ressourcenverbrauchs durch Lagerung der Daten in der Cloud; Effizienzsteigerung
- Negative Wirkpotenziale: Energieverbrauch
- Entwicklungsstand: Hauptsächlich noch in der Entwicklung (A)
- Entwicklungsperspektive: Hoher Kundennutzen und Potenzial für C und D
- Laufende Nummer und Code: 108/CC-5
- Quelle: https://www.esensesoftware.com/docs/default-source/case-studies-pdf/esense-scth-hpe.pdf?sfvrsn=c642e9a0_0

B.8.2 Smart Destination Plattformen

Viele der Initiativen die zur besseren, evidenz-basierten Entscheidungsfindung in Destinationen beitragen, wie bspw. die Destination Management Plattformen von Buenos Aires oder Portugal, basieren heute alle auf einem Cloud Modell, was die Komplexität und Agilität der Platformen erst möglich macht. Die beiden Destinationen Buenos Aires und Portugal haben sich in ihrem Fall für die Business Intelligence (BI) Lösung von Microsoft entschieden und ihre Datensysteme darauf aufgebaut.

- Kategorie: 8-Cloud Computing
- Anwendungsbereich: Datenmanagement (Effizientere Arbeitsprozesse, gesicherte Backups und Wegfallen von geografischen Limitationen (durch möglichen Fernzugriff auf Dienste und Informationen) gewährleistet durch den Aufbau effizienter IT-Systeme; Erweiterung der Kapazitäten je nach Bedarf)
- Phase der Customer Journey: Übergreifend für alle Phasen
- Primäre Segmente: Destination/B2B Anwendung
- Positive Wirkpotenziale: Effizienzsteigerung; Minimierung des Ressourcenverbrauchs
- Negative Wirkpotenziale:
- Entwicklungsstand: Adoption im Tourismus (C)
- Entwicklungsperspektive: Absolut transformativ (D)
- Laufende Nummer und Code: 109/CC-6
- Quelle: http://www.thinktur.org/media/Libro-Blanco-Destinos-Tursticos-Inteligentes-construyendo-el-futuro.pdf https://powerbi.microsoft.com/en-us/landing/signin/

B.8.3 Travelport Mobile Agent

Durch die flexiblere Technologie bietet Cloud-Computing allen Akteuren der Reisebranche die Möglichkeit, Geschäftsprozesse zu vereinfachen und verbessern. Bspw. können dadurch Reisebüros oder Unterkünfte einen vereinfachten Zugang zu relevanten Daten bekommen, was die Effektivität und Produktivität steigert und Kosten senkt. Ein Unternehmen, welches speziell Cloud Solutions für den Tourismussektor anbietet ist ‚Travel Technology & Solutions'. Eine vom Unternehmen entwickelte Cloud Solution heißt 'Travelport Mobile Solution' welche es Reisebüros ermöglicht, auf ihre Reservierungen zuzugreifen, Buchungen zu ändern und Tickets von überall auf der Welt auszustellen, sofern sie Zugang zum Internet haben.

- Kategorie: 8-Cloud Computing
- Anwendungsbereich: Marketing, Verkauf und Reiseplanung (Effizientere Arbeitsprozesse, gesicherte Backups und Wegfallen von geografischen Limitationen (durch möglichen Fernzugriff auf Dienste und Informationen)

gewährleistet durch den Aufbau effizienter IT-Systeme; Erweiterung der Kapazitäten je nach Bedarf – F)
- Phase der Customer Journey: Übergreifend für alle Phasen
- Primäre Segmente: Reisevermittler/Unterkunft/B2B Anwendung
- Positive Wirkpotenziale: Effizienzsteigerung; Minimierung des Ressourcenverbrauchs
- Negative Wirkpotenziale:
- Entwicklungsstand: Hohe Verbreitung (D)
- Entwicklungsperspektive: Absolut transformativ (D)
- Laufende Nummer und Code: 110/CC-1
- Quelle: http://www.tts.com/blog/cloud-computing-becomes-crucial-for-travel-agencies/

B.8.4 TravelAp

TravelAps ist eine Cloud-Systemlösung von ERS (Electronic Reservation Systems), welche es Reisebüros oder Hotels ermöglicht, innerhalb von Sekunden ein Online-Reiseportal zu eröffnen. Das Unternehmen wurde 2013 gegründet und hilft mit der Cloud Solution TravelAps Reiseunternehmen, welche ihren Kunden eine Vielzahl von Reiseleistungen bereitstellen, ihre Dienste dynamisch in andere externe Dienste zu integrieren und als dynamisches Paket zu verkaufen. Dadurch, dass der Dienst Cloud-basiert ist und viele Service wie bspw. Zahlungs-Gateways schon vorab vom Unternehmen integriert und bereitgestellt werden, können die Prozesse für die Reiseunternehmen effizienter gestaltet und vereinfacht werden.

- Kategorie: 8-Cloud Computing
- Anwendungsbereich: Marketing, Verkauf und Reiseplanung (Effizientere Arbeitsprozesse, gesicherte Backups und Wegfallen von geografischen Limitationen (durch möglichen Fernzugriff auf Dienste und Informationen) gewährleistet durch den Aufbau effizienter IT-Systeme; Erweiterung der Kapazitäten je nach Bedarf)
- Phase der Customer Journey: Vor der Reise
- Primäre Segmente: Reisevermittler/Unterkunft/B2B Anwendung
- Positive Wirkpotenziale: Effizienzsteigerung; Minimierung des Ressourcenverbrauchs
- Negative Wirkpotenziale:
- Entwicklungsstand: Adoption im Tourismus (C)
- Entwicklungsperspektive: Hoher Kundennutzen und Potenzial für C

- Laufende Nummer und Code: 111/CC-3
- Quelle: https://www.insightssuccess.com/travelaps-employing-cloud-solutions-for-better-travel-and-tourism-industry/

B.8.5 Cloud Computing Becomes Crucial for Travel Agencies

Während die Reiseplanung und Vorbereitung immer weiter in die Online-Welt übergeht, müssen die Anbieter von Touristischen Leistungen sich den neuen Umständen anpassen und Ihre Technik entsprechend aufrüsten und anpassen. Cloud Computing stellt dabei ein hilfreiches Tool dar, das die Akteure des Tourismus Sektors vielseitig nutzen können. Ein Vorteil den sich zum Beispiel Lufthansa zu nutzen macht ist, dass die Cloud zu jeder Tageszeit an jedem Ort der Welt online ist und somit jederzeit eine Buchung vorgenommen werden kann. Außerdem können Anbieter, die von starker Saisonalität betroffen sind, ihre online Kapazitäten je nach Bedarf anpassen. Zusätzlich sind die Daten auf den Cloud Plattformen meistens besser geschützt, als es bei eigenen Servern der Fall ist.

- Kategorie: 8-Cloud Computing
- Anwendungsbereich: Marketing, Verkauf und Reiseplanung (Effizientere Arbeitsprozesse, gesicherte Backups und Wegfallen von geografischen Limitationen (durch möglichen Fernzugriff auf Dienste und Informationen) gewährleistet durch den Aufbau effizienter IT-Systeme; Erweiterung der Kapazitäten je nach Bedarf)
- Phase der Customer Journey: Vor und während der Reise
- Primäre Segmente: Transport und Reisevermittler/B2B ANwendung
- Positive Wirkpotenziale: Minimierung des Ressourcenverbrauchs durch Lagerung der Daten in der Cloud; Effizienzsteigerung
- Negative Wirkpotenziale:
- Entwicklungsstand: Adoption im Tourismus (C)
- Entwicklungsperspektive: Hoher Kundennutzen und Potenzial für C und ggf. D
- Laufende Nummer und Code: 112/CC-4
- Quelle: http://www.tts.com/blog/cloud-computing-becomes-crucial-for-travel-agencies/

B.8.6 Öffentliche Steckdose überwacht Nutzung

Die Kreativagentur Dentsu hat im Auftrag des Automobilherstellers Toyota die intelligente Steckdose „Smile Lock" entwickelt, die den Stromverbrauch überwacht und Besitzern kompakter elektrischer Automobile den Zugriff auf Energie erleichtert. Die „Smile Lock" wird an bereits existierenden Steckdosen in Städten installiert und kommuniziert mit einer Smartphone-Anwendung. Die Informationen zur Nutzungsdauer und zum Kunden werden an einen Cloud-Dienst übermittelt. Dem Nutzer wird dann die jeweils bezogene Energiemenge berechnet. Mit der „Smile Lock" sollen Besitzer öffentlicher Stromquellen diese monetarisieren können.

- Kategorie: 8-Cloud Computing
- Anwendungsbereich: Off-Topic (Effizientere Arbeitsprozess, gesicherte Backups und Wegfallen von geografischen Limitationen (durch möglichen Fernzugriff auf Dienste und Informationen) gewährleistet durch den Aufbau effizienter IT-Systeme; Erweiterung der Kapazitäten je nach Bedarf)
- Phase der Customer Journey: Übergreifend für alle Phasen
- Primäre Segmente: Alle Segmente/B2B, B2C Anwendung
- Positive Wirkpotenziale: Minimierung des Energievebrauchs durch Bewusstseinsbildung über Verbrauch
- Negative Wirkpotenziale:
- Entwicklungsstand: Erste Anwendungen (B)
- Entwicklungsperspektive: Hoher Kundennutzen und Potenzial für C und D
- Laufende Nummer und Code: 113/CC-2

B.9 Digitale Plattformen, Sharing Economy und soziale Netzwerke

B.9.1 Airbnb eröffnet Büro für gesunden Tourismus

Airbnb hat das „Office of Healthy Tourism" eingerichtet, das dem hohen Touristenaufkommen in Großstädten auf der ganzen Welt entgegenwirken und Reisenden dabei helfen soll, neue Reiseziele zu finden. Die Initiative zielt darauf ab, die wirtschaftlichen Vorteile des Tourismus für Anwohner und kleine Unternehmen abseits der ausgetretenen Pfade nutzbar zu machen und gleichzeitig populäre Touristenhotspots zu entlasten. Das Büro baut auf der Arbeit früherer Programme auf, in denen unter anderem 40 Dörfer in Italien gefördert wurden, und wird sich weiterhin auf die ländliche Erneuerung konzentrieren.

- Kategorie: 9-Digitale Plattformen, Sharing Economy und soziale Netzwerke
- Anwendungsbereich: Besuchermanagement, Besucherlenkung (Veränderung der Konsum-und Produktionsmuster durch Angebotserweiterung)
- Phase der Customer Journey: Vor und während der Reise
- Primäre Segmente: Destination/Unterkunft/B2B, B2C Anwendung

- Positive Wirkpotenziale: Veränderung der Konsummuster in Richtung Nachhaltigkeit; Verbesserte Besucherlenkung in Ballungsräumen; Stärkung der regionalen Wirtschaft
- Negative Wirkpotenziale: Touristifirzierung unbekannter Orte (einerseits Ziel, kann aber schnell zu viel Tourismus und kleinen Stadtteilen, Orten etc. werden)
- Entwicklungsstand: Adoption im Tourismus (C)
- Entwicklungsperspektive: Absolut transformativ (D)
- Laufende Nummer und Code: 114/DP-7
- Quelle: https://press.atairbnb.com via www.trendexplorer.com der TrendOne GmbH

B.9.2 Den Herkunftsort von Obst erkunden

Der australische Konfitürenhersteller Goulburn Valley Fruit hat sein Etikettierungssystem um GPS-Daten ergänzt und lässt Nutzer den Ursprungsort über eine Onlineplattform entdecken. Auf den von der Werbeagentur Leo Burnett entworfenen Etiketten sind die exakten GPS-Koordinaten angegeben, an denen das Obst für die jeweilige Konfitüre gepflückt wurde. Kunden können die Koordinaten online eingeben, um zu sehen, woher das Obst aus ihrer Konfitüre stammt. Ferner lässt sich die gesamte Plantage samt Umgebung in 360-Grad-Videos erkunden. Die Touren lassen sich sogar herunterladen und für die Planung eines Ausflugs verwenden.

- Kategorie: 9-Digitale Plattformen, Sharing Economy und soziale Netzwerke
- Anwendungsbereich: Marketing, Verkauf und Reiseplanung (Durch Multi-Channel Strategien wird die Abdeckung des Marktes verbessert und somit die Absatzmenge gesteigert; 24/7 Erreichbarkeit & Interaktion mit dem digitalen Reisenden/Kunden; Mehr Information sorgt für eine erhöhte Kundenzufriedenheit)
- Phase der Customer Journey: Vor und während der Reise
- Primäre Segmente: Reisevermittler/B2C Anwendung
- Positive Wirkpotenziale: Unterstützung der lokalen Landwirtschaft, wodurch ein fairer Umgang mit der Umwelt generiert werden kann
- Negative Wirkpotenziale: Touristifizierung kleiner Orte/Farmen
- Entwicklungsstand: Erste Anwendungen (B)
- Entwicklungsperspektive: Hoher Kundennutzen und Potenzial für C und D
- Laufende Nummer und Code: 115/DP-11
- Quelle: https://www.leoburnett.com.au via www.trendexplorer.com der TrendOne GmbH

B.9.3 Werbemarktplatz für Dienstleistungen

Über den Marktplatz „Pinnwand.io" des Berliner Start-ups Vida Ventures können Nutzer individuelle Anfragen stellen und bspw. einen Ernährungsberater, Personal Coach oder Hochzeitsfotografen suchen. Das Start-up leitet die Gesuche an passende Dienstleister in seinem Portfolio weiter, die 24 Stunden Zeit haben, um dem Suchenden ein Angebot zu unterbreiten. Ist dieser mit dem Angebot einverstanden, kommt das Geschäft zustande. Besonders Unterrichtsstunden rund um sportliche Aktivitäten sind bei „Pinnwand.io" gefragt. Das Angebot ähnelt dem von US-Diensten wie TaskRabbit, die bislang nicht global aktiv sind.

- Kategorie: 9-Digitale Plattformen, Sharing Economy und soziale Netzwerke
- Anwendungsbereich: Marketing, Verkauf und Reiseplanung (Durch Multi-Channel Strategien wird die Abdeckung des Marktes verbessert und somit die Absatzmenge gesteigert; 24/7 Erreichbarkeit & Interaktion mit dem digitalen Reisenden/Kunden; Mehr Information sorgt für eine erhöhte Kundenzufriedenheit und vereinfach)
- Phase der Customer Journey: Vor der Reise (Beeinflussung der Reiseentscheidung)
- Primäre Segmente: Alle Segmente/B2B, B2C, C2C Anwendung
- Positive Wirkpotenziale: Promotion/Angebot nachhaltiger Alternativen
- Negative Wirkpotenziale:
- Entwicklungsstand: Adoption im Tourismus (C)
- Entwicklungsperspektive: Hoher Kundennutzen und Potenzial für C und D
- Laufende Nummer und Code: 116/DP-12
- Quelle: http://pinnwand.io via www.trendexplorer.com der TrendOne GmbH

B.9.4 TripAdvisor

TripAdvisor wurde im Jahr 2000 gegründet, weil seine Gründer eine Lücke auf dem Markt für leicht zugängliche, unvoreingenommene Reiseinformationen erkannten. Heute ist es eines der bekanntesten Plattform-Unternehmen der Welt, mit einer Mission, Menschen zu helfen, die perfekte Reise zu planen und zu buchen. TripAdvisor erreicht sein Ziel, indem es Nutzern eine Plattform bietet, die nutzergenerierte Bewertungen und Meinungen über Unterkünfte, Reiseziele, Aktivitäten und Restaurants weltweit zusammenfasst und Nutzer mit Anbietern von Reiseunterkünften und Reiseleistungen verbindet, um jeden Aspekt ihrer Reise zu buchen. TripAdvisor ist ein klassisches Beispiel für ein indirektes Netzwerkeffektgeschäft. In seinem Netzwerk befinden sich typischerweise 3

Akteure: der Nutzer, TripAdvisor – die Plattform/Schnittstelle, sowie der Werbetreibende (z. B. OTAs, Hotels und andere Serviceanbieter). Da mehr Nutzer TripAdvisor nutzen und Bewertungen online hinzufügen, bewerben mehr Werbetreibende Angebote und bequeme Buchungen auf der Website, was wiederum mehr Nutzer anzieht. Mit über 200 Millionen Bewertungen hat TripAdvisor sein Geschäft erfolgreich auf indirekte Netzwerkeffekte ausgeweitet und integriert seine Dienste weiter, um die erste End-to-End-Plattform für Reisen zu werden – ein Ziel, das auch Konkurrenten wie Google Trips anstreben.

- Kategorie: 9-Digitale Plattformen, Sharing Economy und soziale Netzwerke
- Anwendungsbereich: Marketing, Verkauf und Reiseplanung (+Reputationsmanagement) (Performance Monitoring und Kundenbewertungen; Wachstum der Quantität und Qualität der online vorhandenen Kundenbewertungen (Reviews); Erleichterte Entscheidungsfindung durch User Generated Content (UGC); Live Unterstützung bei Problemen & Fragen/Wünschen)
- Phase der Customer Journey: Übergreifend für alle Phasen
- Primäre Segmente: Destination/Unterkunft/Transport/B2B, B2C Anwendung
- Positive Wirkpotenziale: Promotion/Vermittlung nachhaltiger Angebote; Beeinflussung des Konsums der Kunden in Richtung Nachhaltigkeit
- Negative Wirkpotenziale: Touristifizierung kleiner, unbekannter Orte/bewohnter Stadtteile
- Entwicklungsstand: Hohe Verbreitung (D)
- Entwicklungsperspektive: Absolut transformativ (D)
- Laufende Nummer und Code: 117/DP-1
- Quelle: https://www.tripadvisor.com/
- https://digit.hbs.org/submission/tripadvisor-book-the-perfect-trip/
- https://www.innovationtactics.com/tripadvisor-business-model-canvas/

B.9.5 Booking.com

Booking.com wurde 1996 in Amsterdam gegründet und hat sich von einem kleinen niederländischen Start-up zu einem der größten Reise-E-Commerce-Unternehmen der Welt entwickelt. Das Unternehmen gehört zur Priceline-Gruppe. Die Buchungsplattform verbindet Reisende mit der weltweit größten Auswahl an Unterkünften, darunter Apartments, Ferienhäuser, familiengeführte Bed & Breakfasts, 5-Sterne-Luxusresorts, Baumhäuser und sogar Iglus. Die Website und die mobilen Apps von Booking.com sind in über 40 Sprachen verfügbar, bieten insgesamt 28.943.869 gemeldete Einträge und decken 141.132 Reiseziele

Digitale Plattformen, Sharing Economy und soziale Netzwerke   259

in 230 Ländern und Territorien weltweit ab. Als ein von Kunden geführtes Unternehmen beschäftigt Booking.com heute mehr als 2.000 Technologieexperten, die an der Produktentwicklung arbeiten und künstliche Intelligenz und maschinelles Lernen einsetzen, um die Daten so zu extrahieren, dass sie anspruchsvolle Dienste für Reisende zu entwickeln können. Mit seinem Booking Booster-Programm war das Unternehmen 2017 das erste Unternehmen seiner Art, das gezielt Startup-Unternehmen unterstützt, die sich auf die Förderung einer nachhaltigen Tourismusentwicklung konzentrieren.

- Kategorie: 9-Digitale Plattformen, Sharing Economy und soziale Netzwerke
- Anwendungsbereich: Marketing, Verkauf und Reiseplanung (+Reputationsmanagement) (Durch Multi-Channel Strategien wird die Abdeckung des Marktes verbessert und somit die Absatzmenge gesteigert; 24/7 Erreichbarkeit & Interaktion mit dem digitalen Reisenden/Kunden; Mehr Information sorgt für eine erhöhte Kundenzufriedenheit und vereinfach)
- Phase der Customer Journey: Vor der Reise (Beeinflussung der Reiseentscheidung)
- Primäre Segmente: Unterkunft/B2B, B2C Anwendung
- Positive Wirkpotenziale: Promotion/Vermittlung nachhaltiger Angebote; Beeinflussung des Konsums der Kunden in Richtung Nachhaltigkeit
- Negative Wirkpotenziale: Verstärktes Gesamtaufkommen von Touristen
- Entwicklungsstand: Hohe Verbreitung (D)
- Entwicklungsperspektive: Absolut transformativ (D)
- Laufende Nummer und Code: 118/DP-2
- Quelle: www.booking.com
- https://www.independent.co.uk/news/business/analysis-and-features/a-view-from-the-top-gillian-tans-ceo-booking-com-travel-priceline-group-a7802661.html

B.9.6 Facebook

Facebook ist das beliebteste soziale Netzwerk mit 1,55 Milliarden monatlichen Nutzern und mehr als 450 Millionen täglichen Nutzern. Aufgrund der großen und sehr aktiven globalen Community von Nutzern, die Meinungen, Empfehlungen und Kommentare über die Plattform austauschen, ist Facebook zu einem wichtigen Werkzeug für die Reisebranche geworden – insbesondere bei der Entscheidungsfindung, der Erstellung von Marketingkampagnen und der Kommunikation mit Kunden. Facebook hat über viele Jahre als Werbe- und Retargeting-Plattform für Reisemarken an Relevanz gewonnen und ist weit mehr als ein soziales Netzwerk geworden. Schließlich erweitert es kontinuierlich die Reichweite mit Instagram, Facebook Messenger, WhatsApp, Oculus und anderen integrierten Widgets und Apps wie Shopping, Reviews und Mapping-Funktionalität. So sind beispielsweise Messaging und Chatbots wertvolle Werkzeuge, um mit den Verbrauchern vor der Buchung, während der Reise, im Zielort und im Marketing nach der Reise Kontakt aufzunehmen.

- Kategorie: 9-Digitale Plattformen, Sharing Economy und soziale Netzwerke
- Anwendungsbereich: Marketing, Verkauf und Reiseplanung (+Reputationsmanagement) (Performance Monitoring (z. B.von Events) und Kundenbewertungen; Wachstum der Quantität und Qualität der online vorhandenen Kundenbewertungen (Reviews); Erleichterte Entscheidungsfindung durch User Generated Content (UGC); Live Unterstützung bei Problemen &)
- Phase der Customer Journey: Übergreifend für alle Phasen
- Primäre Segmente: Destination/Transport/Unterkunft/Reisevermittler/B2B, B2C Anwendung
- Positive Wirkpotenziale: Stärkung nachhaltiger, lokaler Angebote durch Anpassung des Service an nachhaltigen Gedanken der Nutzer; Beeinflussung des Konsums der Nutzer in Richtung Nachhaltigkeit durch gezieltes Marketing (wechselseitige steuerung); Effizienzsteigerung
- Negative Wirkpotenziale:
- Entwicklungsstand: Hohe Verbreitung (D)
- Entwicklungsperspektive: Absolut transformativ (D)
- Laufende Nummer und Code: 119/DP-14
- Quelle: https://skift.com/2017/02/28/new-skift-research-report-a-deep-dive-into-facebooks-impact-on-travel/

B.9.7 Instagram

Instagram ist ein Foto- und Video-Sharing-Dienst für soziale Netzwerke, der Facebook gehört. Seit seiner Gründung im Oktober 2010 hat Instagram große Fortschritte in der Welt der sozialen Medien gemacht und zählt heute über 1 Milliarde Nutzer weltweit. Die Platform ermöglicht es Benutzern, Inhalte hochzuladen und ihr Leben mit der Welt durch Fotos und Videos in Echtzeit zu teilen. Aufgrund seiner enormen visuellen Kraft ist Instagram eines der meist beliebtesten Instrumente für Tourismusunternehmen und Destinationen geworden. Das Resultat: mit mehr als 150 Millionen Fotos, die mit dem Hashtag #travel getaggt sind, und Millionen von Fotos, die mit verschiedenen Reisezielen (#Berlin, #Roma, # Gijón) getaggt sind, ist der Tourismus einer der wichtigsten Inhalte in diesem sozialen Netzwerk geworden.

- Kategorie: 9-Digitale Plattformen, Sharing Economy und soziale Netzwerke
- Anwendungsbereich: Marketing, Verkauf und Reiseplanung (+reputationsmanagement) (Performance Monitoring (z. B.von Events) und Kundenbewertungen; Wachstum der Quantität und Qualität der online vorhandenen Kundenbewertungen (Reviews); Erleichterte Entscheidungsfindung durch User Generated Content (UGC); Live Unterstützung bei Problemen &)
- Phase der Customer Journey: Übergreifend für alle Phasen
- Primäre Segmente: Destination/Transport/Unterkunft/Reisevermittler/B2B, B2C Anwendung
- Positive Wirkpotenziale: Stärkung nachhaltiger, lokaler Angebote; Beeinflussung des Konsums der Nutzer in Richtung Nachhaltigkeit durch gezieltes Marketing und Vermittlung von Emotionen; Effizienzsteigerung
- Negative Wirkpotenziale: Touristifizierung unbekannter Orte (Auslösen von Emotionen durch Bilder)
- Entwicklungsstand: Hohe Verbreitung (D)
- Entwicklungsperspektive: Absolut transformativ (D)
- Laufende Nummer und Code: 120/DP-15
- Quelle: https://www.nationalgeographic.com/travel/travel-interests/arts-and-culture/how-instagram-is-changing-travel/
- https://dilsecreativo.com/instagram-y-turismo/

B.9.8 Twitter

Seitdem Twitter – der Online-Nachrichten- und Social-Networking-Service – 2006 gegründet wurde, ist es zu einem der wichtigsten Kommunikationskanäle weltweit geworden. Während Nachrichten (Tweets) ursprünglich auf 140 Zeichen beschränkt waren, können diese seit 2017 die doppelte Menge an Zeichen beinhalten. Registrierte Benutzer können Tweets posten oder Tweets von anderen teilen, liken und kommentieren. Für die direkte Kommunikation mit den Kunden, Marketing, Performance Evaluierung und vielen anderen Aktivitäten bietet Twitter Tourismusunternehmen viele Möglichkeiten. Die Schnelligkeit, mit der Informationen durch das Netzwerk zirkulieren; der immer grösser werdende Verzicht der Millenials auf Facebook; sowie die Macht der Gruppenkonversationen durch Hashtags, machen Twitter zu einem besonderen Netzwerk mit Qualitäten, die auch im Tourismus sehr geschätzt werden.

- Kategorie: 9-Digitale Plattformen, Sharing Economy und soziale Netzwerke
- Anwendungsbereich: Marketing, Verkauf und Reiseplanung (+reputationsmanagement) (Performance Monitoring und Kundenbewertungen;

Wachstum der Quantität und Qualität der online vorhandenen Kundenbewertungen (Reviews); Erleichterte Entscheidungsfindung durch User Generated Content (UGC); Live Unterstützung bei Problemen & Fragen/Wünschen)
- Phase der Customer Journey: Übergreifend für alle Phasen
- Primäre Segmente: Destination/Transport/Unterkunft/Reisevermittler/B2C Anwendung
- Positive Wirkpotenziale: Kommunikation nachhaltiger Angebote um den Konsum der Kunden zu beeinflussen (in Richtung Nachhaltigkeit)
- Negative Wirkpotenziale:
- Entwicklungsstand: Hohe Verbreitung (D)
- Entwicklungsperspektive: Absolut transformativ (D)
- Laufende Nummer und Code: 121/DP-16
- Quelle: https://about.twitter.com/en_us
- https://www.forbes.com/sites/christianwolan/2011/04/14/the-real-story-of-twitter/#15c0f41b66af

B.9.9 Eatwith

Eatwith (früher: VizEat –in 2014 in Paris gegründet) ist die weltweit grösste „Social-Eating-Plattform", die Reisende durch authentischen kulinarischen Erlebnissen mit lokalen Gastgebern verbindet. Die Platform wird auch das „Airbnb für die Gastronomie" genannt. Unter den Angeboten können Gäste ein Essen bei Einheimischen, sowie Kochkurse und Essenstouren finden. Dabei müssen Gastgeber keine professionellen Köche sein, zudem müsen Gäste nicht nur Besucher sein, sondern können auch Einheimische sein, die neue Leute kennen lernen wollen oder/und neue Rezepte erlernen wollen. Über die Jahre hat das Unternehmen mehrere Wettbewerber akquisiert und hat Partnerschaften mit führenden Lebensmittel-, Reise- und Technologieunternehmen, darunter TripAdvisor, Ctrip und Huawei.

- Kategorie: 9-Digitale Plattformen, Sharing Economy und soziale Netzwerke
- Anwendungsbereich: Sharing Modelle (Sharing Economy Modell: Bildung und Veränderung der Konsum-und Produktionsmuster durch Angebotserweiterung)
- Phase der Customer Journey: Vor der Reise (Beeinflussung der Reiseentscheidung)
- Primäre Segmente: Destination/B2B, B2C Anwendung

- Positive Wirkpotenziale: Promotion/Vermittlung nachhaltiger Angebote; Beeinflussung des Konsums der Kunden in Richtung Nachhaltigkeit
- Negative Wirkpotenziale:
- Entwicklungsstand: Adoption im Tourismus (C)
- Entwicklungsperspektive: Hoher Kundennutzen und Potenzial für C und D
- Laufende Nummer und Code: 122/DP-3
- Quelle: https://www.eatwith.com/
- https://www.wysetc.org/2018/01/dining-platform-vizeat-rebrands-to-newly-acquired-eatwith/
- http://www.elmundo.es/f5/descubre/2017/01/04/586b97bc268e3e10208b45f1.html

B.9.10 Privates Carsharing an Flughäfen

Die amerikanische Plattform „Flightcar" nimmt den Wettbewerb mit Anbietern von privatem Carsharing auf, indem sie sich Reisende als Zielgruppe auswählt. Über „Flightcar" können Flugreisende für die Dauer ihres Urlaubs ihr Auto verleihen. In dem Geschäftsmodell wird der Umstand berücksichtigt, dass Parkgebühren an Flughäfen schnell teurer werden können als der Urlaub selbst. Reisende können durch das Verleihen ihres Fahrzeugs über „Flightcar" sogar etwas dazuverdienen. Ankommende Passagiere an Flughäfen dürften sich wiederum über niedrigere Mietpreise im Vergleich zu etablierten Anbietern freuen.

- Kategorie: 9-Digitale Plattformen, Sharing Economy und soziale Netzwerke
- Anwendungsbereich: Sharing Modelle (Sharing Economy Modell: Bildung und Veränderung der Konsum-und Produktionsmuster durch Angebotserweiterung)
- Phase der Customer Journey: Während der Reise
- Primäre Segmente: Transport/B2C Anwendung
- Positive Wirkpotenziale: Veränderung der Konsummuster in Richtung Nachhaltigkeit; Minimierung des Ressourcenverbrauchs (weniger Bedarf an extra gekauften Mietwagen)
- Negative Wirkpotenziale: Intensivierung des Individualverkehrs in Destinationen, da Miete für Touristen preiswert
- Entwicklungsstand: Erste Anwendungen (B)
- Entwicklungsperspektive: Mittleres Potential (B)
- Laufende Nummer und Code: 123/DP-4
- Quelle: http://flightcar.com via www.trendexplorer.com der TrendOne GmbH

B.9.11 Einheimische verleihen ihren Besitz an Touristen

Der Marktplatz „AsapNinja" verbindet Einheimische und Touristen mit dem Ziel, dass sich Reisende Gegenstände für ihren Aufenthalt vor Ort gegen eine Gebühr leihen können. Das Start-up denkt dabei besonders an sperrige Dinge wie Kinderwagen oder Sportausrüstung, deren Transport teuer ist. Wer etwas verleihen möchte, kann seine Gegenstände bei „AsapNinja" einfach auflisten und die Bedingungen für die Ausleihe bestimmen. Reisende können je nach Bedarf nach bestimmten Dingen suchen und Kontakt zum Verleiher aufnehmen. Der positive Nebeneffekt ist, dass Menschen aus verschiedenen Ländern, aber mit gleichen Interessen miteinander in Kontakt kommen.

- Kategorie: 9-Digitale Plattformen, Sharing Economy und soziale Netzwerke
- Anwendungsbereich: Sharing Modelle (Sharing Economy Modell: Bildung und Veränderung der Konsum-und Produktionsmuster durch Angebotserweiterung)
- Phase der Customer Journey: Während der Reise
- Primäre Segmente: Destination/B2C Anwendung
- Positive Wirkpotenziale: Veränderung der Konsummuster in Richtung Nachhaltigkeit; Minimierung des Ressourcenverbrauchs (z. B. Kraftstoff weil Touristen spärriges Gepäck nicht selbst mitnehmen)
- Negative Wirkpotenziale:
- Entwicklungsstand: Erste Anwendungen (B)
- Entwicklungsperspektive: Hoher Kundennutzen und Potenzial für C und D
- Laufende Nummer und Code: 124/DP-6
- Quelle: http://www.asapninja.com via www.trendexplorer.com der TrendOne GmbH

B.9.12 Hausgemachtes Essen am Reiseziel finden

„AirBites" will das Prinzip von Airbnb auf das Essen übertragen und verbindet Reisende an ihren Reisezielen mit Menschen, die zu Hause für sie kochen. In einer Suchmaske können Nutzer Informationen über den Gastgeber, die Location und die angebotenen Speisen erhalten, ihre Favoriten kontaktieren und dort gegen Bezahlung speisen. Nach dem Essen können sich der Gast und der Gastgeber gegenseitig bewerten. Entwickelt wurde das Konzept von Studenten der Miami Ad School in Berlin, die ihre Idee allerdings nicht selbst umsetzen möchten. Stattdessen bieten sie ihre Idee Unternehmern zur Weiterentwicklung und Realisierung an.

- Kategorie: 9-Digitale Plattformen, Sharing Economy und soziale Netzwerke
- Anwendungsbereich: Sharing Modelle (Sharing Economy Modell: Bildung und Veränderung der Konsum-und Produktionsmuster durch Angebotserweiterung)
- Phase der Customer Journey: Während der Reise
- Primäre Segmente: Destination/B2C Anwendung
- Positive Wirkpotenziale: Veränderung der Konsummuster, Minimierung des Ressourcenverbrauch (Einheimische kochen so oder so für sich selbst, vergrößern einfach die Portionen); Kulturaustausch
- Negative Wirkpotenziale:
- Entwicklungsstand: Erste Versuche (A+B)
- Entwicklungsperspektive: Hoher Kundennutzen und Potenzial für C und D
- Laufende Nummer und Code: 125/DP-8
- Quelle: https://www.facebook.com via www.trendexplorer.com der Trend-One GmbH

B.9.13 Die Harmonisierung des Individualverkehrs

Toyota hat mit der Stadtverwaltung von Toyota City und öffentlichen Verkehrsbetrieben gemeinsam das Verkehrssystem „Ha: mo" entwickelt, das die intelligente Vernetzung des Individualverkehrs mit dem öffentlichen Verkehrssystem voranbringen soll. „Harmonious Mobility Network" besteht aus „Ha: mo Navi", einer individualisierbaren Routenführung, die verschiedene Verkehrsmittel wie Bus, Bahn oder Auto miteinbezieht. Zum anderen wird mit „Ha: mo Ride" ein Cahrsharing-System angeboten, bei dem Nutzer über ihre Smartphones Elektroautos an Bahnhöfen reservieren und anschließend anmieten können.

- Kategorie: 9-Digitale Plattformen, Sharing Economy und soziale Netzwerke
- Anwendungsbereich: Sharing Modelle (Sharing Economy Modell: Bildung und Veränderung der Konsum-und Produktionsmuster durch Angebotserweiterung)
- Phase der Customer Journey: Während der Reise
- Primäre Segmente: Transport/B2C Anwendung
- Positive Wirkpotenziale: Veränderung der Konsummuster in Richtung Nachhaltigkeit (Carsharing, öffentlicher Verkehr) = Minimierung des Ressourcenverbrauchs; Bewusstseinsbildung; Verbesserte Besucherlenkung in Ballungsräumen; Vermeidung von Wartezeiten und Staus
- Negative Wirkpotenziale: Energieverbrauch für Transport anstelle der Wahl nachhaltigerer Alternativen (Fahrradwege in der Stadt)

- Entwicklungsstand: Adoption im Tourismus (C)
- Entwicklungsperspektive: Hoher Kundennutzen und Potenzial für C und D
- Laufende Nummer und Code: 126/DP-9
- Quelle: http://www.toyota.co.jp via www.trendexplorer.com der TrendOne GmbH

B.9.14 Soziales Netzwerk für Aktivitäten

„BlindAd" heißt das neue soziale Netzwerk, gegründet von den Freiburgern Nicolas und Dominic Amann, bei dem sich Unbekannte zu Freizeitaktivitäten verabreden. Es wendet sich damit gegen die Folge von anderen sozialen Netzwerken, dass soziale Kontakte nur noch über das Internet stattfinden. Organisiert ist das Ganze über so genannte Adventures, an denen die Nutzer teilnehmen, so zum Beispiel Sport, Ausgehen oder Feiern. Die Adventures werden von den Nutzern eingetragen, die dabei auch Alter und Anzahl der Teilnehmer festlegen.

- Kategorie: 9-Digitale Plattformen, Sharing Economy und soziale Netzwerke
- Anwendungsbereich: Sharing Modelle (Sharing Economy Modell: Bildung und Veränderung der Konsum-und Produktionsmuster durch Angebotserweiterung)
- Phase der Customer Journey: Vor und während der Reise
- Primäre Segmente: Reisevermittler/B2C Anwendung
- Positive Wirkpotenziale: Promotion nachhaltiger Freizeitaktivitäten; Bewusstseinslenkung der Nutzer
- Negative Wirkpotenziale: Verstärktes Gesamtaufkommen von Touristen, da sie sich mehr zu Aktivitäten verabreden
- Entwicklungsstand: Adoption im Tourismus (C)
- Entwicklungsperspektive: Hoher Kundennutzen und Potenzial für C und D
- Laufende Nummer und Code: 127/DP-10
- Quelle: http://www.blindad.de via www.trendexplorer.com der TrendOne GmbH

B.9.15 Airbnb

Airbnb wurde 2008 gegründet und entstand aus der persönlichen Erfahrung seiner Gründer, die begonnen hatten, Menschen auf ihren Luftmatratzen in San Francisco zu übernachten lassen. Heute bietet Airbnb in mehr als 191 Ländern Zugang zu Millionen von lokalen Übernachtungsmöglichkeiten, von Apartments und Villen bis hin zu Schlössern, Baumhäusern und B&Bs und wurde zur weltweit erfolgreichsten Sharing-Plattform. Im Laufe der Jahre hat sich das Angebot erweitert und bietet heute nicht nur Unterkünfte, sondern bspw. auch Aktivitäten wie Ausflüge oder Meeting-Räume an. Aufgrund des enormen Wachstums des Unternehmens, das die Art und Weise verändert hat, wie und wo Menschen sich in Destinationen bewegen, wird Airbnb als einer der Hauptgründe für das Phänomen des „Übertourismus" angesehen, die derzeit den Tourismussektor bewegt.

- Kategorie: 9-Digitale Plattformen, Sharing Economy und soziale Netzwerke
- Anwendungsbereich: Sharing Modelle (Sharing Economy Modell: Bildung und Veränderung der Konsum-und Produktionsmuster durch Angebotserweiterung)
- Phase der Customer Journey: Vor der Reise (Beeinflussung der Reiseentscheidung)
- Primäre Segmente: Unterkunft/B2B, B2C Anwendung
- Positive Wirkpotenziale: Promotion/Vermittlung nachhaltiger Angebote; Beeinflussung des Konsums der Kunden in Richtung Nachhaltigkeit
- Negative Wirkpotenziale: Verstärktes Gesamtaufkommen von Touristen; Touristifizierung kleiner Stadtteile/Bewohnerviertel
- Entwicklungsstand: Hohe Verbreitung (D)
- Entwicklungsperspektive: Absolut transformativ (D)
- Laufende Nummer und Code: 128/DP-13
- Quelle: https://press.airbnb.com/about-us/
- https://www.welt.de/wirtschaft/article121384897/Alles-begann-mit-Luftmatratze-und-Fruehstueck.html
- https://skift.com/2018/09/17/skift-global-forum-preview-airbnbs-greg-greeley-on-building-a-travel-superbrand/

B.9.16 Integration von Inhalten im Trip Journal

Mit der App von esplor.io können energiesparend Routen getrackt und dann auf einfache Weise geteilt werden. So entsteht ein Trip Journal. Möglich ist aber auch die Integration bestehender Inhalte aus anderen sozialen Netzwerken (Facebook, Twitter, Foursquare, Tripcase, TripIt, Instagram).

- Kategorie: 9-Digitale Plattformen, Sharing Economy und soziale Netzwerke
- Anwendungsbereich: Sharing Modelle (Sharing Economy Modell: Bildung und Veränderung der Konsum-und Produktionsmuster durch Angebotserweiterung)
- Phase der Customer Journey: Nach der Reise
- Primäre Segmente: Reiseerlebnisse/B2C Anwendung

- Positive Wirkpotenziale: Beeinflussung der Nutzer in Richtung Nachhaltigkeit; Angebote nachhaltiger Alternativen
- Negative Wirkpotenziale: Touristifizierung bisher relativ unbekannter Orte; Größeres Gesamtaufkommen von Touristen (Auslösen von Emotionen durch Bilder und persönlicher Meinung = vermehrte Reiseentscheidung)
- Entwicklungsstand: Adoption im Tourismus (C)
- Entwicklungsperspektive: Gerniges Potenzial (A)
- Laufende Nummer und Code: 129/DP-17
- Quelle: https://esplor.io via Köhn/UBA (Fachgespräch 16.1.19)

Quellenverzeichnis

Alle aufgeführten Onlinedokumente wurden bei Beginn der Recherche-Arbeiten im März 2018 verarbeitet.

Accenture. 2018. "Accenture Technology Vision 2018".

Adigital Compass. 2015. "Digital Business Tendencies 2015". Madrid, Spain: ADigital Compass.

Airbnb. 2019. „Reisebericht 2018".

Airey, Will. 2018. "Meet the Hyperconnected Museums of the Future". 2018. https://data-speaks.luca-d3.com/2018/05/hyperconnected-museums.html.

Ajzen, Icek. 1991. "The Theory of Planned Behavior". *Organizational Behavior and Human Decision Processes* 50 (2): 179–211. https://doi.org/10.1016/0749-5978(91)90020-T.

Ajzen, Icek, und B.L. Driver. 1992. "Application of the Theory of Planned Behavior to Leisure Choice". *Journal of Leisure Research* 24 (3): 207–24.

Ajzen, Icek, und Martin Fishbein. 1977. "Attitude-behavior relations: A theoretical analysis and review of empirical research." *Psychological Bulletin* 84 (5): 888–918. https://doi.org/10.1037/0033-2909.84.5.888.

Amadeus IT Group SA. 2016. "Defining the Future of Travel through Intelligence". Madrid.

Andrae, Anders, und Tomas Edler. 2015. "On Global Electricity Usage of Communication Technology: Trends to 2030". *Challenges* 6 (1): 117–57. https://doi.org/10.3390/challe6010117.

Andreoni, James. 1990. "Impure Altruism and Donations to Public Goods: A Theory of Warm-Glow Giving". *The Economic Journal* 100 (401): 464. https://doi.org/10.2307/2234133.

Arushanyan, Yevgeniya. 2016. "Environmental Impacts of ICT: Present and Future". Stockhuolm Univ.

Auger, Pat, und Timothy M. Devinney. 2007. "Do What Consumers Say Matter? The Misalignment of Preferences with Unconstrained Ethical Intentions". *Journal of Business Ethics* 76 (4): 361–83. https://doi.org/10.1007/s10551-006-9287-y.

Balaš, Martin, und Hartmut Rein. 2016. „Nachhaltigkeit im Deutschlandtourismus (Praxisleitfaden)".

Balaš, Martin, und Wolfgang Strasdas. 2018. „Nachhaltigkeit im Tourismus: Entwicklungen, Ansätze und Begriffsklärung". Dessau-Roßlau.

Balsmeier, Benjamin, und Martin Wörter. 2017. „Identifikation und Bewertung von wirtschaftlichen Entwicklungen im Bereich Digitalisierung aufgrund vorhandener Literatur". Zürich. https://doi.org/10.3929/ethz-b-000166035.

Beeco, J. Adam, und Jeffrey C. Hallo. 2014. "GPS Tracking of Visitor Use: Factors Influencing Visitor Spatial Bahavior on a Complex Trail System". *Journal of Park and Recreation Administration* 32 (2): 43–61.

Behrendt, Siegfried, Michael Scharp, Roland Zieschank, und Jo van Nouhuys. 2015. „,Horizon Scanning' und Trendmonitoring als ein Instrument in der Umweltpolitik zur strategischen Früherkennung und effizienten Politikberatung – Konzeptstudie". Dessau-Roßlau.

Berger, Markus, und Matthias Finkbeiner. 2017. „Vereinfachte Umweltbewertung des Umweltbundesamtes (VERUM 2.0)". Dessau-Roßlau.

Bockstael, Nancy E., und A. Myrick Freeman. 2005. "Welfare Theory and Valuation". In *Handbook of Environmental Economics, Vol. 2*, herausgegeben von Karl-Göran Mäler und Jeffrey R. Vincent, 517–70. Amsterdam: Elsevier. https://doi.org/10.1016/S1574-0099(05)02012-7.

Bonde, Alexander. 2018. „Digitalisierung und Nachhaltigkeit – Chancen nutzen, Probleme eingrenzen (Deutsche Bundesstiftung Umwelt, Bits & Bäume 2018)".

Börjesson Rivera, Miriam, Cecilia Håkansson, Åsa Svenfelt, und Göran Finnveden. 2014. „Including second order effects in environmental assessments of ICT". *Environmental Modelling & Software* 56 (Juni): 105–15. https://doi.org/10.1016/j.envsoft.2014.02.005.

Botsman, Rachel, und Roo Rogers. 2010. *What's mine is yours: the rise of collaborative consumption*. New York, NY: Haper Business.

Brynjolfsson, Erik, und Andrew McAfee. 2014. *The Second Machine Age*. New York NY: W.W. Norton.

Bundesanstalt für Finanzidenstleistungsaufsicht BaFin. 2018. „Big Data trifft auf künstliche Intelligenz". Bonn.

Bundesministerium für Bildung und Forschung (BMBF). 2018. „Nachhaltigkeitsforschung sozial-ökologisch gestalten: Agenda-Konferenz für die Sozialökologische Forschung; 19./20. September 2018, Kongress Palais Kassel". Bonn/Berlin.

Bundesregierung. 2018. „Strategie Künstliche Intelligenz, 13.11.2018".

Bundesverband der Deutschen Tourismuswirtschaft (BTW). 2017. „Wirtschaftsfaktor Tourismus in Deutschland – Kennzahlen einer umsatzstarken Querschnittsbranche: Ergebnisbericht". Berlin.

Bundesverband Informationswirtschaft Telekommunikation und neue Medien e.V. (BITKOM). 2012. „Big Data im Praxiseinsatz – Szenarien, Beispiele, Effekte". Berlin.

Busch, Christoph, Vera Demary, Barbara Engels, Justus Haucap, Christiane Kehder, Ina Loebert, und Christian Rusche. 2018. "Sharing Economy im Wirtschaftsraum Deutschland: Analyse des Stellenwerts im Allgemeinen sowie Untersuchung der Handlungsoptionen im Einzelsegment ,Vermittlungsdienste für Privatunterkünfte'". Berlin.

Caruana, Robert, Michal J. Carrington, und Andreas Chatzidakis. 2016. ""Beyond the Attitude-Behaviour Gap: Novel Perspectives in Consumer Ethics": Introduction to the Thematic Symposium". *Journal of Business Ethics* 136 (2): 215–18. https://doi.org/10.1007/s10551-014-2444-9.

Cerdan Schwitzguébel, Aurélie, und Oriol Romero Bartomeus. 2018. "Location-Based Social Network Data for Exploring Spatial and Functional Urban Tourists and Residents Consumption Patterns". *ARA: Revista de Investigación en Turismo* 8 (2): 35–52.

Cohen, Scott A., und Debbie Hopkins. 2019. "Autonomous vehicles and the future of urban tourism". *Annals of Tourism Research* 74 (September 2018): 33–42. https://doi.org/10.1016/j.annals.2018.10.009.

CRED-T. 2018. „Tourismusrelevante Trends und Entwicklungen". Bern.

Davies, Iain A., Zoe Lee, und Ine Ahonkhai. 2012. "Do Consumers Care About Ethical-Luxury?" *Journal of Business Ethics* 106 (1): 37–51. https://doi.org/10.1007/s10551-011-1071-y.

Deloitte. 2017. "Tech Trends 2018: The symphonic enterprise".

Demunter, Christophe. 2017. "Tourism statistics: early adopters of big data?" Luxemburg: European Commission, DG EUROSTAT.

Deuber, Andreas, und Lisa Möller. 2017. „Digitalisierung im Tourismus – Veränderung der Geschäftsprozesse". In *World Economic Forum (WEF)*. Davos: Hochschule für Technik und Wirtshaft HTW Chur.

Deutsche Umwelthilfe. 2018. „Nachhaltigkeit von Geschäftsmodellen in der Informations- und Kommunikationstechnik". Radolfzell.

Dibra, Mirjam. 2015. "Rogers Theory on Diffusion of Innovation-The Most Appropriate Theoretical Model in the Study of Factors Influencing the Integration of Sustainability in Tourism Businesses". *Procedia – Social and Behavioral Sciences* 195 (Juli): 1453–62. https://doi.org/10.1016/j.sbspro.2015.06.443.

Eagles, Paul F J, Stephen F McCool, Cristopher D Haynes, World Tourism Organization, International Union for Conservation of Nature Resources, und Natural. 2002. *Sustainable Tourism in Protected Area*. https://doi.org/10.2305/IUCN.CH.2002.PAG.8.en.

Eijgelaar, Eke, Paul Peeters, Kim de Bruijn, und Rob Dirven. 2016. *Travelling large in 2015: The carbon footprint of Dutch holidaymakers in 2015 and the development since 2002*. Breda: NHTV Breda.

Eisenstein, Bernd, Julian Reif, Dirk Schmücker, Manon Krüger, und Rebekka Weis. 2019. *Geschäftsreisen: Merkmale, Anlässe, Effekte*. Konstanz: UVK.

Erdmann, Lorenz, und Lorenz Hilty. 2009. „Einfluss von RFID-Tags auf die Abfallentsorgung". Dessau-Roßlau.

etventure. 2018. „Studie Digitale Transformation 2018". Berlin.

Eurostat. 2013. "Methodological manual for tourism statistics. Version 2.1". Luxembourg.

Eurostat. 2018. "Sustainable development in the European Union". Luxembourg.

Fairfax, Russell James, Ralph MacKenzie Dowling, und Victor John Neldner. 2014. "The use of infrared sensors and digital cameras for documenting visitor use patterns: a case study from D'Aguilar National Park, south-east Queensland, Australia". *Current Issues in Tourism* 17 (1): 72–83. https://doi.org/10.1080/13683500.2012.714749.

Ferreboeuf, Hugues, Maxime Efoui-Hess, und Zeynep Kahraman. 2019. "Lean ICT: Towards Digital Sobriety".

Ford, Martin R. 2015. *Rise of the robots : technology and the threat of a jobless future*. New York NY: Basic Books.

Forsa Politik- und Sozialforschung. 2018. „Die Digitalisierung und die Folgen für die Umwelt: Sichtweisen und Bewertungen der Bundesbürger (DBU-Umweltmonitor Digitalisierung)". Berlin.

Fraunhofer ISI. 2018. „Digitalisierung ökologisch nachhaltig nutzbar machen". Karlsruhe: Fraunhofer ISI.

Freeman, A. Myrick, Joseph A. Herriges, und Catherine L. King. 2014. *The Measurement of Environmental and Resource Values : Theory and Methods*. 3rd ed. RFF Press.

Freitag, Rolf D. 2017. „Der World Travel Monitor®". In *Marktforschung für Destinationen*, herausgegeben von Bernd Eisenstein, 233–41. Berlin: ESV.

Frey, Carl Benedikt, und Michael A. Osborne. 2013. "The future of employment : how susceptible are jobs to computerisation?" Oxford.

Frick, Roman, Benjamin Belart, Martin Schmied, Bente Grimm, und Dirk Schmücker. 2014. „Langstreckenmobilität – Aktuelle Trends und Perspektiven". Bern/Kiel.

Friedrichsen, Nele. 2017. „Kurzstudie – Potenziale der Digitalisierung für den Klimaschutz". Karlsruhe.

Fuchs, Matthias, Wolfram Hoepken, und Maria Lexhagen. 2014. "Big data analytics for knowledge generation in tourism destinations" 3: 198–209.

Fundación Orange. 2016. „Die digitale Transformation des Tourismussektors". Madrid.

Ganglmair-Wooliscroft, Alexandra, und Ben Wooliscroft. 2016. "Diffusion of innovation: The case of ethical tourism behavior". *Journal of Business Research* 69 (8): 2711–20. https://doi.org/10.1016/j.jbusres.2015.11.006.

Gartner Inc. 2011. "Gartner Says Solving 'Big Data' Challenge Involcves More Than Just Managing Volumes of Data". 2011. https://www.gartner.com/newsroom/id/1731916.

Gerlach, Robert. 2018. "Sustainable product and business model innovation (Bits & Bäume 2018)".

Gheondea-Eladi, Alexandra. 2016. "The evolution of certainty in a small decision-making group by consensus". *Group decision and negotiation*. Group decision and negotiation. – Dordrecht : Springer, ISSN 0926-2644, ZDB-ID 1155213x. – Vol. 25.2016, 1, p. 127–155. Dordrecht: Springer. https://doi.org/10.1007/s10726-015-9436-8 [DOI].

Global Sustainable Tourism Council. 2013. "Global Sustainable Tourism Council Criteria and Suggested Performance Indicators for Destinations, Version 1". Washington DC.

GlobalData Technology. 2018. "Top 6 technology trends to watch out for in the travel and tourism industry in 2018". 2018. https://www.globaldata.com/top-6-technology-trends-watch-travel-tourism-industry-2018/.

Gössling, Stefan, Martin Lohmann, Bente Grimm, und Daniel Scott. 2017. "Leisure travel distribution patterns of Germans: Insights for climate policy". *Case Studies on Transport Policy* 5 (4): 596–603. https://doi.org/10.1016/j.cstp.2017.10.001.

Grimm, Bente, Henrike Beer, Wolfgang Günther, Birgit Weerts, Petra Bollich, und Martina Kohl. 2009. „Der touristische Klima-Fußabdruck". Frankfurt am Main.

Grimm, Bente, Mathis Korok, Jobst Schlennstedt, Dirk Schmücker, Ulf Sonntag, und Heiko Wenzel. 2018. "Tourism Crowding in Cruise Ports – A Comparative Study". Rostock.

Gröger, Jens. 2018. „Indikatoren für Cloud-Computing". In *Fachkonferenz „Eco Upgrade for Data Services – Digitalisierung mit der Green Cloud"*. Frankfurt/Main.

Günther, Wolfgang, Bente Grimm, und Kirsten Havers. 2013. „Machbarkeitsstudie zum klimafreundlichen Tourismus im Wattenmeer". Husum.

Günther, Wolfgang, Bente Grimm, Astrid Koch, Martin Lohmann, und Dirk Schmücker. 2014. „Nachfrage für Nachhaltigen Tourismus". Kiel. https://doi.org/0.13140/RG.2.2.21079.78246.

Guttentag, Daniel Adams. 2016. "Why tourists choose Airbnb: A motivation-based segmentation study underpinned by innovation concepts". University of Waterloo.

Hall, C. Michael. 2013. "Framing behavioural approaches to understanding and governing sustainable tourism consumption: beyond neoliberalism, "nudging" and "green growth"?" *Journal of Sustainable Tourism* 21 (7): 1091–1109. https://doi.org/10.1080/09669582.2013.815764.

Hallo, Jeffrey C., J. Adam Beeco, Cari Goetcheus, John McGee, Nancy Gard McGehee, und William C. Norman. 2012. "GPS as a Method for Assessing Spatial and Temporal Use Distributions of Nature-Based Tourists". *Journal of Travel Research* 51 (5): 591–606. https://doi.org/10.1177/0047287511431325.

Hanegraaf, Randall, Nicole Jonker, Steven Mandley, und Jelle Miedema. 2018. "Life cycle assessment of cash payments". No. 610. DNB Working Paper.

Hermes, Johannes, Christian Albert, Dirk Schmücker, Jan Barkmann, und Christina von Haaren. 2018. „Die Qualität der Landschaft für Feierabend- und Wochenenderholung in Deutschland: Potenzial, Dargebot, Präferenzen, Nutzung. Ergebnisse des F+E-Vorhabens ‚Erfassung und Bewertung kultureller Ökosystemleistungen in Deutschland' (Entwurf vom 1.6.2018)".

Herweijer, Celine, Benjamin Combes, Leo Johnson, Rob McCargow, Sahil Bhardwaj, Bridget Jackson, und Pia Ramchandani. 2018. "Enabling a sustainable Fourth Industrial Revolution: how G20 countries can create the conditions for emerging technologies to benefit people and the planet".

Hibbert, Julia F., Janet E. Dickinson, Stefan Gössling, und Susanna Curtin. 2013. "Identity and tourism mobility: an exploration of the attitude–behaviour gap". *Journal of Sustainable Tourism* 21 (7): 999–1016. https://doi.org/10.1080/09669582.2013.826232.

Higham, James, Arianne Reis, und Scott A. Cohen. 2016. "Australian climate concern and the 'attitude–behaviour gap'". *Current Issues in Tourism* 19 (4): 338–54. https://doi.org/10.1080/13683500.2014.1002456.

Hilty, Lorenz M., und Bernard Aebischer. 2015. *ICT Innovations for Sustainability*. Herausgegeben von Lorenz M. Hilty und Bernard Aebischer. Bd. 310. Advances in Intelligent Systems and Computing. Cham: Springer International Publishing. https://doi.org/10.1007/978-3-319-09228-7.

Hilty, Lorenz M., Peter Arnfalk, Lorenz Erdmann, James Goodman, Martin Lehmann, und Patrick A. Wäger. 2006. "The relevance of information and communication technologies for environmental sustainability – A prospective simulation study". *Environmental Modelling & Software* 21 (11): 1618–29. https://doi.org/10.1016/j.envsoft.2006.05.007.

Hilty, Lorenz M., Vlad Coroama, Margarita Ossés de Eicker, Thomas F. Ruddy, und Esther Müller. 2009. "The Role of ICT in Energy Consumption and Energy Efficiency". St. Gallen.

Holst, Alexander, und Antje Wolf. 2017. *Kreuzfahrthäfen im Wettbewerb*. Berlin/Boston: Walter de Gruyter.

Horn, Nikolai, und Lena-Sophie Müller. 2017. „Grundlagen der digitalen Ethik – Eine normative Orientierung in der vernetzten Welt".

Horner, Nathaniel C., Arman Shehabi, und Ines L. Azevedo. 2016. "Known unknowns: Indirect energy effects of information and communication technology". *Environmental Research Letters* 11 (10). https://doi.org/10.1088/1748-9326/11/10/103001.

Horster, Eric, und Edgar Kreilkamp. 2016. „Gamification im Tourismus". In *Tourismus – E-Tourismus – M-Tourismus. Herausforderungen und Trends der Digitalisierung im Tourismus*, herausgegeben von M. Landvogt, A. Brysch, und M. Gardini, 215–30. Berlin.

Hozak, Kurt. 2012. "RFID applications in tourism". *International Journal of Leisure and Tourism Marketing* 3 (1): 92. https://doi.org/10.1504/IJLTM.2012.046447.

Imhanwa, S, A Greenhill, und A Owrak. 2015. "Relevance of Cloud Computing: A Case for UK Small and Medium Sized Tourism Firms". *GSTF Journal on Computing (JoC)* 4 (3).

Imhanwa, Samuel, Anita Greenhill, und Ali Owrak. 2015. "Relevance of Cloud Computing: A Case for UK Small and Medium Sized Tourism Firms". *GSTF Journal on Computing (JoC)* 4 (3): 13. https://doi.org/10.7603/s40601-014-0013-9.

IST-Studieninstitut. 2016a. "Social Media Tourismus (IST)". Düsseldorf.

IST-Studieninstitut. 2016b. "Social Media Tourismus (IST)". IST-Studieninstitut.

Jordan, Niklas. 2018. „Warum unser Web nachhaltiger werden muss und wie wir das anstellen! (Bits & Bäume 2018)". 2018. https://media.ccc.de/v/bub2018-2-warum_unser_web_nachhaltiger_werden_muss_und_wie_wir_das_anstellen.

Jurado Rota, Joan, María Yolanda Pérez Albert, und David Serrano Giné. 2019. "Visitor monitoring in protected areas: an approach to Natura 2000 sites using Volunteered Geographic Information (VGI)". *Geografisk Tidsskrift-Danish Journal of Geography*, Februar, 1–15. https://doi.org/10.1080/00167223.2019.1573409.

Juvan, Emil, und Sara Dolnicar. 2014. "Can tourists easily choose a low carbon footprint vacation?" *Journal of Sustainable Tourism* 22 (2): 175–94. https://doi.org/10.1080/09669582.2013.826230.

Juvan, Emil, und Sara Dolnicar. 2017. "Drivers of pro-environmental tourist behaviours are not universal". *Journal of Cleaner Production* 166: 879–90.

Kagermeier, Andreas, Julia Köller, und Natalie Stors. 2015. „Share Economy im Tourismus: Zwischen pragmatischen Motiven und der Suche nach authentischen Erlebnissen". *Zeitschrift für Tourismuswissenschaft* 7 (2): 117–45.

Kečkeš, Anabel, und Igor Tomičić. 2017. "Augmented Reality in Tourism – Research and Applications Overview". *Interdisciplinary Description of Complex Systems* 15 (2): 157–67. https://doi.org/10.7906/indecs.15.2.5.

Kellerman, Aharon. 2018. *Automated and Autonomous Spatial Mobilities*. Cheltenham, U.K. ; Northampton, Mass: Edward Elgar Publishing.

Keppner, Benno, Walter Kahlenborn, Stephan Richter, und Tobias Jetzke. 2018. „Konsum 4.0: Wie Digitalisierung den Konsum verändert. Trendbericht zur Abschätzung der Umweltwirkungen". Dessau-Roßlau.

Koens, Ko. 2017. "Sustainable tourism and the new urban agenda – Presentation at the 6th Global summit on Urban tourism". Malaysia.

Kreibe, Siegfried, Thorsten Pitschke, Ruth Berkmüller, Monika Bokelmann, Andreas Förster, Cornelia Stramm, und Astrid Pant. 2017. "Environmentally-related balancing of 'intelligent' and 'active' packaging systems with regard to their recyclability and dialogue with stakeholders in the disposal and manufacturing industries". Dessau-Roßlau.

Kreilkamp, Edgar, und Roland Conrady. 2014. „Erfolgsfaktor Digitalisierung in der Tourismuswirtschaft". Lüneburg.

Kreilkamp, Edgar, Jesko Krampitz, und Rina Marie Maas-Deipenbrock. 2017. „Nachhaltigkeit bei Urlaubsreisen: Wunsch und Wirklichkeit Green Travel Transformation – Endkundenbefragung 2017". Lüneburg.

Krippendorf, Jost. 1984. *Die Ferienmenschen: für ein neues Verständnis von Freizeit und Reisen*. Zürich: Orell Füssli.

Kuckartz, Udo. 2014. *Mixed Methods. Methodologie, Forschungsdesigns und Analyseverfahren*. Wiesbaden.

Kuhn, Friedericke. 2017. "Visual attention towards sustainability information on touristic online booking channels: Examining the relationship between cognitive dispositions and eye movements". Wageningen University.

Ladak, Imram. 2018. "7 Big Data and AI predictions for 2018". 2018. https://data-speaks.luca-d3.com/2018/01/7-big-data-and-ai-predictions-for-2018.html.

Land, Greg. 2018. "How Artificial Intelligence will impact the Future of Tourism". Oviedo.

Lange, Steffen. 2018. *Smarte grüne Welt? Digitalisierung zwischen Überwachung, Konsum und Nachhaltigkeit.* München: Oekom Verlag.

Leimbach, Timo, und Daniel Bachlechner. 2014. "Big Data in der Cloud". Berlin.

Liebrich, Andreas. 2018a. „Digitalisierung im Tourismus: Trends, Herausforderungen und Beispiele". Herausgegeben von Hochschule Luzern. Luzern.

Liebrich, Andreas. 2018b. „Digitalisierung im Tourismus: Trends, Herausforderungen und Beispiele". Luzern.

Lienhoop, Nele. 2016. „Übersicht über Methoden zur Bewertung von Ökosystemleistungen". In *Ökosystemleistungen in ländlichen Räumen – Grundlage für menschliches Wohlergehen und nachhaltige wirtschaftliche Entwicklung*, herausgegeben von Christina von Haaren und Christian Albert, 64–69. Hannover, Leipzig.

Lindgreen, Erik Roos, Milan van Schendel, Nicole Jonker, Jorieke Kloek, Lonneke de Graaff, und Marc Davidson. 2017. "Evaluating the environmental impact of debit card payments". Working Paper No. 574.

Lindgreen, Erik Roos, Milan van Schendel, Nicole Jonker, Jorieke Kloek, Lonneke de Graaff, und Marc Davidson. 2018. "Evaluating the environmental impact of debit card payments". *The International Journal of Life Cycle Assessment* 23 (9): 1847–61. https://doi.org/10.1007/s11367-017-1408-6.

Maini, Vishal. 2017. "Machine Learning for Humans".

McKinsey & Company, und WTTC World Travel & Tourism Council. 2017. "Coping with Success: Managing Overcrowding in Tourism Destinations".

Mody, Makarand, Courtney Suess, und Tarik Dogru. 2018. "Not in my backyard? Is the anti-Airbnb discourse truly warranted?" *Annals of Tourism Research* 74 (March 2018): 198–203. https://doi.org/10.1016/j.annals.2018.05.004.

Müller, Eva. 2018. „Internet der Sprünge – Blockchain verändert alles", 2018.

NECSTouR. 2016. "Tourism and Collaborative Economy: Opportunities for growth and jobs in Europe". Barcelona.

Neligan, Adriana, Sebastian van Baal, Edgar Kreilkamp, Thorsten Lang, und Leonard Jürgens. 2015. „Entwicklungsfaktor Tourismus: Der Beitrag des Tourismus zur regionalen Entwicklung und lokalen Wertschöpfung in Entwicklungs- und Schwellenländern". Köln.

Nobis, Claudia. 2013. „Multimodale Vielfalt: Quantitative Analyse multimodalen Verkehrshandelns". Humboldt-Universität zu Berlin.

Orange, Fundación. 2016. „Die digitale Transformation des Tourismussektors". Fundación Orange.

Orgaz, B. Corral, F. Cortina García, B. González Olmos, M. Izquierdo Valverde, J. Prado Mascuñano, und M. Velasco Gimeno. 2018. "Collaborative Economy: estimation methods for the accommodation sector. Results from the demand approach". In *15th Global Forum on Tourism Statistics, 28–30 November 2018, Cusco, Peru*.

OutdoorActive. 2017. „Leitfaden für die Digitalisierung von Tourismus-Destinationen". Immenstadt.

Panetta, Kasey. 2017. "Top Trends in the Gartner Hype Cycle for Emerging Technologies, 2017". 2017. https://www.gartner.com/smarterwithgartner/top-trends-in-the-gartner-hype-cycle-for-emerging-technologies-2017/.

Panetta, Kasey. 2018. "5 Trends Emerge in Gartner Hype Cycle for Emerging Technologies, 2018". 2018. https://www.gartner.com/smarterwithgartner/5-trends-emerge-in-gartner-hype-cycle-for-emerging-technologies-2018/.

Pichai, Sundar. 2018. "AI at Google: our principles". 2018. https://blog.google/technology/ai/ai-principles/.

Postma, Albert, Elena Cavagnaro, und Ernesto Spruyt. 2017. "Sustainable tourism 2040". *Journal of Tourism Futures* 3 (1): 13–22. https://doi.org/10.1108/JTF-10-2015-0046.

Postma, Albert, und Dirk Schmücker. 2017. "Understanding and overcoming negative impacts of tourism in city destinations: conceptual model and strategic framework". *Journal of Tourism Futures*, November, JTF-04-2017-0022. https://doi.org/10.1108/JTF-04-2017-0022.

Prakash, Siddharth, Yifaat Baron, Ran Liu, Marina Proske, Alexander Schlösser, Liu Ran, Marina Proske, und Alexander Schlösser. 2014. "Study on the practical application of the new framework methodology for measuring the environmental impact of ICT – cost/benefit analysis". Freiburg/Berlin. https://doi.org/10.2759/51430.

Prashant, Gandhi, Khanna Somesh, und Ramaswamy Sree. 2016. "Which Industries Are the Most Digital (and Why)?" 2016. https://hbr.org/2016/04/a-chart-that-shows-which-industries-are-the-most-digital-and-why.

Printz, Stephan, Lana Plumanns, Kristina Lahl, René Vossen, und Sabina Jeschke. 2017. „Einfluss von Gruppeneffekten auf die Bewertung schwer erfassbarer Größen am Beispiel der nutzenorientierten Wirtschaftlichkeitsschätzung". *Kybernetik und Transformation : Regelung und Kommunikation in Organisation und Gesellschaft*. Kybernetik und Transformation : Regelung und Kommunikation in Organisation und Gesellschaft : wissenschaftliche Jahrestagung der Gesellschaft für Wirtschafts- und Sozialkybernetik vom 13. bis 14. Oktober 2015 in Vallendar am Rhein. – Berlin : Duncker & Hu. Berlin: Duncker & Humblot.

Quadlabs Technologies. 2017. "Impact of travel technology in travel and tourism industry". Gurgaon. 2017. https://medium.com/@quadlabs/impact-of-travel-technology-in-travel-and-tourism-industry-14f8f77d0700.

Reif, Julian. 2018. „Die Nutzung von Mobilfunkdaten in der Tourismusforschung – Das Beispiel Tagestourismus in Hamburg". In *Wandel im Tourismus Internationalität, Demografie und Digitalisierung*, herausgegeben von Sven Groß, Schriften. Berlin: ESV.

Reif, Julian, Bernd Eisenstein, Manon Krüger, und Roland Gaßner. 2017. „GfK/IMT DestinationMonitor Deutschland am Beispiel von Schleswig-Holstein". In *Marktforschung für Destinationen*, herausgegeben von Bernd Eisenstein, 207–18. Berlin: ESV.

Reinhardt, Ulrich, Klaus Hilbinger, und Christian Eilzer. 2017. „Die Tourismusanalyse". In *Marktforschung für Destinationen*, herausgegeben von Bernd Eisenstein, 219–31. Berlin: ESV.

Rifkin, Jeremy. 2011. *The third industrial revolution : how lateral power is transforming energy, the economy, and the world*. New York. NY: Palgrave Macmillan.

Rogers, Everett M. 1995. *Diffusion of innovations*. New York NY: Free Press.

Schmied, Martin, Konrad Götz, Edgar Kreilkamp, Matthias Buchert, Thomas Hellwig, und Sabine Otten. 2009. *Traumziel Nachhaltigkeit. Nachhaltigkeit und Innovation*. Heidelberg: Physica-Verlag. https://doi.org/10.1007/978-3-7908-2095-9.

Schmücker, Dirk. 2014. „Customer Journey und Teilen von Urlaubserlebnissen: Modulbericht zur Reiseanalyse 2014". Kiel.

Schmücker, Dirk, Bente Grimm, und Philipp Wagner. 2018. „Reiseanalyse 2018: Kurzfassung der Ergebnisse. Struktur und Entwicklung der Urlaubsreisenachfrage im Quellmarkt Deutschland". Kiel.

Schmücker, Dirk, Wolfgang Günther, Friedericke Kuhn, Berit Weiß, und Eric Horster. 2018. *Finden von Nachhaltigkeitsinformationen bei Urlaubsreisen (FINDUS) – Finding Sustainability Information for Holiday Travel*. BfN-Skript. Bonn-Bad Godesberg: BfN Bundesamt für Naturschutz. https://doi.org/10.19217/skr505.

Schmücker, Dirk, Ulf Sonntag, und Philipp Wagner. 2018. "Measuring the impact of "shared accommodation" in city tourism". *Economia della Cultura* 28 (1–2): 151–61.

Schödwell, Björn, und Rüdiger Zarnekow. 2018. „Kennzahlen und Indikatoren für die Beurteilung der Ressourceneffizienz von Rechenzentren und Prüfung der praktischen Anwendbarkeit". Dessau-Roßlau.

Scholl, Gerd, Siegfried Behrendt, Christian Flick, Maike Gossen, Christine Henseling, und Lydia Richter. 2015a. "Peer-to-Peer Sharing". Berlin.

Scholl, Gerd, Siegfried Behrendt, Christian Flick, Maike Gossen, Christine Henseling, und Lydia Richter. 2015b. „Peer-to-Peer Sharing – Definition und Bestandsaufnahme (PeerSharing Arbeitsbericht 1)". Berlin.

Schrader, Christian. 2017. „Drohnen und Naturschutz(recht)". *Natur und Recht* 39 (6): 378–85. https://doi.org/10.1007/s10357-017-3189-x.

SEGITTUR. 2015. "Smart Destinations Report: building the future". Madrid.

Seraphin, Hugues, Paul Sheeran, und Manuela Pilato. 2018. "Over-tourism and the fall of Venice as a destination". *Journal of Destination Marketing and Management*, Nr. September 2017: 1–3. https://doi.org/10.1016/j.jdmm.2018.01.011.

Shaw, Deirdre, Robert McMaster, und Terry Newholm. 2016. "Care and Commitment in Ethical Consumption: An Exploration of the 'Attitude–Behaviour Gap'". *Journal of Business Ethics* 136 (2): 251–65. https://doi.org/10.1007/s10551-014-2442-y.

Shirer, Michael, und Marcus Torchia. 2017. "Worldwide Spending on Augmented and Virtual Reality Expected to Double or More Every Year Through 2021, According to IDC". 2017. https://www.idc.com/getdoc.jsp?containerId=prUS42959717.

SKIFT. 2018. "The 2018 Digital Transformation Report". New York.

Sommer, Guido. 2018. „Herausforderungen und Chancen einer offenen, digitalen Dateninfrastruktur im Tourismus". Kempten.

Sonntag, Ulf, Dirk Schmücker, und Philipp Wagner. 2018. "How much is too much? – Assessing the demand, the economic impact and the perception of 'sharing accommodation' in tourism destinations". In *15th Global Forum on Tourism Statistics, 28–30 November 2018, Cusco, Peru*.

Spelman, Mark, Bruce Weinelt, Juergen Keitel, Tiffany Misrahi, Reema Siyam, Liselotte de Maar, Brian Goldman, u. a. 2017. "Digital Transformation Initiative: Aviation, Travel and Tourism Industry". REF 060117. Cologny: World Economic Forum.

Stobbe, Lutz, Nils F. Nissen, Marina Proske, Andreas Middendorf, Barbara Schlomann, Michael Friedewald, Peter Georgieff, und Timo Leimbach. 2009. „Abschätzung des Energiebedarfs der weiteren Entwicklung der Informationsgesellschaft". Berlin/Karlsruhe.

Sühlmann-Faul, Felix, und Stephan Rammler. 2018. „Digitalisierung und Nachhaltigkeit: Nachhaltigkeitsdefizite der Digitalisierung auf ökologischer, ökonomischer, politischer und sozialer Ebene".

Thaler, Richard H., und Cass R. Sunstein. 2008. *Nudge : improving decisions about health, wealth, and happiness*. New Haven, Conn.: Yale Univ. Press.

Travel Technology & Solution (TTS). 2015. "Cloud Computing Becomes Crucial for Travel Agencies". Algés. 2015. http://www.tts.com/blog/cloud-computing-becomes-crucial-for-travel-agencies/.

Umweltbundesamt. 2015. „Elemente einer erfolgreichen Ressourcenschonungspolitik". Dessau-Roßlau.

United Nations. 2010. "International Recommendations for Tourism Statistics (IRTS 2008)". New York.

United Nations, UNWTO World Tourism Organisation, Eurostat, und OECD Organisation for Economic Co-operation and Development. 2010. "Tourism Satellite Account: Recommended Methodological Framework 2008". Luxembourg, Madrid, New York, Paris.

United Nations World Tourism Organization (UNWTO). 2018. "Smart Destination Conference 2018". Oviedo. 2018. http://www.smartdestinationsworldconference.org/19238/programme/2nd-unwto-world-conference-on-smart-destinations.html.

UNWTO World Tourism Organisation. 2017. *New Platform Tourism Services (or the so-called Sharing Economy)*. Madrid: UNWTO.

UNWTO (Hg.). 2017. Academic Papers Presented at the1st UNWTO World Conferenceon Smart Destinations. Murcia, Spain.

Volcheka, Ekaterina, Haiyan Songa, Rob Lawa, und Dimitrios Buhalis. 2018. "Forecasting London Museum Visitors Using Google Trends Data".

WBGU. 2019. „Unsere gemeinsame digitale Zukunft – Zusammenfassung". Berlin.

Weaver, David B. 2008. "Reflections on Sustainable Tourism and Paradigm Change". In *Sustainable Tourism Futures: Perspectives on Systems, Restructuring and Innovations*, herausgegeben von Stefan Gössling, C. Michael Hall, und David B. Weaver, 33–42. Abingdon: Routledge.

Weber, Enzo. 2016. „Industrie 4.0: Wirkungen auf den Arbeitsmarkt und politische Herausforderungen". *Zeitschrift für Wirtschaftspolitik* 65 (1). https://doi.org/10.1515/zfwp-2016-0002.

Weber, Enzo, Steffen Elstner, Christoph M. Schmidt, Ulrich Fritsche, Patrick Christian Harms, Marianne Saam, Jochen Hartwig, und Hagen Krämer. 2017. „Schwaches Produktivitätswachstum – zyklisches oder strukturelles Phänomen?" *Wirtschaftsdienst* 97 (2): 83–102. https://doi.org/10.1007/s10273-017-2090-9.

Weber, Fabian, Juerg Stettler, Julianna Priskin, Barbara Rosenberg-Taufer, Sindhuri Ponnapureddy, Sarah Fux, Marc-Antoine Camp, und Martin Barth.

2017. "Tourism destinations under pressure – Challenges and innovative solutions". Lucerne.

Wehrli, Roger, Julianna Priskin, D. Schaffner, J. Schwarz, und Jürg Stettler. 2014. "Do sustainability-experienced travellers prefer a more rational communication of the sustainability of a tourism product?" *WIT Transactions on Ecology and the Environment* 187: 3–14. https://doi.org/10.2495/ST140011.

Weltbank. 2018. "Digital Platforms and the Future of Tourism: A World Tourism Day Celebration". Washington, D.C. 2018. https://www.worldbank.org/en/events/2018/09/26/digital-platforms-and-sustainable-tourism.

Welz, Kirill. 2014. „Technik zur Schätzung von Diffusionsparametern radikaler Produktinnovationen". Ulm: Univ. Ulm.

Weston, Richard, und Paul Peeters. 2015. "Research for TRAN Committee – The Digitisation of Tourism Enterprises". European Parliament, Directorate General for Internal Policies, Policy Department B: Structural and Cohesion Policies, Transport and Tourism.

Wirtschaftskammer Österreich (WKO), Österreich Werbung, und Forschung und Wirtschaft (BMWFW) Bundesministerium für Wissenschaft. 2017. „Digitalisierungsstrategien für den Österreichischen Tourismus". Wien.

Wolter, Marc Ingo, Anke Mönnig, Markus Hummel, Enzo Weber, Gerd Zika, Robert Helmrich, Tobias Maier, und Caroline Neuber-Pohl. 2016. „Wirtschaft 4.0 und die Folgen für Arbeitsmarkt und Ökonomie". 13/2016. IAB Forschungsbericht. Nürnberg.

World Tourism Cities Federation (WTCF). 2017. "Report on World Tourism Economy Trends 2018". Bejing.

Abbildungsverzeichnis

Abbildung 1:	Tourismus im digitalen Zeitalter	44
Abbildung 2:	Einflüsse der Digitalisierung auf die Customer Journey	51
Abbildung 3:	Von der technischen Entwicklung zur touristischen Adoption	53
Abbildung 4:	Beispiel für Konsum 4.0-Wirkketten (indirekte Wirkungen)	56
Abbildung 5:	Wirkpotenziale der Digitalisierung	58
Abbildung 6:	Wirkpfade der Digitalisierung (schematisch)	60
Abbildung 7:	Visualisierung der identifizierten Themen	64
Abbildung 8:	Elf zentrale Digitalisierungs-Kategorien	68
Abbildung 9:	Charakteristika von Big Data	71
Abbildung 10:	Dimensionen zur Relevanzbewertung	105
Abbildung 11:	Wirkpfade der kategorienübergreifenden Wirkungen	107
Abbildung 12:	Wirkpfade der Kategorie Big Data Analytics	112
Abbildung 13:	Wirkpfade der Kategorie Internet der Dinge und Geo-Intelligence	118
Abbildung 14:	Wirkpfade der Kategorie Künstliche Intelligenz	122
Abbildung 15:	Wirkpfade der Kategorie Smart Mobile Devices und Digital Payment	129
Abbildung 16:	Wirkpfade der Kategorie Erweiterte Realität (AR, VR, MR)	137
Abbildung 17:	Wirkpfade der Kategorie Sicherheit, Datenschutz und Blockchain	141
Abbildung 18:	Wirkpfade der Kategorie Digital Accessibility und Open Data	144
Abbildung 19:	Wirkpfade der Kategorie Digitale Plattformen, Sharing Economy und Soziale Netzwerke	149
Abbildung 20:	Potenzielle Wirkstärke der Wirkpfade	159

Tabellenverzeichnis

Tabelle 1:	Ausgewählte Indikatoren der Tourismusentwicklung	39
Tabelle 2:	Urlaubsreisevolumen Deutschland	40
Tabelle 3:	Positive Einstellung zur Nachhaltigkeit bei Urlaubsreisenden	41
Tabelle 4:	Nutzung von nachhaltigen Urlaubsreisen	42
Tabelle 5:	Anwendung von *Horizon Scanning*	50
Tabelle 6:	Skalen für das Scoring-Modell	106
Tabelle 7:	Chance: Surrogat/Ersatz von Reisen durch Kommunikation – Reisevolumen	108
Tabelle 8:	Risiko: Effizienzeffekte – Personalproduktivität und Jobs – Nachhaltige Reisegestaltung	109
Tabelle 9:	Chance: Besucherlenkung – Entzerrung der Besucherströme – Nachhaltigere Reisegestaltung	113
Tabelle 10:	Chance: Besucherlenkung – Neue Begegnungen – Nachhaltigere Reisegestaltung	114
Tabelle 11:	Risiko: Besucherlenkung – Attraktivitätssteigerung – Reisevolumen	114
Tabelle 12:	Chance: Kommunikation/Verkauf – Transparentere Kundeninformation bei Berücksichtigung von Nachhaltigkeitsaspekten – Nachhaltigere Reisegestaltung	115
Tabelle 13:	Risiko: Kommunikation/Verkauf – Transparentere Kundeninformation ohne Berücksichtigung von Nachhaltigkeitsaspekten – Nachhaltigere Reisegestaltung	116
Tabelle 14:	Chance: Marktforschung/Produktgestaltung – Zielgruppengerechtere nachhaltige Angebote – Nachhaltigere Reisegestaltung	117
Tabelle 15:	Risiko: Marktforschung/Produktgestaltung – Zielgruppengerechtere Angebote ohne Nachhaltigkeit – Reisevolumen	117
Tabelle 16:	Chance: Smart Facilities – Effizientere Ressourcennutzung – Nachhaltigere Reisegestaltung	119
Tabelle 17:	Chance: Sensorik von Umweltbelastung – Datengrundlage für Besuchersteuerung – Nachhaltigere Reisegestaltung	120
Tabelle 18:	Chance: Smart Tag – Verzicht auf Papier-/Plastiketiketten – Nachhaltigere Reisegestaltung	121

Tabelle 19:	Chance: Customer Service (Robotik und Automated Services) – Chance auf leichtere Integration von Nachhaltigkeitsinformation – Nachhaltigere Reisegestaltung	123
Tabelle 20:	Chance: Customer Service (Robotik und Automated Services) – Entlastung von Routineaufgaben – Nachhaltigere Reisegestaltung	123
Tabelle 21:	Chance: Autonome Mobilität (Boden und Luft) – Smart Pooling mit Ressourceneinsparung – Nachhaltigere Reisegestaltung	124
Tabelle 22:	Risiko: Autonome Mobilität (Boden und Luft) – Verkehrszunahme – Reisevolumen	124
Tabelle 23:	Chance: Autonome Mobilität (Boden und Luft) – Erleichterte Intermodalität (Anreise im Umweltverbund) – Nachhaltigere Reisegestaltung	125
Tabelle 24:	Chance: Autonome Reinigungssysteme – Müllreduzierung – Nachhaltigere Reisegestaltung	125
Tabelle 25:	Chance: Smarte Belohnungssysteme – Anreizvermittlung für nachhaltigkeitsorientes Verhalten – Nachhaltigere Reisegestaltung	126
Tabelle 26:	Chance: Autonome Recommender – Anreizvermittlung für nachhaltigkeitsorientiertes Verhalten – Nachhaltigere Reisegestaltung	127
Tabelle 27:	Chance: Predicitive Analytics – Entzerrung, Vermeidung von Stau/Wartezeiten – Nachhaltigere Reisegestaltung	127
Tabelle 28:	Risiko: Predicitive Analytics – Verkehrszunahme – Nachhaltigere Reisegestaltung	128
Tabelle 29:	Chance: Local Logistics – Steigender Absatz regional produzierter Produkte – Nachhaltigere Reisegestaltung	130
Tabelle 30:	Chance: Location Based Recommender – Empfehlung der nachhaltigeren Alternative vor Ort/in Echtzeit– Nachhaltigere Reisegestaltung	131
Tabelle 31:	Chance: Mobile Übersetzungs-App – Bessere Begegnungen – Nachhaltigere Reisegestaltung	131
Tabelle 32:	Risiko: Mobile Übersetzungs-App – Geringere Barrieren für Reisen ins Unbekannte – Reisevolumen	132
Tabelle 33:	Risiko: Automatisierte Kundenidentifizierung – Intensivere (schnellere) Nutzung von Tourism Facilities – Nachhaltigere Reisegestaltung	133
Tabelle 34:	Risiko: Digital Payment – Geringere Transaktionskosten- geringere Preise – Reisevolumen	134

Tabelle 35:	Chance: Digital Payment – (freiwillige) Bezahlung von Ökosystemleistungen – Nachhaltigere Reisegestaltung	134
Tabelle 36:	Chance: Citizen Science – Bessere Begegnungen in/mit der Destination – Nachhaltigere Reisegestaltung	135
Tabelle 37:	Chance: Umweltverbund-Information – Nutzung der nachhaltigeren Alternative vor Ort – Nachhaltigere Reisegestaltung	136
Tabelle 38:	Chance: VR vor/während der Reise – Surrogat für reales Reisen – Reisevolumen	138
Tabelle 39:	Risiko: VR vor/während der Reise – Macht Lust auf reales Reisen – Reisevolumen	138
Tabelle 40:	Chance: AR während der Reise (Immersion) – Bewusstseinsbildung und Wertschätzung (Natur, Soziales) – Nachhaltigere Reisegestaltung	139
Tabelle 41:	Risiko: AR während der Reise (Immersion) – Mentale Distanzierung (Natur, Soziales) – Nachhaltigere Reisegestaltung	140
Tabelle 42:	Chance: AR während der Reise (Immersion) – Virtuelle Modernisierung spart Ressourcen – Nachhaltigere Reisegestaltung	140
Tabelle 43:	Risiko: Smart Contracts: Abschließen und Umsetzen von Verträgen – Reiseplanung wird effizienter, transparenter, Reisen werden tendenziell günstiger – Reisevolumen	142
Tabelle 44:	Chance: Sicherer Datenspeicher für Herkunftsnachweise/Lieferketten – Transparenz sorgt für Vertrauen, erhöhte Nachfrage nach regionalen/nachhaltigen Produkten – Nachhaltigere Reisegestaltung	143
Tabelle 45:	Chance: Offene Daten für die Reiseplanung – Bewusstseinsbildung und Wertschätzung (Natur, Soziales) – Nachhaltigere Reisegestaltung	145
Tabelle 46:	Risiko: Offene/nutzergenerierte Daten für die Reiseplanung – Unerwünschte Lenkung von Besucherströmen – Nachhaltigere Reisegestaltung	146
Tabelle 47:	Chance: Sensorik von Umweltbelastung (CO_2-Rechner) – Mehr Ressourcentransparenz – Nachhaltigere Reisegestaltung	146
Tabelle 48:	Chance: Green Travel Platforms – Verbesserte Wahrnehmung nachhaltiger Produkte – Nachhaltigere Reisegestaltung	150

Tabelle 49:	Chance: Reputation Management – Bessere Begegnungen, Fairness zwischen Anbietern und Nachfragern – Nachhaltigere Reisegestaltung	151
Tabelle 50:	Chance: Reputation Management – Soziale Bestrafung für nicht nachhaltiges Verhalten – Nachhaltigere Reisegestaltung	151
Tabelle 51:	Risiko: Sharing Economy – Nachfragestimulation – Reisevolumen	152
Tabelle 52:	Risiko: Sharing Economy – Neu-Touristifizierung – Nachhaltigere Reisegestaltung	153
Tabelle 53:	Risiko: Sharing Economy – Unterschreitung gesetzlicher Mindeststandards– Nachhaltigere Reisegestaltung	154
Tabelle 54:	Chance: Sharing Economy – Bessere Begegnungen – Nachhaltigere Reisegestaltung	154
Tabelle 55:	Chance: Sharing Economy – Vermeidung ungenutzter Ressourcen/Breitere ökonomische Partizipationsbasis – Nachhaltigere Reisegestaltung	155
Tabelle 56:	Anzahl Wirkpfade je Zielgröße	157
Tabelle 57:	Anzahl Wirkpfade je Kategorie	158
Tabelle 58:	Negative und positive Wirkstärken je Kategorie	159
Tabelle 59:	Mittlere negative und positive Wirkstärke je Zielgröße	160
Tabelle 60:	Die 34 positiven Wirkpfade	160
Tabelle 61:	Die 16+2 negativen Wirkpfade	163

Schriftenreihe des Instituts für Management und Tourismus (IMT)

Herausgegeben von der Fachhochschule Westküste

Die Bände 1-6 sind im Martin Meidenbauer Verlag erschienen und können über den Verlag Peter Lang, Internationaler Verlag der Wissenschaften, bezogen werden: www.peterlang.com.

Ab Band 7 erscheint diese Reihe im Verlag Peter Lang, Internationaler Verlag der Wissenschaften, Frankfurt am Main.

Band 7   Anja Wollesen: Die Balanced Scorecard als Instrument der strategischen Steuerung und Qualitätsentwicklung von Museen. Ein Methodentest, unter besonderer Berücksichtigung der Anforderungen an zeitgemäße Freizeit- und Tourismuseinrichtungen. 2012.

Band 8   Wolfgang Georg Arlt (Ed.): COTRI Yearbook 2012. 2012.

Band 9   Michael Lück / Jan Velvin / Bernd Eisenstein (eds.): The Social Side of Tourism: The Interface between Tourism, Society, and the Environment. Answers to Global Questions from the International Competence Network of Tourism Research and Education (ICNT). 2015.

Band 10 Bernd Eisenstein / Christian Eilzer / Manfred Dörr (Hrsg.): Kooperation im Destinationsmanagement: Erfolgsfaktoren, Hemmschwellen, Beispiele. Ergebnisse der 1. Deidesheimer Gespräche zur Tourismuswissenschaft. 2015.

Band 11 Michael Lück / Jarmo Ritalahti / Alexander Scherer (eds.): International Perspectives on Destination Management and Tourist Experiences. Insights from the International Competence Network of Tourism Research and Education (ICNT). 2016.

Band 12 Lars Rettig: Digitalisierung der Bildung. Warum und wie lernen wir ein Leben lang? Forschungsergebnisse zur Online-Weiterbildung im Tourismus. Bedeutung – Erwartung – Nutzung. 2017.

Band 13 Bernd Eisenstein / Christian Eilzer / Manfred Dörr (Hrsg.): Demografischer Wandel und Barrierefreiheit im Tourismus: Einsichten und Entwicklungen. Ergebnisse der 2. Deidesheimer Gespräche zur Tourismuswissenschaft. 2017.

Band 14 Alisha Ali / John S. Hull (eds.): Multi-Stakeholder Perspectives of the Tourism Experience. Responses from the International Competence Network of Tourism Research and Education (ICNT). 2018.

Band 15 Anja Wollesen / Christian Eilzer / Manfred Dörr (Hrsg.): Nachhaltigkeit im Tourismus unter besonderer Berücksichtigung von kleinen Tourismusgemeinden: Herausforderungen, Implementierung, Monitoring. Ergebnisse der 3. Deidesheimer Gespräche zur Tourismus wissenschaft. 2020.

Band 16 Dirk Schmücker / Eric Horster / Edgar Kreilkamp: Digitalisierung – Chance oder Risiko für nachhaltigen Tourismus? Eine Studie im Auftrag des Umweltbundesamtes (UBA) zu den Auswirkungen von Digitalisierung und Big-Data-Analyse auf eine nachhaltige Entwicklung des Tourismus und dessen Umweltwirkung. 2020.

www.peterlang.com